黑龙江省"三普"农作物种质资源

焦少杰　主　编

黑龙江科学技术出版社

图书在版编目（CIP）数据

黑龙江省"三普"农作物种质资源 / 焦少杰主编
. -- 哈尔滨：黑龙江科学技术出版社，2024.2
ISBN 978-7-5719-2300-6

Ⅰ. ①黑… Ⅱ. ①焦… Ⅲ. ①作物—种质资源—黑龙
江省 Ⅳ. ①S329.257

中国国家版本馆 CIP 数据核字(2024)第 034216 号

黑龙江省"三普"农作物种质资源
HEILONGJIANGSHENG "SANPU" NONGZUOWU ZHONGZHI ZIYUAN

焦少杰　主编

责任编辑	赵雪莹	
封面设计	单　迪	
出　版	黑龙江科学技术出版社	
	地址：哈尔滨市南岗区公安街 70-2 号　邮编：150007	
	电话：（0451）53642106　传真：（0451）53642143	
	网址：www.lkcbs.cn	
发　行	全国新华书店	
印　刷	三河市金兆印刷装订有限公司	
开　本	710 mm×1000 mm　1/16	
印　张	17.5	
字　数	280 千字	
版　次	2024 年 2 月第 1 版	
印　次	2024 年 2 月第 1 次印刷	
书　号	ISBN 978-7-5719-2300-6	
定　价	88.00 元	

目 录

第一章 概 述 1

第二章 "三普"工作成效 5

第三章 "三普"收集的农作物资源状况分析 20

第四章 资源普查县收集的种质资源 32

第五章 资源系统调查县收集的种质资源 168

第六章 优异种质资源 255

第七章 后"三普"时代的工作 269

第一章 概　述

黑龙江省地处我国最北端的高纬度高寒地区，属中温带、寒温带大陆性季风气候。全省野生植物资源 2 000 多种，农作物种质资源丰富，寒温带农作物种质资源优势明显，在全国具有重要地位。近年来，随着自然环境、种植业结构和土地经营方式等变化，大量地方品种迅速消失，作物野生近缘植物资源也因其赖以生存繁衍的栖息地遭受破坏而急剧减少。因此，开展农作物种质资源的全面普查和抢救性收集，查清全省农作物种质资源家底，对保护农作物种质资源的多样性，实现农业可持续发展具有重要意义。

2020 年，黑龙江省启动了"第三次全国农作物种质资源普查与收集行动"（以下简称"三普"），主要任务：一是对本省 100 个县市（区）各类农作物的种植历史、栽培制度等基本信息进行普查，并按 1956 年、1981 年和 2014 年三个时间节点完成 100 个县市（区）的农作物种质资源普查表填报工作；二是对 100 个县市（区）珍稀、名优、特异的粮食作物、蔬菜作物、果树、经济作物、牧草绿肥作物的种质资源进行征集，每个县市（区）征集的资源不少于 30 份，全省不少于 3000 份，同时须完成每份资源的征集表和入国家库（圃）表的系统填报工作；三是选择 30 个种质资源丰富的县（市、区）开展农作物种质资源系统调查和抢救性收集，每个系统调查县（市、区）抢救性收集种质资源 80 份以上，全省不少于 2 400 份，对征集和收集到的种质资源进行扩繁和鉴定评价，整理并进行编目，提交到国家作物种质库（圃）保存。

为加强组织保障以及提供技术支持，黑龙江省农业农村厅成立领导小组和专家组，组建资源普查行动队伍，确保项目实施执行到位。项目组通过多途径、多方式开展专题培训活动，同时组织培训和现场指导，确保普查方法统一规范，普查数据全面、真实、可靠。各相关部门积极组织电视台、报刊、网络等渠道报道，宣传种质资源普查与收集行动的重要意义和主要成果，提升全社会参与保护农作物种质资源多样性的意识。

黑龙江省农作物种质资源普查队伍在 100 个县（市、区）、620 个乡镇和 3978 个行政村进行资源征集和抢救性收集，走访群众 8.4 万余人次，资源普查行进里程达 16 余万千米，北至我国最北部漠河市，东至我国最东方抚远市，从海拔 100 米到 1008 米，经度从东经 121.11600° 到 135.52021°，纬度从北纬 43.41666° 到 53.55000° 的范围，从第一到第六积温带的各生态类型，普查过程中翻山越岭、跋山涉水，堪称"资源普查万里长征"，超额完成"1333"工作模式目标，实现资源普查覆盖。3 年来，基本摸清了 100 个县（市、区）的种质资源家底，以 1956 年、1981 年、2014 年为时间节点，提交了"第三次全国农作物种质资源普查与收集普查表"、样本图片、总结等材料。按照《普查表提交办法》要求，100 个县（区、市）均已完成普查表的复核校对，核实后的电子表已上报国家普查办，普查表已打印装订成册，完成审核盖章，并已统一上报国家普查办公室，圆满完成了普查表提交任务。按照任务要求，征集、收集并提交粮食、蔬菜、果树、经济作物、牧草等的种质资源共计 5 604 份。其中，100 个县（市、区）共征集各类资源 3161 份，同时提交征集表 3 161 份，30 个系统调查县共收集资源 2443 份，同时提交调查表 2 443 份。

本次普查发现，随着城镇化、工业化和现代农业的发展，地方（品种）农作物种质资源生存空间日趋狭窄。本次普查行动收集到只有 1 份资源的作物有 27 个，野生近缘植物因其赖以生存繁衍的栖息地遭到破坏而导致资源明显减少，地方品种大量消失，而且消失速度特别快。

征集和收集到的 5 604 份资源，隶属于 26 科 80 属 120 种。超过 100 份资源的科有 9 个，超过 100 份资源的属有 15 个。其中，豆科作物是本次普查行动收集资源最丰富的作物，数量 2 021 份，占收集资源总量的 36.1%，涉及 10 个属 18 种作物。禾本科作物资源数量 833 份，占收集资源总量的 14.9%，涉及 13 个属 17 种作物。茄科作物资源数量 772 份，占收集资源总量的 13.8%，涉及 5 个属 7 种作物。

征集和收集到的 5 604 份资源中，粮食作物种类共 24 种，占收集资源种类的 20%，粮食作物资源数量 2 089 份，占收集资源总数的 37.3%，其中高粱数量最多，而大麦、芒麦、尾穗、小扁豆仅收集 1 份资源。经济作物种类共 12 种，占收集资源种类的 10%，经济作物资源数量 305 份，占收集资源总数的 5.4%，其中苏子数量最多，青麻数量最少，仅为 1 份资源。蔬菜作物种类共 54 种，占收集资源种类的 45%，蔬菜作物资源数量 2 675 份，占收集资源总数的 47.7%；其中菜豆资源最多，结球甘蓝、甘蓝等 10 种仅收集 1 份资源。果树种类共 16 种，占收集资源种类的 13.3%，果树资源数量 510 份，占收集资源总数的 9.1%，其中山荆子资源最多，核桃和榛仅收集 1 份资源。牧草绿肥种类共 14 种，占收集资源种类的 11.7%，牧草绿肥资源数量 25 份，占收集资源总数的 0.5%，其中野豌豆、羊草各有 4 份，其余基本都只有 1 份。

前两次资源普查已入国家资源库目录共 9 496 份资源，平均每次收集 4 748 份资源；而本次资源普查收集的资源总数为 5 604 份资源，收集数量明显增多，平均增加 18%。前两次资源普查作物种类总计 70 种，本次资源普查收集资源 120 种，增加 71.4%，表明本次普查在资源类别上的新颖性明显。此外，比对种质资源名称后，本次资源普查共收集的 5 604 份资源中仅有 445 份资源与黑龙江省已收集入国家库的资源目录重名，92.06%的资源都是以前未收集到的新资源。

本次资源普查共收集特异、珍稀和优异性资源 56 份，特异、珍稀和优异性状主要体现在熟期、品质、稀缺性、外观颜色、抗性、口感等方面。其中，粮食作物资源数量 21 份，经济作物资源数量 9 份，蔬菜作物资源数量 24 份，果树作物资源数量 2 份。

开展"三普"以来，通过科普培训提高人们对珍稀农作物资源保护的意识，进而有利于珍稀濒危资源的保护。在培训现场有很多农户就将自留的农家种上交国家种质资源库。依兰县制作了《关于在全县征集古老名优濒危农作物种质资源的通告》下发到各乡镇村屯，并通过乡村工作微信群、朋友圈进行转发，向社会公开征集依兰县境内的传统农家品种、名优特异品种、野生近缘及濒危农作物种质资源。对于收集的濒临灭绝的珍稀种质资源，特别是种子量较少的资源，进行了及时扩繁和就地保护种植。如大兴安岭塔河县和漠河市发现了濒危灭绝的野生蓝莓、野生蔓越莓，其对气候、土壤类型、土壤 pH 值有很高要求，于是调研人员和专家采取就地保护的方式进行抢救性管理；牡丹江市宁安市卧龙乡爱林村收集的大麦资源——爱林大麦（编号 P231084505）是唯一收到的大麦资源，该资源是生产队时期留下的大麦资源，在当地仅有一户人家种植，用来做大麦粥、麦芽糖、大麦茶、酿酒等，于是调研人员和专家针对这类资进行扩繁、系统调查并提交资源库保存。

　　本次普查行动发现收集的种质资源大多都得到了很好的利用，有些已经开发成产业。集福红火玉米（P230223037）用于加工玉米面和糁子，加工品质好，光亮剔透，口感非常独特，该品种明显优于现有杂交品种，保留了人们对玉米的原始记忆——玉米的香甜气味。经依安县先锋乡集福村"开心小毛驴手工坊"开发利用，户均增收 1000 元左右。胭脂稻（编号 P230421001）资源具有耐低温、抗病、抗倒等特性，谷粒壳呈赤褐色，种皮红色，蒸煮过程中有香味，口感好。经桦川县新峰农业有限公司开发利用，形成了种植、生产、加工、销售的产业化发展模式。富强村大头梨（2022234167）番茄（外形似大头梨），品质好，几户农民自发组成合作社并建成 10 个大棚种植，每年 5 月份上市，批发价格都在 15～20 元/斤，深受市场欢迎。大五站柿子（P230921001）资源在勃利县勃利镇大五站村有 30 多年的种植历史，目前，该资源在本区域庭院产业经济发展中占有重要位置，成为当地庭院种植番茄的首选品种。

第二章 "三普"工作成效

一、农作物种质资源普查

（一）作物种质资源普查的组织

种业是农业的"芯片"，种质资源是"芯片"的"芯片"，农业种质资源是国家战略性资源，事关种业振兴全局。《种业振兴行动方案》将农业种质资源保护列为首要行动，把种质资源普查作为种业振兴"一年开好头、三年打基础"的首要任务，着眼长远，打牢基础。按照普查要求，要对全省100个普查县（市、区）1956年、1981年和2014年的信息进行调查，填写"第三次全国农作物种质资源普查与收集普查表"。由于年代久远，普查表信息填报困难，为保证信息准确，黑龙江省农业科学院作物资源研究所、大豆研究所、玉米研究所、佳木斯分院、克山分院、黑河分院和绥化分院组成7支普查队伍，深入普查县（市、区），与当地农业局、农业推广中心、档案局、教育局、统计局等部门联合，查阅历史资料，调动一切力量，大量走访当地老住户，与当地老技术员、老同志座谈，做到数据有据可查，并与国家普查办专家反复核验，力争准确完成各项信息填报。

全省资源普查累计出动队员1 800余人次，走遍100个普查县的416个乡镇，行程达9.5万余千米，召开座谈会416场，走访群众4.8万余人次。按照《普查表提交办法》要求，多次补充、核对，完善了普查数据并提交普查表，圆满完成了普查表提交任务。

通过"三普"工作，黑龙江省培养了一支懂资源、爱资源、高素质的种质资源科研团队，在资源收集、种植、鉴定、保存等方面，特别是资源的创新利用上都进步明显。同时，三年的农作物资源科普宣传，有效提高了黑龙江省全民种质资源保护意识，这对种质资源的保存、利用和进一步挖掘至关重要，特别是一些濒危灭绝的稀有资源能够及时上交国家、省或黑龙江省农科院资源库，有利于我国种业振兴和种业持续发展。本次资源普查对我省资源普查队伍的建设、发展、壮大，以及我省种业发展、种业振兴发挥着举足轻重的作用，影响积极且深远。

（二）作物种质资源普查的完成

经过国家普查办专家、普查队员、当地农业工作者及各方人员的共同努力，先后经过 8 次数据审核、修订，完成了黑龙江省 100 个普查县（市、区）普查表的系统填报，系统产生的电子表提交国家普查办核实和校正后，最终形成的电子表打印装订成册，审核盖章后统一上报国家普查办公室。

（三）作物种质资源普查的成效分析

（1）人文环境发展状况分析：从表 2.1 可知，1956 年、1981 年和 2014 年 3 个年度县辖乡镇数量逐次降低，县辖村数量是先增加再降低，农业人口呈现降低的趋势，少数民族的数量在逐渐增加，高等教育人数逐次增加，未受教育程度大幅度减少。从气候变化上看，1956 年、1981 年和 2014 年 3 个年度的平均气温呈上升的趋势，这对于提升作物单产也极为重要；而降雨量年际间差别不大，年平均降雨量在 500 毫米以上。随着人文环境的发展变化，对种质资源的保护利用产生了一定的影响。总体来看，随着人文环境的发展变化，特别是城镇化发展和农业人口的降低，农民就更加认可选育品种，逐渐丢掉农家品种，这不利于种质资源的保存，容易造成资源加速流失。

表 2.1 黑龙江省农作物种质资源普查区人文地理环境状况

年份	县辖乡镇数（个）	县辖村个数（个）	年均气温（℃）	年均降雨量（毫米）	农业人口（万）	少数民族数（个）	高等教育（%）	未受教育（%）
1956	1397	8 617	2.10	526.29	2 263.79	25	0.55	64.93
1981	1128	13 029	2.41	561.40	1 827.15	29	2.73	27.79
2014	808	8 419	2.70	549.24	1 763.39	31	15.67	6.76

（2）种植业发展状况分析：从图 2.1 可知，1956 年到 2014 年，粮食作物种植面积逐渐增加，特别是 2014 年粮食作物种植面积大幅度增加，经济作物种植面积 1981 年最高，到 2014 年明显降低。1981 年到 2014 年粮食作物种植面积大幅度增加，而经济作物种植面积锐减，这与黑龙江省是粮食大省有关，黑龙江省作为国家粮食安全压舱石，保障国家粮食安全是第一位，所以存在此消彼长的变化趋势。

6

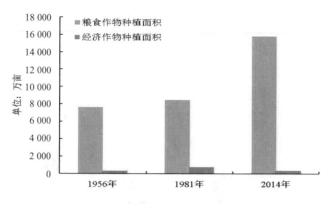

图 2.1　不同年份粮食作物和经济作物种植面积

从图 2.2 可知，1956 年黑龙江省小麦、玉米、大豆、水稻、高粱、谷子 6 种主要粮食作物均在 500 万亩以上；到 1981 年除高粱面积大幅度减少、谷子有所减少外，其他作物都有增加，特别是甜菜、亚麻两大经济作物发展很快；到 2014 年，种植结构变化更加明显，玉米、大豆、水稻种植面积大幅度增加，小麦等其他作物锐减，亚麻已降至不足 5 万亩。特别是玉米和水稻，在 1981 年后迅猛发展，水稻 2014 年种植面积较 1981 年增加了 5 倍、玉米增加了 2 倍，发展速度惊人。甜菜曾经是黑龙江省播种面积最大的经济作物，1956 年种植面积不足 100 万亩，到 1981 年已经突破 170 万亩，而到 2014 年普查区甜菜面积锐减，种植面积不足 15 万亩。亚麻曾经是黑龙江省播种面积第二大的经济作物，与甜菜的状况十分相似，到 2014 年面积仅有 3 万多亩，生产上几乎看不到这两种作物了。

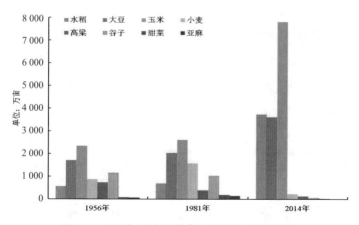

图 2.2　不同年份主要粮食和经济作物种植面积

从图 2.3 可知，粮食作物种类 1956 年最多有 18 种，1981 年之后基本稳定。经济作物种类 1956 年最少有 39 种，到 1981 年只增加 2 种，基本稳定；2014 年比 1981 年增加了 10 种，增长了 20% 以上，变化加大。

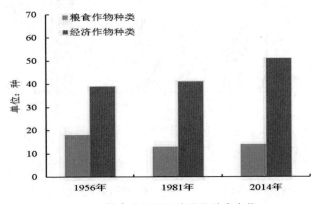

图 2.3　粮食作物和经济作物种类变化

种植业发展变化的原因与国家政策调整、市场经济发展和科学技术进步密切相关，1981 年在联产承包责任制全面推行以后，黑龙江省荒地开垦进入快车道，到 2014 年粮食播种面积比 1981 年计划增加了 1 倍。黑龙江省逐步发展成为我国产粮第一大省，逐步确定为国家粮食安全的压舱石，政策上把保障国家粮食安全放在第一位。市场经济发展，农民把经济效益放在首位。新品种的更替和栽培技术的提高与种植业发展密切相关。这些变化直接影响着作物种质资源的保护，导致主要粮食作物资源和经济效益不好的经济作物资源明显减少。

（3）品种发展状况分析：从图 2.4 可知，1956 年到 2014 年之间粮食作物地方品种数量在逐次减少，从 1 010 个降低到 190 个，而培育品种数量增加明显，从 225 个增加到 1 490 个。经济作物地方品种数量 1956 年和 1981 年基本持平，2014 年明显减少；而培育品种数量增加明显，从 56 个增加到 599 个。品种发生变化的原因与国家科技发展和育种技术不断进步密切相关。"七五"以来，国家和省里设立育种攻关、跨越计划、重点研发、产业体系建设等科技专项，大大加快了新品种的选育和推广进程，仅黑龙江省农业科学院 1956 年建院到 2022 年，共选育推广 1 777 个农作物新品种，这些新品种一经推广，使作物产量和经济效益明显高于农家种，迅速并持续替代农家种，也说明农民对选育品种有了广泛而深刻的认知，对推广的新品种也能欣然接受并在生产中加以利用。

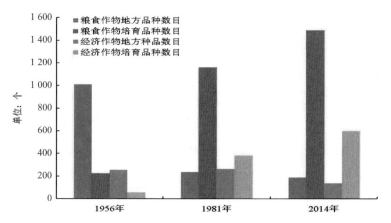

图 2.4　粮食作物、经济作物地方品种和培育品种数量变化

（4）品种与单产分析：从图 2.5 可知，1956 年到 2014 年，对玉米、水稻和大豆而言，无论是地方品种还是培育品种的单产均显著增加，而且各作物的培育品种单产显著高于地方品种单产。不排除产量增加与栽培生产技术有关，但就品种而言，2014 年，玉米培育品种较地方品种增产 25.1%，水稻培育品种较地方品种增产 36.8%，大豆培育品种较地方品种增产 22.3%，因此，生产上选择培育品种是理所应当的。

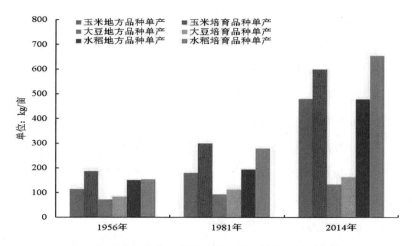

图 2.5　玉米、大豆、水稻地方品种和培育品种单产变化

本次普查发现，种质资源提供人的平均年龄 57.2 岁，在资源收集时，需要记录提供人手机号码和相关信息，很多老人岁数大了，登记的是自己子女的信息，实际提供者的年龄还要大一些。这表明年轻人基本不掌握作物种质资源材料。

综合分析来看，随着城镇化、工业化和现代农业的发展，地方（品种）农作物种质资源生存空间日趋狭窄。一方面，城镇化进程的加快直接挤占了地方种质资源的生存空间，造成资源分布区域萎缩甚至消失灭绝；另一方面，新品种的选育推广导致传统地方品种边缘化，甚至被完全替代。当前，农户手上留存的农家品种都是本区域的特色种质资源，大多数品种分布范围十分狭窄，多在农民"一亩三分地"种植。本次普查行动收集到只有 1 份资源的作物有 27 个，如果没有本次"三普"行动，这些资源本可能在不久的将来就会灭绝。因此，也充分证明了开展第三次全国农作物种质资源普查与收集行动的必要性，对于保护作物种质资源意义重大。

受到黑龙江省城镇化进程加快、农业种植结构不断调整以及气候生态环境变化等因素的影响，野生近缘植物因其赖以生存繁衍的栖息地遭到破坏而导致资源明显减少，地方品种大量消失，而且消失速度很快。比如，前两次资源普查共收集野生大豆（居群）789 份，而本次资源普查仅收集野生大豆（居群）218 份，这说明野生资源正在急剧减少，所以应加强对野生资源的保护和利用，充分发挥野生资源的价值。此外，大麦、甜菜资源情况更为严峻，前两次资源普查行动中共收集大麦资源和甜菜资源分别为 212 份和 502 份，而本次资源普查仅收集到 1 份大麦和 1 份甜菜资源，大麦、甜菜资源正在加速流失，而且流失速度惊人，濒临灭绝。前两次资源普查行动共收集小麦、谷子和高粱种质资源分别为 757 份、1 019份和 1 183 份，本次分别收集到 2 份、115 份和 285 份，小麦种质资源几乎消失殆尽。前两次资源普查行动共收集大葱仅 1 份，而本次资源普查仅收集 82 份；前两次资源普查行动收集的菜豆仅 296 份，而本次资源普查中菜豆资源收集数量最多，为 806 份，所以应加强对数量较多的资源进行精准鉴定和创新利用。通过与上两次普查结果分析比较，发现本次普查涉及的农作物种质资源种类更多，采集的数据更加精确。与前两次资源普查对比分析发现，黑龙江省种质资源具有丰富的多样性，但地方品种资源数量正在加速消失。

综上所述，本次资源普查收集的资源更丰富、收集质量更高、信息精准度更好，特别是对一些年代久远、珍稀濒危而且还承载着农耕文明和传统文化的种质资源的抢救性收集，意义重大。

二、农作物种质资源收集

（一）资源收集

1.资源征集

在基层组织的积极配合和人民群众的踊跃捐赠等支持下，经过种质资源库(圃)专家的核实甄别，全省共征集地方特色资源 3 161 份，填写资源征集表 3 161 份。征集的种质资源已全部上交国家种质库（圃）和普查办，超额完成任务。

2.资源抢救性收集

黑龙江省农业科学院抽调科技骨干组建调查队，对全省 30 个调查县开展系统调查和资源收集。在当地农业部门的配合下，调查队通过召开座谈会、走访群众和实地考察，了解当地种质资源分布，填写资源信息，采集资源样本，累计出动调查队员 600 余人次，调查队员走遍 30 个调查县的 324 个乡镇，行程达 6.5 余万千米，召开座谈会 324 场，走访群众 3.6 万余人次，经过甄别采集资源样本 2 443 份，填写调查登记表 2 443 份。收集资源已全部上交国家种质库（圃）和普查办，超额完成任务。

（二）资源实物征集收集情况

黑龙江省已按照任务要求征集收集并提交粮食、蔬菜、果树、经济作物、牧草等的种质资源共计 5 604 份（表 2.4）。其中征集资源 3 161 份（表 2.2），调查收集资源 2 443 份（表 2.3）。

从资源类型看，粮食作物有 24 种、2 089 份资源；经济作物 12 种、305 份资源；蔬菜 54 种、2 675 份资源；果树 16 种、510 份资源；牧草绿肥 14 种、25 份资源。

从资源来源看，野生种有 648 份，占收集总数的 11.56%；野生种最多的是野生大豆，共计 218 份，占野生资源总数的 33.64%。地方品种有 4 936 份，占收集总数的 88.08%。地方品种最多的是菜豆，共计 803 份，占地方品种总数的 16.27%。

表 2.2 黑龙江省普查县（市、区）征集资源明细（合计：3161 份）

普查县（市、区）	资源数量	普查县（市、区）	资源数量	普查县（市、区）	资源数量	普查县（市、区）	资源数量
阿城区	31	海林市	47	密山市	31	汤旺河区	31
爱辉区	31	海伦市	33	明水县	30	汤原县	30
安达市	31	恒山区	35	漠河市	35	铁力市	30
昂昂溪区	30	红星区	30	木兰县	30	通河县	30
巴彦县	31	呼兰区	31	穆棱市	38	同江市	30
拜泉县	30	呼玛县	34	南岔县	30	望奎县	30
宝清县	30	虎林市	31	讷河市	30	乌马河区	31
宝山区	30	桦川县	34	嫩江市	31	乌伊岭区	30
北安市	31	桦南县	30	碾子山区	30	五常市	30
宾县	30	鸡东县	44	宁安市	32	五大连池市	31
勃利县	43	集贤县	30	平房区	31	五营区	30
城子河区	31	嘉荫县	30	茄子河区	37	西林县	30
翠峦区	31	金山屯区	31	青冈县	30	新青区	31
大同区	30	克东县	30	庆安县	30	新兴区	46
带岭区	30	克山县	30	饶河县	30	兴安区	30
滴道区	37	兰西县	30	上甘岭区	30	兴山区	30
东宁市	31	梨树区	35	尚志市	30	逊克县	31
东山区	30	林甸县	30	双城区	30	延寿县	30
杜尔伯特蒙古族自治县	31	林口县	32	四方台区	30	依安县	30
方正县	31	岭东区	30	绥滨县	30	依兰县	30
抚远市	33	龙江县	30	绥芬河市	36	友好区	31
富锦市	30	萝北县	30	绥棱县	30	友谊县	30
富拉尔基区	34	麻山区	30	孙吴县	31	肇东市	37
富裕县	30	梅里斯区	30	塔河县	36	肇源县	30
甘南县	30	美溪区	30	泰来县	30	肇州县	30

表2.3 黑龙江省系统调查县（市、区）收集资源明细（合计：2443份）

调查县（市、区）	资源数量	调查县（市、区）	资源数量
巴彦县	80	铁力市	80
双城市	80	肇源县	80
五常市	80	勃利县	80
虎林市	80	宁安市	80
绥滨县	80	富锦市	80
方正县	81	桦川县	80
依兰县	81	汤原县	80
克山县	81	呼玛县	80
依安县	81	逊克县	80
宝清县	91	嫩江市	80
集贤县	80	肇东市	80
龙江县	82	肇州县	80
讷河市	81	海伦市	80
拜泉县	80	青冈县	80
呼兰区	80	庆安县	80
漠河市	12	海林市	13

表2.4 黑龙江省"三普"行动收集各作物种质资源种类和数量（合计：5604份）

作物种类	作物名称	数量	作物种类	作物名称	数量	作物种类	作物名称	数量
果树	草莓	83	粮食作物	糜子	2	蔬菜	茖葱	2
	海棠	2		普通菜豆	187		根甜菜	2
	核桃	1		黍稷	35		根用芥菜	1
	花红	8		水稻	87		胡萝卜	2
	梨	38		豌豆	67		葫芦	5
	李	86		尾穗苋	1		瓠瓜	1
	猕猴桃	3		小扁豆	1		黄瓜	193
	苹果	40		小豆	182		茴香	45
	葡萄	13		小麦	2		结球甘蓝	1
	楸子	8		野生大豆	218		韭菜	30
	山荆子	167		玉米	227		桔梗	2
	山楂	10		籽粒苋	3		苦瓜	6

13

作物种类	作物名称	数量	作物种类	作物名称	数量	作物种类	作物名称	数量
作物种类	桃	2		粮食作物汇总	2089		苦苣	3
	杏	29		白花草木樨	2		菊芋	8
	樱桃	19		扁穗冰草	1		辣椒	216
	榛	1		草地早熟禾	1		莲	1
果树汇总		510		狗尾草	1		龙葵	3
	大麻	10		蓼	1		萝卜	7
	花生	17		披碱草	1		美洲南瓜	56
	桑树	2	牧草绿肥	田菁	1		南瓜	197
	苏子	126		星星草	1	蔬菜	蒲公英	5
	糖高粱	68		偃麦草	1		茄子	32
经济作物	向日葵	16		羊草	4		芹菜	13
	青麻（苘麻）	1		野豌豆	6		秋葵	3
	亚麻	13		英菜	1		丝瓜	10
	烟草	38		月见草	3		酸浆	65
	油菜	2		麦瓶草	1		甜瓜	8
	芝麻	11					茼蒿	15
	甜菜	1	牧草绿肥汇总		25		莴苣	42
经济作物汇总		305		菠菜	46		乌塌菜	1
	扁豆	9		不结球白菜	2		西瓜	3
	大豆	243		菜豆	806		洋葱	70
	大麦	1		菜薹	2		野西瓜	1
	多花菜豆	26		葱	21		叶用芥菜	6
	饭豆	136		大白菜	7	蔬菜	叶用莴苣	43
	甘薯	7	蔬菜	大葱	115		芫荽	189
粮食作物	高粱	285		大蒜	38		长豇豆	60
	谷子	115		冬瓜	10		芝麻菜	46
	豇豆	9		独行菜	2		籽用芥菜	1
	老芒麦	1		番茄	224		紫苏	6
	绿豆	51		甘蓝	1	蔬菜汇总		2675
	马铃薯	194		杠板归	1	总数		5604

14

（三）资源收集的成效

1.数据采集与填报规范

（1）数据采集。本次资源普查统一了信息表格，规范了照片拍摄，采用相同GPS获取经度、纬度、海拔等重要信息，特别是在资源分类方面，本次资源普查能够更好地排除重复，并获得了特异、新颖的种质资源。通过对数据的分析可以明确黑龙江省农作物种质资源的时空分布、各地区优势资源分布等，为资源变化趋势预测提供参考和依据。

（2）种质资源征集表填报。黑龙江省100个普查县（市、区）共征集种质资源3 161份，各普查县均上交30份以上，将征集表的信息录入"农作物种质资源普查与征集数据填报系统"，形成征集表3 161份，其中一年生作物征集表2518份、多年生作物征集表643份。种质资源征集表的汇总表已通过国家普查办审核，征集表、汇总表、照片已按普查办的要求整理打包，完成纸质征集表打印盖章，统一报送至国家普查办公室。

（3）种质资源调查表填报。黑龙江省30个系统调查县共收集资源2 443份，各调查县上交资源均超过了80份，填写系统调查表2 443份。调查表已经全部录入"农作物种质资源调查数据填报与汇总系统"，形成的汇总表已经通过国家普查办审核，纸质调查表已完成打印盖章，统一报送至国家普查办公室。

2.作物种质资源收集的覆盖区域广泛

黑龙江省2020年启动的第三次全国农作物种质资源普查与收集行动，在资源普查覆盖主要区域方面采取的是"1333"普查模式，即在黑龙江省东部、西部、南部、北部和中部100个农业县（市、区）开展资源普查工作；每个资源普查小分队至少有3名工作人员参加；每个县（市、区）至少选择3个代表性乡镇进行资源普查工作；每乡镇至少选择3个代表性行政村进行资源普查工作。在"三普"行动中，黑龙江省农作物种质资源普查队伍在100个县（市、区）、620个乡镇和3 978个行政村进行资源征集和抢救性收集，走访群众8.4万余人次，资源普查行进里程达16余万千米，北至我国最北部漠河市，东至我国最东方抚远市，普查过程中翻山越岭，跋山涉水，堪称"资源普查万里长征"，所到之处皆有收获，路虽远行则将至。从地级行政区和主要农业县角度来看，实现了100%全覆盖。总体来看，普查工作均超额完成任务指标，实现了普查区域的全覆盖。此外，与前两次资源普查结果比较，本次资源普查范围更广，包括了从海拔 100 米到 1 008 米，经度从东经 121.11600° 国家东极的黑瞎子岛到东经 135.52021°，纬度从北纬 43.41666° 到北纬 53.55000° 国家北极的漠河市北极村，覆盖了黑龙江省省域范围。

3.作物种质资源收集的生态类型丰富

本次资源普查覆盖了农田、庭院、草地、森林、湿地、湖泊和矿区等。采集资源的土壤类型包括棕壤土、黑土、黑钙土、栗钙土、盐碱土、草甸土、沼泽土、漠土、砂土、水稻土等。从黑龙江省积温区划来看，本次普查覆盖了黑龙江省第一积温带的宾县等地，第二积温带的青冈县等地，第三积温带的克东县等地，第四五积温带的五大连池市、孙吴县等地和第六积温带的塔河县、漠河市等地。因此，本次普查涵盖了黑龙江省的各种生态类型。其中，庭院中收集的资源最多，是本次资源普查的重要来源之一。

4.收集的作物种质资源类型多样

从图 2.6 至图 2.9 可知，本次普查主要收集的资源类型包括粮食作物、经济作物、牧草绿肥、蔬菜和果树资源共 5 大类，120 种类型，共计 5 604 份资源。其中粮食作物种类共 24 种，占比 20%，粮食作物资源数量 2 089 份，占比 37.3%；经济作物种类共 12 种，占比 10%，经济作物资源数量 305 份，占比 5.4%；蔬菜作物种类共 54 种，占比 45%，蔬菜作物资源数量 2 675 份，占比 47.7%；果树种类共 16 种，占比 13.3%，果树资源数量 510 份，占比 9.1%；牧草绿肥种类共 14 种，占比 11.7%，牧草绿肥资源数量 25 份，占比 0.5%。

对比分析发现，蔬菜作物种类在收集资源中所占比例最高，这说明农民在自留种过程中，在种类选择上以蔬菜作物为主，其次是粮食作物。

综合分析发现，资源数量超过 100 份的种类有 17 种，数量最多的为菜豆 806 份，占全部收集资源的 14.4%。所以，今后应加强对资源的进一步精准鉴定，并构建核心种质资源库。

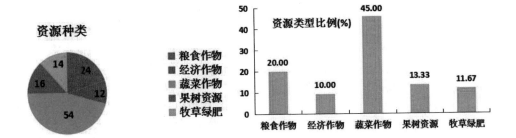

图 2.6　资源种类分析　　　　　图 2.7　资源种类比例分析

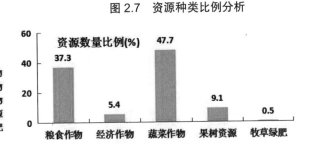

图 2.8　资源数量分析　　　　　图 2.9　资源数量比例分析

综上所述，2020 年黑龙江省"三普"行动覆盖了辖区内主要区域、生态类型和作物类型，做到了"应收尽收"。

5.丰富了国家农作物种质资源库（圃）

黑龙江省征集收集粮食、蔬菜、果树、经济作物、牧草等的种质资源共计 5604 份，移交资源 5 604 份，移交资源占征收资源总数比例 100%，其中普查征集 3 161 份资源分 24 批提交国家库（圃），系统调查收集 2 443 份资源分 14 批提交国家库（圃），资源移交情况见表 2.5。收到国家级库出具的资源移交接收证明 4749 份（资源普查 2 351 份，系统调查 2 398 份），国家级圃出具资源移交接收证明 855 份（资源普查 810 份，系统调查 45 份），移交的每份资源实物均有对应的征集表、调查表及入库清单。

表 2.5　黑龙江省"三普"行动收集农作物种质资源移交数量

序号	国家资源库（圃）	移交资源数（份）
1	中国农业科学院作物科学研究所作物种质资源中心	4 749
2	国家桃、草莓种质资源圃（北京）	83
3	国家果树种质熊岳李杏资源圃	150
4	国家种质武汉水生蔬菜资源圃	1

序号	国家资源库（圃）	移交资源数（份）
5	国家马铃薯种质试管苗库（克山）	182
6	中国科学院武汉植物园（国家猕猴桃种质资源圃）	3
7	中国农业科学院草原研究所（国家种质牧草中期库）	15
8	中国农业科学院果树研究所	76
9	中国农业科学院果树研究所（国家果树种质兴城山荆子圃）	157
10	中国农业科学院果树研究所（国家果树种质兴城梨圃）	26
11	国家果树种质沈阳山楂圃	11
12	中国农业科学院麦类研究所品种资源研究室（国家麻类中期库）	1
13	中国农业科学院蔬菜花卉研究所（国家无性繁殖及多年生蔬菜资源圃）	116
14	伊犁州农业科学研究所	2
15	中国农业科学院蚕业研究所（中国种质镇江桑树圃）	2
16	国家果树种质泰安核桃、板栗圃	1
17	国家种质徐州甘薯试管苗库	7
18	中国农业科学院油料作物研究所（国家花生种质资源中期库）	9
19	国家果树种质山葡萄圃（左家）	13
	总计	5604

三、"三普"的经验做法

1.科学决策，用专业的人做专业的事

按照最初方案，普查与征集工作是要求县（市、区）完成的，种业处在充分调研基础上，决定由省农科院牵头完成，保证了"三普"工作的顺利开展。

2.积极宣传，建立"三级向导"体系

普查工作开始前与当地农业主管部门和农业技术推广中心积极沟通，了解当地主要农作物种植、分布和利用情况。建立县农业技术推广站作为一级向导，乡镇的农业技术推广站作为二级向导，村级农业技术员为三级向导的向导体系。利用县乡村推广体系微信群和村级服务微信群开展前期的资源收集宣传工作。利用三级体系对本地的了解情况，对基层的种质资源信息进行收集和汇总，普查队根据收集到的信息进行初筛，在确定前期基础后联系三级向导的村级农业技术员，由其陪同调查队深入各户开展调查和抢救性收集工作。

3.精心组织，多措并举保障材料信息翔实可靠

由于本次普查过程中，1956年和1981年距今时间跨度大，调查过程中发现黑龙江省龙志网（http://www.zglz.gov.cn/）中的县志和统计年鉴中记载了大量翔实可靠的信息，可以直接作为填写依据。针对县志、统计年鉴和相关资料中未记载的信息，主要采取与当年从事农业工作的老领导、农技站退休的老站长和年长的农民座谈，对单次出现和不确定的信息进行相互甄别和验证。

4.科学谋划调查路线，阶段性经验交流，提高资源收集效率

在工作开始前利用黑龙江省农业科学院各分院的地缘优势对黑龙江省所负责调查的县市区依据就近原则进行区域划分，在兼顾距离和交通便利的同时，根据任务量对任务进行分解。在普查工作的不同阶段，召开阶段性总结会议或阶段性专项培训，进行工作布置及学习交流，共享心得经验，及时对出现的问题和短板有针对性地进行督促与指导。

5.制定资源鉴定和繁殖政策，建立本省种质资源库

针对不同单位的专业特点和专业优势，在资源收集后进行分类，将资源安排在本单位优势学科进行鉴定和扩繁，如确实困难，委托我院专业团队进行扩繁、提纯和鉴定。在此基础上不断建立并丰富我省的种质资源库，为下一步合理利用我省种质资源奠定基础。

6.收集资源三级保存

在保证完成国家任务的同时，资源普查牵头单位、省种质资源库要同时保存。

7.任务分解，责任到人

依据就近原则安排熟悉县（市、区）情况的队伍负责完成该地的"三普"工作，同时明确应该完成的工作任务量和应达到的质量标准。

第三章 "三普"收集的农作物资源状况分析

一、收集的种质资源植物学分类

黑龙江省地势大致呈西北、北部和东南部高，东北、西南部低，由山地、台地、平原和水面构成；地跨黑龙江、乌苏里江、松花江、绥芬河四大水系，属寒温带与温带大陆性季风气候，农作物种质资源丰富。

（一）收集种质资源的分科

征集和收集到的5 604份资源，隶属于26科。超过100份资源的科有9个，分别是豆科、禾本科、茄科、蔷薇科、葫芦科、百合科、伞形科、唇形科和菊科；豆科作物是本次普查行动收集资源最丰富的作物，数量2 021份，占收集资源总量的36.06%；禾本科作物资源数量833份，占收集资源总量的14.86%（表3.1）。

表 3.1　收集资源的科名和数量情况

序号	科名	资源数量	序号	科名	资源数量
1	豆科	2 021	14	桑科	12
2	禾本科	833	15	胡麻科	11
3	茄科	772	16	旋花科	7
4	蔷薇科	492	17	锦葵科	4
5	葫芦科	490	18	苋科	4
6	百合科	276	19	柳叶菜科	3
7	伞形科	249	20	猕猴桃科	3
8	唇形科	132	21	桔梗科	2
9	菊科	132	22	胡桃科	1

序号	科名	资源数量	序号	科名	资源数量
10	十字花科	80	23	桦木科	1
11	藜科	49	24	蓼科	2
12	葡萄科	13	25	石竹科	1
13	亚麻科	13	26	睡莲科	1

（二）收集种质资源的分属

征集和收集到的 5 604 份资源，隶属于 80 属。超过 100 份资源的属有 15 个，分别是菜豆属、大豆属、豇豆属、高粱属、葱属、南瓜属、茄属、玉蜀黍属、苹果属、番茄属、辣椒属、黄瓜属、芫荽属、紫苏属和狗尾草属。豆科作物资源涉及大豆属、豇豆属、扁豆属、豌豆属、野豌豆属、菜豆属、花生属等 10 个属，包括大豆、豇豆、扁豆、饭豆、豌豆、小豆、菜豆、花生、绿豆等 18 种作物。禾本科作物资源涉及稻属、玉蜀黍属、高粱属、菰属、小麦属、狗尾草属等 13 个属，包含水稻、玉米、高粱、小麦、谷子等 17 种作物。茄科作物资源涉及茄属、辣椒属、烟草属、酸浆属等 5 个属，包括马铃薯、茄子、辣椒和烟草等 7 种作物（表 3.2）。

表 3.2　收集资源的属名和数量情况

属名	数量	属名	数量	属名	数量	属名	数量
菜豆属	1 019	酸浆属	65	丝瓜属	10	桔梗属	2
大豆属	461	菠菜属	46	扁豆属	9	披碱草属	2
豇豆属	438	麻菜属	46	番薯属	7	桑属	2
高粱属	353	茴香属	45	萝卜属	7	桃属	2
葱属	276	梨属	38	葫芦属	6	小麦属	2
南瓜属	253	烟草属	38	苦瓜属	6	蒿蓄属	1
茄属	229	黍属	37	野豌豆属	6	冰草属	1
玉蜀黍属	227	杏属	29	蒲公英属	5	大麦属	1
苹果属	225	向日葵属	24	赖草属	4	芙蓉属	1
番茄属	224	芸薹属	21	西瓜属	4	胡桃属	1
辣椒属	216	樱属	19	苋属	4	碱茅属	1
黄瓜属	201	花生属	17	苦苣菜属	3	莲属	1

属名	数量	属名	数量	属名	数量	属名	数量
芫荽属	189	茼蒿属	15	猕猴桃属	3	蓼属	1
紫苏属	132	葡萄属	13	秋葵属	3	田箐属	1
狗尾草属	116	芹属	13	甜菜属	3	小扁豆属	1
稻属	87	亚麻属	13	月见草属	3	偃麦草属	1
李属	86	芝麻属	11	芸薹属	3	英菜属	1
莴苣属	85	大麻属	10	草木犀属	2	蝇子草属	1
草莓属	83	冬瓜属	10	独行菜属	2	早熟禾属	1
豌豆属	67	山楂属	10	胡萝卜属	2	榛属	1

二、收集的种质资源作物类型分析

黑龙江省农作物种质资源丰富，粮食产量全国最高，是我国粮食安全压舱石，素有北大仓的美名。本次"三普"行动收集的 5 604 份资源覆盖了粮食作物、经济作物、牧草绿肥、蔬菜和果树资源共五大类、120 种类型。

（一）粮食作物资源

1.粮食作物资源收集概况分析

黑龙江省"三普"行动共收集粮食作物种类 24 类，主要包括高粱、大豆、玉米、野生大豆等（见图 3.1），共计 2 073 份资源。其中 200 份资源以上的类型有 4 类，分别是高粱、大豆、玉米和野生大豆，占比分别为 13.75%、11.72%、10.95% 和 10.52%；100～200 份资源的类型有 5 类，分别是马铃薯、普通菜豆、小豆、饭豆和谷子，占比分别为 9.36%、9.02%、8.78%、6.56% 和 5.55%；大麦、老芒麦、尾穗苋、小扁豆仅收集 1 份资源。黑龙江省大豆面积占全国总播种面积 48% 以上，是我国大豆面积最大的省份。本次资源普查收集的大豆资源类型丰富，既有常规栽培大豆，也包括野生大豆，既有高蛋白大豆资源，也有高油大豆资源，既有大粒大豆，也有小粒大豆，既有黄皮大豆，也有黑皮、绿皮大豆，既有高秆稀植资源，也有矮秆密植资源。

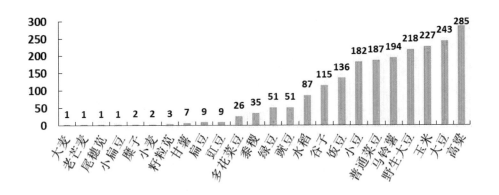

图 3.1　粮食作物资源收集种类与数量

2.与国家种质资源库保存的资源比较

比较国家种质资源库保存的黑龙江省粮食作物种质资源数量，本次普查粮食作物明显减少。国家种质资源库中黑龙江省的玉米资源已有 775 份，本次普查收集 227 份；国家种质资源库中黑龙江省大豆资源已有 960 份，本次普查收集 243份；国家种质资源库中黑龙江省野生大豆资源已有 789 份，本次普查收集 218 份；国家种质资源库中黑龙江省水稻资源已有 211 份，本次普查收集 87 份；国家种质资源库中黑龙江省小麦资源已有 757 份，本次普查仅收集 2 份；国家种质资源库中黑龙江省高粱资源已有 1183 份，本次普查收集 285 份；国家种质资源库中黑龙江省谷子资源已有 1 020 份，本次普查收集 115 份。表明，黑龙江省粮食作物种质资源正在丧失（表 3.3）。

表 3.3　国家种质资源库与本次收集的粮食作物资源比较分析

作物	国家种质资源库份数	本次收集份数	增加份数	增长率
玉米	775	227	−548	−70.71%
大豆	960	243	−717	−74.69%
野生大豆	789	218	−571	−72.37%
水稻	211	87	−124	−58.77%
小麦	757	2	−755	−99.74%
高粱	1183	285	−898	−75.91%
谷子	1020	115	−905	−88.73%

（二）经济作物资源

1.经济作物资源收集概况分析

黑龙江省"三普"行动共收集经济作物 12 类，共计 305 份资源（见图 3.2），包括苏子、糖高粱、烟草、花生、向日葵、亚麻、芝麻、大麻、油菜、桑树、甜菜、青麻（苘麻）11 类作物。其中资源数量最多的 3 个类型分别为苏子、糖高粱和烟草，占比分别为 41.31%、22.30% 和 12.46%；青麻（苘麻）数量最少，仅为 1 份资源。与粮食作物相比，经济作物收集的数量和种类较少，这主要与黑龙江省是粮食大省有关，主要作物种植以粮食作物为主，经济作物为辅。但是，与前两次资源普查相比，本次资源收集的经济作物的数量、类型和新颖性均显著提高。

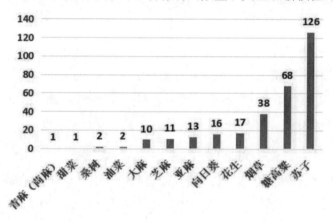

图 3.2　经济作物资源收集种类与数量

2.与国家种质资源库保存的资源比较

比较国家种质资源库保存的黑龙江省作物种质资源数量，本次普查经济作物明显减少。国家种质资源库中黑龙江省亚麻资源已有 234 份，本次普查收集 13 份；国家种质资源库中黑龙江省烟草资源已有 222 份，本次普查收集 37 份；国家种质资源库中黑龙江省向日葵资源已有 110 份，本次普查收集 16 份；国家种质资源库中黑龙江省花生资源已有 43 份，本次普查收集 17 份；国家种质资源库中黑龙江省芝麻资源已有 33 份，本次普查收集 11 份；国家种质资源库中黑龙江省大麻资源已有 27 份，本次普查收集 10 份；国家种质资源库中黑龙江省甜菜资源已有 502 份，本次普查收集 1 份。表明黑龙江省经济作物种质资源正在丧失（表 3.4）。

表 3.4　国家种质资源库与本次收集的经济作物资源比较分析

作物	国家种质资源库份数	本次收集份数	增加份数	增长率
亚麻	234	13	-221	-94.44%
烟草	222	37	-185	-83.33%
向日葵	110	16	-94	-85.45%
花生	43	17	-26	-60.47%
芝麻	33	11	-22	-66.67%
大麻	27	10	-17	-62.96%
甜菜	502	1	-501	-99.80%

（三）蔬菜作物资源

1.蔬菜作物资源收集概况分析

黑龙江省"三普"行动共收集蔬菜作物资源 54 类（表 3.5），共计 2 675 份资源。本次蔬菜资源普查和收集在数量上和资源类型上，都是这三次资源普查中最多的一次。其中菜豆资源最多，为 806 份，占比 30.13%，其次是番茄，占比 8.37%，然后是辣椒，占比 8.07%。资源数量收集 100 份以上的类型有 6 种，分别是菜豆、番茄、辣椒、南瓜、黄瓜和芫荽。只收集到 1 份的资源有结球甘蓝、甘蓝、杠板归、根用芥菜、瓠瓜、莲、乌塌菜、野西瓜、籽用芥菜。

表 3.5　蔬菜作物资源收集种类与数量

序号	作物名称	数量	序号	作物名称	数量
1	结球甘蓝	1	28	甜瓜	8
2	甘蓝	1	29	冬瓜	10
3	杠板归	1	30	丝瓜	10
4	根用芥菜	1	31	芹菜	13
5	瓠瓜	1	32	茼蒿	15
6	莲	1	33	豌豆	16
7	乌塌菜	1	34	洋葱	21
8	野西瓜	1	35	叶用芥菜	21
9	籽用芥菜	1	36	韭菜	30
10	不结球白菜	2	37	茄子	32
11	菜薹	2	38	大蒜	38
12	独行菜	2	39	莴苣	42

序号	作物名称	数量	序号	作物名称	数量
13	茖葱	2	40	茴香	45
14	根甜菜	2	41	菠菜	46
15	胡萝卜	2	42	芝麻菜	46
16	桔梗	2	43	大葱	54
17	龙葵	3	44	美洲南瓜	56
18	西瓜	3	45	长豇豆	60
19	秋葵	3	46	酸浆	65
20	苦苣	3	47	葱	82
21	葫芦	5	48	叶用莴苣	92
22	蒲公英	5	49	芫荽	174
23	紫苏	6	50	黄瓜	193
24	苦瓜	6	51	南瓜	197
25	大白菜	7	52	辣椒	216
26	萝卜	7	53	番茄	224
27	菊芋	8	54	菜豆	806

2.与国家种质资源库保存的资源比较

比较国家种质资源库保存的黑龙江省蔬菜种质资源数量，本次普查蔬菜资源在种类和数量上明显增多。国家种质资源库中蔬菜资源有1 264份，本次收集2 675份，丰富了黑龙江种质资源库（表3.6）。

国家种质资源库中黑龙江省菜豆资源已有296份，本次普查收集806份；国家种质资源库中黑龙江省番茄资源已有133份，本次普查收集224份；国家种质资源库中黑龙江省辣椒资源已有66份，本次普查收集216份；国家种质资源库中黑龙江省黄瓜资源已有27份，本次普查收集193份；国家种质资源库中黑龙江省长豇豆资源已有22份，本次普查收集43份；国家种质资源库中黑龙江省酸浆资源已有8份，本次普查收集65份；国家种质资源库中黑龙江省韭菜资源已有6份，本次普查收集30份；国家种质资源库中黑龙江省南瓜资源已有2份，本次普查收集183份；国家种质资源库中黑龙江省葱资源已有1份，本次普查收集115份；国家种质资源库中黑龙江省胡萝卜资源已有1份，本次普查收集2份；国家种质资源库中黑龙江省苦瓜资源已有1份，本次普查收集6份。

其中部分资源减少,国家种质资源库中黑龙江省茄子资源已有 70 份,本次普查收集 32 份;国家种质资源库中黑龙江省甜瓜资源已有 44 份,本次普查收集 8 份;国家种质资源库中黑龙江省大白菜资源已有 36 份,本次普查收集 7 份;国家种质资源库中黑龙江省萝卜资源已有 15 份,本次普查收集 7 份;国家种质资源库中黑龙江省西葫芦资源已有 12 份,本次普查收集 5 份;国家种质资源库中黑龙江省西瓜资源已有 7 份,本次普查收集 3 份;国家种质资源库中黑龙江省结球甘蓝资源已有 6 份,本次普查收集 1 份;国家种质资源库中黑龙江省根用芥菜资源已有 4 份,本次普查收集 1 份。

表 3.6 国家种质资源库与本次收集的蔬菜作物资源比较分析

作物	国家种质资源库份数	本次收集份数	增加份数	增长率/%
茄子	70	32	−38	−54.29%
甜瓜	44	8	−36	−81.82%
大白菜	36	7	−29	−80.56%
萝卜	15	7	−8	−53.33%
西葫芦	12	5	−7	−58.33%
西瓜	7	3	−4	−57.14%
结球甘蓝	6	1	−5	−83.33%
根用芥菜	4	1	−3	−75.00%
菜豆	296	806	510	172.30%
番茄	133	224	91	68.42%
辣椒	66	216	150	227.27%
黄瓜	27	193	166	614.81%
长豇豆	22	43	21	95.45%
酸浆	8	65	57	712.50%
韭菜	6	30	24	400.00%
南瓜	2	183	181	9050.00%
葱	1	115	114	11400.00%
胡萝卜	1	2	1	100.00%
苦瓜	1	6	5	500.00%

（四）果树资源

1.果树资源收集概况分析

黑龙江省"三普"行动共收集果树资源16类（见图3.2），共计510份资源。其中山荆子资源最多，为167份，占比32.75%，其次是李子资源，占比16.86%，然后是草莓，占比16.27%。资源数量收集100份以上仅有1类资源；核桃和榛资源仅收集到1份特异资源。虽然果树资源仅收集16类，但是基本实现了黑龙江省特异果树资源的全覆盖，与前两次资源普查最大的区别就是，本次资源普查所收集到的果树资源均为特异的新种质资源，进一步丰富了国家种质资源库果树资源种类和数量。

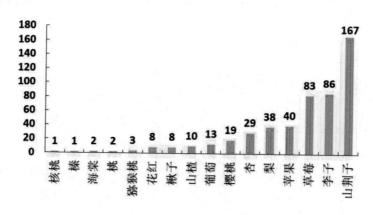

图3.2 果树资源收集种类与数量

2.与国家种质资源库保存的资源比较

比较国家种质资源库保存的黑龙江省作物种质资源数量，本次普查果树资源种类和数量明显增加。国家种质资源库中黑龙江省的李子资源已有37份，本次普查收集86份；国家种质资源库中黑龙江省苹果资源已有31份，本次普查收集40份；国家种质资源库中黑龙江省杏资源已有18份，本次普查收集29份；国家种质资源库中黑龙江省草莓资源已有7份，本次普查收集83份；国家种质资源库中黑龙江省梨资源已有1份，本次普查收集38份；国家种质资源库中黑龙江省山楂资源已有1份，本次普查收集10份。表明，黑龙江省果树种质资源此次收集比较全面（表3.7）。

表 3.7　国家种质资源库与本次收集的果树资源比较分析

作物	国家种质资源库份数	本次收集份数	增加份数	增长率
李子	37	86	49	132.43%
苹果	31	40	9	29.03%
杏	18	29	11	61.11%
草莓	7	83	76	1085.71%
梨	1	38	37	3700.00%
山楂	1	10	9	900.00%

（五）牧草绿肥资源

1.牧草绿肥资源收集概况分析

黑龙江省"三普"行动共收集牧草绿肥资源 14 类（见图 3.3），包括麦瓶草、白花草木樨、扁穗冰草、草地早熟禾、狗尾草、蓼、披碱草、田菁、星星草、偃麦草、羊草、野豌豆、荬菜、月见草，共计 25 份资源。其中野豌豆数量最多，其次是羊草和月见草，占比分别为 24%、16% 和 12%。这 25 份牧草绿肥种质资源在前两次资源普查中均未收集到，本次牧草绿肥种质资源的收集进一步丰富了国家牧草绿肥种质资源库。例如，田菁在盐碱地改良中作用重大，所以应充分发掘并发挥牧草绿肥作物的土壤改良和土壤培肥作用，助力黑土保护战略的实施。

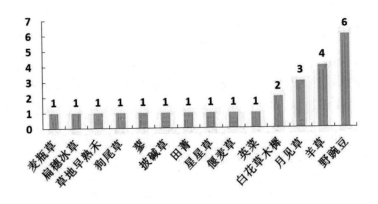

图 3.3　牧草绿肥作物资源收集种类与数量

2.与国家种质资源库保存的资源比较

国家种质资源库保存的黑龙江省牧草绿肥作物共计 46 份，本次普查牧草绿肥资源增加了 25 份，丰富了资源库。

三、收集种质资源的数量和新颖性分析

1.征集和系统调查收集的资源数量

本次"三普"行动在资源收集方面分为种质资源征集和系统调查抢救性收集两部分工作，其中资源征集共征集资源 3 161 份，系统调查抢救性收集到 2 443 份种质资源，5 大类资源共征集和收集到的资源 5 604 份，隶属于 26 科 80 属 120 种。粮食作物中大豆（含野生大豆）资源收集数量最高，共计 461 份；经济作物中苏子资源收集数量最高，共计 126 份；蔬菜资源中菜豆资源收集数量最高，共计 806 份；果树资源中山荆子资源收集数量最高，为 167 份；牧草绿肥资源中野豌豆资源收集种类最多，为 4 份。

对比分析发现，在本次资源普查收集的种质资源中数量最多的是菜豆资源，其次是大豆资源。本次普查行动收集到只有 1 份资源的作物有 27 个，分布范围相对狭窄，如果不能得到有效保护，很容易导致这些独特地方资源的丢失。

2.资源新颖性情况

前两次种质资源普查已入国家资源库目录的共 9 496 份资源，平均每次收集 4 748 份资源；而本次资源普查收集的资源总数为 5 604 份资源，收集数量明显增多，增加了 18.0%。前两次资源普查作物种类总计 70 种，而本次资源普查收集资源 120 种，所以本次资源普查收集的资源种类明显增多，增加了 71.4%，所以在资源类别上的新颖性尤为明显。此外，比对种质资源名称后，本次资源普查新收集的 5604 份资源中仅有 445 份资源与黑龙江省已收集入国家资源库的目录重名，92.06%为以前未收集到的新资源。上一次种质资源普查已经过去 40 年，其间没有进行资源收集工作，重名的品种即使是原来传下来的，也应该有一定的变化了，应该还算新品种。

3.地方代表性特色资源

野生大豆是黑龙江省极为丰富的野生资源。本次普查在 49 个县、166 个村收集到 218 份野生大豆。国家种质资源库中现有我省的野生大豆资源 789 份，本次大规模全覆盖征集仅收集到原有资源的 27.6%，说明黑龙江省野生大豆资源在减少。野生大豆收集地形涵盖平原、丘陵和山地；收集土壤类型丰富，包含黑钙土、黑土、高山土和棕壤，有农户采集、田间采集和野外采集，生态类型包括草地、农田、湖泊、湿地和森林。

山荆子也是黑龙江极为丰富的野生资源。本次收集到的 167 份山荆子遍布 37 个县、89 个村。地形涵盖平原、丘陵和山地；收集土壤类型丰富，包含黑钙土、黑土和棕壤，有农户采集和野外采集，生态类型包括草地、农田和森林。国家种质资源圃中仅有我省的山荆子资源 1 份，本次大大补充了国家资源圃中山荆子的数量。

第四章 资源普查县收集的种质资源

一、哈尔滨市

1.阿城区

阿城区位于黑龙江省东南部哈尔滨市城镇群的中心地带，地处东经126°40′—127°39′、北纬45°10′—45°50′之间，东北以蜚克图河、舍利河为界与宾县相邻，东南与尚志市接壤，西南与五常市毗连，西与双城区为邻，西北分别与哈尔滨市香坊区、道外区连接。

在该地区的11个乡镇19个村收集农作物种质资源共计31份，其中果树资源10份，经济作物1份，粮食作物5份，蔬菜资源15份，见表4.1。

表4.1 阿城区农作物种质资源收集情况

样品编号	作物名称	种质名称	采集地点
P230112001	谷子	金谷	哈尔滨市阿城区杨树街道幸福村
P230112002	番茄	黄番茄	哈尔滨市阿城区阿什河街道城建村
P230112003	韭菜	新发韭菜	哈尔滨市阿城区料甸街道新发村
P230112004	韭菜	阿城韭菜	哈尔滨市阿城区金龙山镇于家店村
P230112005	独行菜	阿城英菜	哈尔滨市阿城区红星镇振兴村
P230112006	芝麻	阿城黑芝麻	哈尔滨市阿城区交界街道沿河村
P230112007	南瓜	阿城南瓜	哈尔滨市阿城区红星镇慈兴村
P230112008	黍稷	阿城黄糜子	哈尔滨市阿城区阿什河街道城郊村
P230112009	甘蓝	阿城结球甘蓝	哈尔滨市阿城区双丰街道双兰村
P230112010	高粱	黏高粱	哈尔滨市阿城区双丰街道双兰村
P230112011	不结球白菜	阿城小白菜	哈尔滨市阿城区阿什河街道东环村
P230112012	辣椒	阿城小辣椒	哈尔滨市阿城区阿什河街道城建村
P230112013	芫荽	阿城香菜	哈尔滨市阿城区阿什河街道东环村
P230112014	根甜菜	阿城甜菜	哈尔滨市阿城区阿什河街道城建村
P230112015	菠菜	阿城菠菜	哈尔滨市阿城区阿什河街道东环村
P230112016	萝卜	阿城萝卜	哈尔滨市阿城区阿什河街道东环村

样品编号	作物名称	种质名称	采集地点
P230112017	芝麻菜	阿城臭菜	哈尔滨市阿城区阿什河街道东环村
P230112018	茴香	阿城茴香	哈尔滨市阿城区阿什河街道东环村
P230112021	黄瓜	九月青	哈尔滨市阿城区阿什河街道黄土岗村
P230112023	籽粒苋	西年谷	哈尔滨市阿城区亚沟镇刘秀村
P230112025	玉米	交界黏玉米	哈尔滨市阿城区亚沟街道刘秀村
P230112026	梨	于家店村山梨	哈尔滨市阿城区金龙山镇于家店村
P230112027	梨	南屯村山梨	哈尔滨市阿城区小岭街道南屯村
P230112028	梨	金龙山镇山梨	哈尔滨市阿城区金龙山镇于家店村
P230112029	山荆子	北村山丁子	哈尔滨市阿城区玉泉街道镇北村
P230112030	山荆子	南屯村山丁子	哈尔滨市阿城区小岭街道南屯村
P230112031	山荆子	慈兴村山丁子	哈尔滨市阿城区红星镇慈兴村
P230112032	山荆子	黄道岭村山丁子	哈尔滨市阿城区金龙山镇黄道岭村
P230112033	山荆子	庙岭村山丁子	哈尔滨市阿城区交界街道庙岭村
P230112034	山荆子	老虎沟村山丁子	哈尔滨市阿城区小岭街道老虎沟村
P230112035	梨	白石砬子村山梨	哈尔滨市阿城区小岭街道白石砬子村

2.呼兰区

呼兰区位于黑龙江省南部、哈尔滨市境内北部、呼兰河北岸、呼兰河下游，东滨漂河、少陵河与巴彦县为邻，东南与道外区、宾县隔松花江相望，南与松北区接壤，西濒呼兰河与松北区相邻，西北濒泥河与兰西县为邻，北及东北以泥河、大荒沟为界，与绥化市、巴彦县毗邻。介于东经126°25′—127°19′、北纬45°49′—46°25′之间，总面积2 229平方千米。

在该地区的10个乡镇11个村收集农作物种质资源共计31份，其中果树资源3份，经济作物1份，粮食作物2份，蔬菜资源25份，见表4.2。

表4.2 呼兰区农作物种质资源收集情况

样品编号	作物名称	种质名称	采集地点
P230111001	番茄	牛奶黄柿子	哈尔滨市呼兰区呼兰街道伟光村
P230111002	黄瓜	大叶三黄瓜	哈尔滨市呼兰区孟家乡团山村
P230111003	辣椒	辣妹子	哈尔滨市呼兰区建设路街道永兴村
P230111004	辣椒	羊角椒	哈尔滨市呼兰区孟家乡团山村

样品编号	作物名称	种质名称	采集地点
P230111005	韭菜	宽叶韭菜	哈尔滨市呼兰区双井街道双井村
P230111006	大葱	本地葱	哈尔滨市呼兰区方台镇高堡村
P230111007	茄子	早黑长茄	哈尔滨市呼兰区孟家乡团山村
P230111008	黄瓜	麻皮黄瓜	哈尔滨市呼兰区孟家乡成功村
P230111009	黄瓜	唐山秋瓜	哈尔滨市呼兰区呼兰街道伟光村
P230111010	番茄	红樱桃柿子	哈尔滨市呼兰区长岭街道新民村
P230111011	茼蒿	小叶茼蒿	哈尔滨市呼兰区呼兰街道伟光村
P230111012	番茄	齐粉柿子	哈尔滨市呼兰区建设街道永兴村
P230111014	胡萝卜	呼兰胡萝卜	哈尔滨市呼兰区许堡乡富裕村
P230111015	谷子	矮谷子	哈尔滨市呼兰区孟家乡成功村
P230111016	芫荽	大油叶香菜	哈尔滨市呼兰区康金街道西井村
P230111017	黍稷	呼兰黄糜子	哈尔滨市呼兰区孟家乡成功村
P230111018	辣椒	本地小辣椒	哈尔滨市呼兰区孟家乡成功村
P230111019	黄瓜	老来少黄瓜	哈尔滨市呼兰区方台镇高堡村
P230111020	芹菜	实芹	哈尔滨市呼兰区呼兰街道伟光村
P230111021	黄瓜	工农叶三	哈尔滨市呼兰区康金街道西井村
P230111023	甜瓜	白糖罐甜瓜	哈尔滨市呼兰区长岭街道新民村
P230111024	萝卜	王桃红萝卜	哈尔滨市呼兰区许堡乡富裕村
P230111025	丝瓜	肉丝瓜	哈尔滨市呼兰区建设路街道永兴村
P230111026	茄子	英七茄子	哈尔滨市呼兰区孟家乡团山村
P230111027	辣椒	牛角椒	哈尔滨市呼兰区孟家乡团山村
P230111028	茄子	齐茄1号	哈尔滨市呼兰区孟家乡团山村
P230111029	苏子	呼兰紫苏	哈尔滨市呼兰区康金街道西井村
P230111030	番茄	红罗成	哈尔滨市呼兰区康金街道西井村
P230111031	山荆子	致富村山丁子	哈尔滨市呼兰区沈家镇致富村
P230111032	山荆子	永兴村山丁子	哈尔滨市呼兰区建设路街道永兴村
P230111033	梨	永兴村山梨	哈尔滨市呼兰区建设路街道永兴村

3.平房区

平房区，位于黑龙江省省城哈尔滨市南部，坐落在拉滨铁路线上。地理坐标为东经126°33′45″—126°48′45″、北纬45°30′00″—45°40′00″。东与阿城区交界，南与双城区为邻，西与南岗区红旗乡接壤，北连香坊区朝阳乡、黎明乡。区人民政府驻地在友协大街98号，距平房火车站4千米。总面积93.8平方千米。

在该地区的7个村收集农作物种质资源共计31份，其中果树资源6份，经济作物2份，粮食作物13份，牧草绿肥1份，蔬菜资源9份，见表4.3。

表4.3　平房区农作物种质资源收集情况

样品编号	作物名称	种质名称	采集地点
P230108001	高粱	工农村高粱	哈尔滨市平房区平房镇工农村
P230108002	高粱	高潮村密扫帚高粱	哈尔滨市平房区平房镇高潮村
P230108003	高粱	高潮村扫帚高粱	哈尔滨市平房区平房镇高潮村
P230108004	高粱	工农村红缨子高粱	哈尔滨市平房区平房镇工农村
P230108005	高粱	工农村白高粱	哈尔滨市平房区平房镇工农村
P230108015	黍稷	黎明村黑糜子	哈尔滨市平房区平房镇黎明村
P230108016	黍稷	黎明村糯糜子	哈尔滨市平房区平房镇黎明村
P230108017	黍稷	黎明村红糜子	哈尔滨市平房区平房镇黎明村
P230108018	谷子	曙光黄谷子	哈尔滨市平房区平房镇曙光村
P230108024	扁穗冰草	韩祯村扁穗冰草	哈尔滨市平房区平房镇韩祯村
P230108026	老芒麦	韩祯村老芒麦	哈尔滨市平房区平房镇韩祯村
P230108032	大豆	黎明村大豆	哈尔滨市平房区平房镇黎明村
P230108033	大豆	黎明村黑脐大豆	哈尔滨市平房区平房镇黎明村
P230108035	菜豆	韩祯村红芸豆	哈尔滨市平房区平房镇韩祯村
P230108036	菜豆	韩祯村紫花油豆	哈尔滨市平房区平房镇韩祯村
P230108037	酸浆	韩祯村红菇娘	哈尔滨市平房区平房镇韩祯村
P230108039	苏子	韩祯村紫苏	哈尔滨市平房区平房镇韩祯村
P230108040	黄瓜	高潮村短粗黄瓜	哈尔滨市平房区平房镇高潮村
P230108041	黄瓜	高潮村长黄瓜	哈尔滨市平房区平房镇高潮村
P230108042	美洲南瓜	高潮村西葫芦	哈尔滨市平房区平房镇高潮村
P230108043	菜豆	高潮村五月鲜	哈尔滨市平房区平房镇高潮村
P230108044	葫芦	高潮村葫芦	哈尔滨市平房区平房镇高潮村
P230108045	豇豆	高潮村豇豆角	哈尔滨市平房区平房镇高潮村
P230108046	菜豆	高潮村紫皮架豆王	哈尔滨市平房区平房镇高潮村
P230108047	苏子	高潮村白苏	哈尔滨市平房区平房镇高潮村
P230108049	山荆子	平房哈达山丁子	哈尔滨市平房区平房镇哈达村
P230108050	山荆子	平房黎明山丁子	哈尔滨市平房区平房镇黎明村

样品编号	作物名称	种质名称	采集地点
P230108051	山荆子	平房曙光山丁子	哈尔滨市平房区平房镇曙光村
P230108052	山荆子	平房韩祯山丁子	哈尔滨市平房区平房镇韩祯村
P230108053	梨	平房高潮山梨	哈尔滨市平房区平房镇高潮村
P230108054	梨	平房东福山梨	哈尔滨市平房区平房镇东福村

4.双城区

双城区位于黑龙江省南部，旧属松花江地区行政公署。西北、北隔松花江与肇源、肇东两市相望，东北靠哈尔滨市，东、东南与阿城区、五常市接壤，南、西以拉林河为界，与吉林省榆树、扶余市为邻。地理坐标为北纬45°08′—45°43′、东经125°41′—126°42′。区政府驻地于双城镇，距省会哈尔滨市中心区45千米。总面积3112平方千米。

在该地区的6个乡镇13个村收集农作物种质资源共计30份，其中果树资源5份，粮食作物10份，蔬菜资源15份，见表4.4。

表4.4 双城区农作物种质资源收集情况

样品编号	作物名称	种质名称	采集地点
P230182005	大豆	旱大豆	哈尔滨市双城区胜丰镇政安村
P230182014	茼蒿	奋斗茼蒿	哈尔滨市双城区永和街道奋斗社区
P230182016	籽粒苋	奋斗籽粒苋	哈尔滨市双城区永和街道奋斗社区
P230182025	玉米	火苞米	哈尔滨市双城区农丰满族锡伯族镇保胜村
P230182028	小麦	生产队小麦	哈尔滨市双城区农丰满族锡伯族镇保胜村
P230182032	高粱	保安散穗高粱	哈尔滨市双城区农丰满族锡伯族镇保安村
P230182033	辣椒	保安红辣椒	哈尔滨市双城区农丰满族锡伯族镇保安村
P230182036	小豆	进步红小豆	哈尔滨市双城区农丰满族锡伯族镇进步村
P230182040	马铃薯	胜兴麻皮土豆	哈尔滨市双城区胜丰镇胜兴村
P230182041	山荆子	胜兴山丁子	哈尔滨市双城区胜丰镇胜兴村
P230182043	茴香	胜兴大茴香	哈尔滨市双城区胜丰镇胜兴村
P230182044	谷子	胜兴笨谷子	哈尔滨市双城区胜丰镇胜兴村
P230182048	菜豆	胜兴兔子翻白眼	哈尔滨市双城区胜丰镇胜兴村
P230182049	楸子	胜厢大山丁子	哈尔滨市双城区胜丰镇胜厢村
P230182050	酸浆	胜林山菇茑	哈尔滨市双城区兰棱街道胜林村

样品编号	作物名称	种质名称	采集地点
P230182051	辣椒	胜林火辣椒	哈尔滨市双城区兰棱街道胜林村
P230182052	黄瓜	朱功屯九月青	哈尔滨市双城区兰棱街道朱功屯
P230182053	辣椒	胜友筷子椒	哈尔滨市双城区兰棱街道胜友村
P230182054	饭豆	胜友站秧花脸豆	哈尔滨市双城区兰棱街道胜友村
P230182055	辣椒	胜友短胖辣椒	哈尔滨市双城区兰棱街道胜友村
P230182056	芫荽	长胜大叶香菜	哈尔滨市双城区万隆乡长胜村
P230182064	番茄	双胜大柿子	哈尔滨市双城区万隆乡双胜村
P230182066	大葱	双胜长白葱	哈尔滨市双城区万隆乡双胜村
P230182068	菜豆	长胜猫眼豆	哈尔滨市双城区万隆乡长胜村
P230182069	南瓜	双胜甜面倭瓜	哈尔滨市双城区万隆乡双胜村
P230182072	绿豆	长胜小绿豆	哈尔滨市双城区万隆乡长胜村
P230182077	茄子	双胜紫茄子	哈尔滨市双城区万隆乡双胜村
P230182078	草莓	双胜农家草莓	哈尔滨市双城区万隆乡双胜村
P230182079	草莓	东宁农家草莓	哈尔滨市双城区周家街道东宁村
P230182083	山荆子	胜兴山丁子	哈尔滨市双城区周家街道东宁村

5.巴彦县

巴彦县位于黑龙江省中部偏南,哈尔滨市西北部,松嫩平原腹地,松花江中游北岸,南靠松花江与宾县一水之隔,西依漂河与呼兰区为邻,北枕泥河与绥化市、庆安县交界,东接骆驼砬子山及黄泥河与木兰县相交,地理坐标介于东经126°45′53″—127°42′16″、北纬45°54′28″—46°40′18″之间。县境南北长 85 千米、东西跨度最宽 72.7 千米,县边界周长 369.3 千米,总面积 3137.7 平方千米。

在该地区的 6 个乡镇 14 个村收集农作物种质资源共计 31 份,其中果树资源 16 份,粮食作物 11 份,蔬菜资源 4 份,见表 4.5。

表 4.5　双城区农作物种质资源收集情况

样品编号	作物名称	种质名称	采集地点
P230126001	莲	野生莲子	哈尔滨市巴彦县巴彦港镇太安村
P230126005	李	农家李子	哈尔滨市巴彦县西集镇繁荣村
P230126006	马铃薯	长吧唠	哈尔滨市巴彦县巴彦镇倒仰墒村

样品编号	作物名称	种质名称	采集地点
P230126007	李	秋李子	哈尔滨市巴彦县巴彦镇中心村
P230126008	李	黄李子	哈尔滨市巴彦县西集镇繁荣村
P230126009	李	农家黄李子	哈尔滨市巴彦县巴彦镇中心
P230126010	李	干碗李子	哈尔滨市巴彦县西集镇繁荣村
P230126011	马铃薯	芝麻点土豆	哈尔滨市巴彦县巴彦镇倒仰墒村
P230126012	杏	杏	哈尔滨市巴彦县西集镇繁荣村
P230126013	马铃薯	大块头	哈尔滨市巴彦县西集镇繁荣村
P230126014	马铃薯	老土豆子	哈尔滨市巴彦县西集镇繁荣村
P230126015	玉米	五四笨玉米	哈尔滨市巴彦县松花江乡五四村
P230126022	马铃薯	民胜土豆	哈尔滨市巴彦县松花江乡民胜村
P230126023	马铃薯	芝麻土豆	哈尔滨市巴彦县松花江乡民胜村
P230126024	马铃薯	古洞土豆	哈尔滨市巴彦县松花江乡古洞林子村
P230126025	黍稷	扫帚糜子	哈尔滨市巴彦县松花江乡民胜村
P230126029	大葱	老火葱	哈尔滨市巴彦县巴彦镇中心村
P230126033	芝麻菜	哇臭	哈尔滨市巴彦县松花江乡五四村
P230126037	辣椒	长妹子	哈尔滨市巴彦县西集镇繁荣村
P230126038	豇豆	十二马架豇豆	哈尔滨市巴彦县松花江乡五四村
P230126039	猕猴桃	野生狗枣子	哈尔滨市巴彦县黑山镇东胜村
P230126040	马铃薯	古洞土豆	哈尔滨市巴彦县巴彦港镇太安村
P230126041	榛	野生榛子	哈尔滨市巴彦县黑山镇东胜村
P230126045	山荆子	野生小不点	哈尔滨市巴彦县巴彦镇卫建街
P230126046	山荆子	野生山丁子	哈尔滨市巴彦县巴彦镇卫建街
P230126047	山荆子	野生小红果	哈尔滨市巴彦县巴彦镇绥巴公路旁
P230126048	山荆子	野生小红丁	哈尔滨市巴彦县巴彦镇616乡道中国信合
P230126049	山荆子	野生山丁子2	哈尔滨市巴彦县东胜镇良种村
P230126050	山荆子	野生小红果2	哈尔滨市巴彦县东胜镇良种村
P230126051	山荆子	野生山丁子3	哈尔滨市巴彦县巴彦镇北直路
P230126052	山荆子	野生小红丁2	哈尔滨市巴彦县巴彦镇616乡道中国信合

6.木兰县

木兰县位于黑龙江省中南部，松花江中游北岸。介于东经127°3′—128°18′、北纬45°54′—46°36′，大体呈长方形，西以大黄泥河为界，与巴彦县毗连，东以二道河子为界与通河县为邻，南以松花江为界与宾县相望，北以青峰岭与庆安县接壤。辖域南北长 77 千米，东西宽 60 千米，总面积为 3600 平方千米。

在该地区的 4 个乡镇 7 个村收集农作物种质资源共计 30 份，其中果树资源 8 份，经济作物 1 份，粮食作物 13 份，蔬菜资源 8 份，见表 4.6。

表 4.6　木兰县农作物种质资源收集情况

样品编号	作物名称	种质名称	采集地点
P230127001	酸浆	山菇娘	哈尔滨市木兰县木兰镇前进村
P230127009	大豆	小粒绿	哈尔滨市木兰县木兰镇前进村
P230127014	马铃薯	农家面土豆	哈尔滨市木兰县吉兴乡张福才屯
P230127015	马铃薯	福民土豆	哈尔滨市木兰县东兴镇福民村
P230127018	辣椒	厚皮辣椒	哈尔滨市木兰县吉兴乡张福才屯
P230127020	大葱	吉兴葱	哈尔滨市木兰县吉兴乡张福才屯
P230127022	芫荽	福才香菜	哈尔滨市木兰县吉兴乡张福才屯
P230127025	水稻	利东圆形稻	哈尔滨市木兰县利东镇利中村
P230127026	水稻	利东水稻	哈尔滨市木兰县利东镇利中村
P230127027	水稻	利东大粒稻	哈尔滨市木兰县利东镇利中村
P230127028	水稻	利东丰收稻	哈尔滨市木兰县利东镇利中村
P230127029	水稻	利东长稻	哈尔滨市木兰县利东镇利中村
P230127030	马铃薯	东南红鬼子土豆	哈尔滨市木兰县东兴镇东南村
P230127031	黍稷	野糜子	哈尔滨市木兰县东兴镇东南村
P230127032	楸子	福才黄山丁子	哈尔滨市木兰县吉兴乡张福才屯
P230127034	楸子	东南大山丁子	哈尔滨市木兰县东兴镇东南村
P230127035	楸子	东南老山丁子	哈尔滨市木兰县东兴镇东南村
P230127036	山荆子	福民野山丁子	哈尔滨市木兰县东兴镇福民村
P230127037	楸子	福民大山丁子	哈尔滨市木兰县东兴镇福民村
P230127038	草莓	福才四季草莓	哈尔滨市木兰县吉兴乡张福才屯
P230127039	草莓	华兴草莓	哈尔滨市木兰县木兰镇华兴村
P230127040	草莓	福民春草莓	哈尔滨市木兰县东兴镇福民村
P230127044	马铃薯	东南红眼圈	哈尔滨市木兰县东兴镇东南村
P230127045	马铃薯	福民红皮土豆	哈尔滨市木兰县东兴镇福民村
P230127052	小豆	福民红小豆	哈尔滨市木兰县东兴镇福民村
P230127060	籽用芥菜	福民芥末菜	哈尔滨市木兰县东兴镇福民村
P230127061	芹菜	德福屯老桑芹	哈尔滨市木兰县吉兴乡张福才屯
P230127062	根甜菜	闫家屯甜菜	哈尔滨市木兰县吉兴乡闫家屯

样品编号	作物名称	种质名称	采集地点
P230127065	南瓜	东南长挂南瓜	哈尔滨市木兰县东兴镇东南村
P230127068	大麻	福民麻子	哈尔滨市木兰县东兴镇福民村

7.通河县

通河县位于黑龙江省中部，小兴安岭南麓，松花江中游北岸，地跨北纬45°53′—46°40′、东经128°09′—129°25′之间，全境东西长90千米，南北宽87千米，面积5 678平方千米，东连依兰，西邻木兰，南以松花江为界与依兰、方正、宾县隔江相望，北以平顶山分水岭为界与铁力、庆安接壤。

在该地区的3个乡镇10个村收集农作物种质资源共计30份，其中果树资源9份，经济作物1份，粮食作物10份，牧草绿肥5份，蔬菜资源5份，见表4.7。

表4.7 通河县农作物种质资源收集情况

样品编号	作物名称	种质名称	采集地点
P230128001	李	通河李1	哈尔滨市通河县清河镇靠山村
P230128005	李	通河李5	哈尔滨市通河县清河镇山河村
P230128011	杏	通河杏1	哈尔滨市通河县清河镇靠山村
P230128014	杏	通河杏4	哈尔滨市通河县清河镇山河村
P230128021	马铃薯	通河笨土豆	哈尔滨市通河县凤山镇青山村
P230128022	马铃薯	通河甜面土豆	哈尔滨市通河县凤山镇青山村
P230128023	马铃薯	通河早大白	哈尔滨市通河县凤山镇青山村
P230128024	马铃薯	通河麻土豆	哈尔滨市通河县凤山镇福山村
P230128025	马铃薯	通河面香土豆	哈尔滨市通河县凤山镇福山村
P230128026	马铃薯	通河白心脆	哈尔滨市通河县凤山镇福山村
P230128027	马铃薯	通河黄土豆	哈尔滨市通河县凤山镇福山村
P230128028	马铃薯	通河小土豆	哈尔滨市通河县凤山镇福山村
P230128031	星星草	小花碱茅	哈尔滨市通河县清河镇清河村
P230128032	羊草	通河羊草	哈尔滨市通河县清河镇清河村
P230128033	山野豌豆	通河野豌豆	哈尔滨市通河县凤山镇凤山村
P230128034	白花草木樨	通河草木樨	哈尔滨市通河县凤山镇凤山村
P230128035	羊草	通河羊草2	哈尔滨市通河县祥顺镇向阳村
P230128041	山荆子	通河向阳野生山丁子	哈尔滨市通河县祥顺镇向阳村
P230128042	山荆子	通河向阳野生山丁子2	哈尔滨市通河县祥顺镇向阳村

样品编号	作物名称	种质名称	采集地点
P230128043	山荆子	通河清河野生山丁子	哈尔滨市通河县清河镇清河村
P230128101	李	通河李9	哈尔滨市通河县祥顺镇太平山村
P230128107	杏	通河杏8	哈尔滨市通河县祥顺镇魏玺村
P230128201	绿豆	通河绿小豆	哈尔滨市通河县清河镇清河村
P230128202	大葱	通河笨葱	哈尔滨市通河县清河镇清河村
P230128203	美洲南瓜	通河西葫芦	哈尔滨市通河县清河镇清河村
P230128204	玉米	小金黄	哈尔滨市通河县清河镇清河村
P230128205	黄瓜	老来少	哈尔滨市通河县清河镇清河村
P230128206	向日葵	高大壮	哈尔滨市通河县凤山镇和平村
P230128207	辣椒	通河朝天椒	哈尔滨市通河县凤山镇和平村
P230128208	甜瓜	白皮香瓜	哈尔滨市通河县凤山镇和平村

8.尚志市

尚志市位于黑龙江省南部,张广才岭西麓。地处东经127°17′—129°12′、北纬44°29′—45°34′之间。东接海林市,西邻哈尔滨市阿城区,南与五常市接壤,北与延寿、方正、宾县相连接。东西长约153千米,南北宽约90千米。

在该地区的11个乡镇16个村收集农作物种质资源共计30份,其中果树资源15份,经济作物1份,粮食作物8份,蔬菜资源6份,见表4.8。

表4.8 尚志市农作物种质资源收集情况

样品编号	作物名称	种质名称	采集地点
P230183001	黄瓜	尚志黄瓜	哈尔滨市尚志市老街基镇南岗屯
P230183002	黄瓜	尚志早黄瓜	哈尔滨市尚志市老街基镇南岗屯
P230183003	黄瓜	永庆黄瓜	哈尔滨市尚志市长寿乡永庆屯
P230183004	番茄	磨盘柿子	哈尔滨市尚志市长寿乡永庆屯
P230183005	番茄	联丰柿子	哈尔滨市尚志市老街基镇联丰村
P230183006	谷子	老谷子	哈尔滨市尚志市老街基镇南岗屯
P230183007	苏子	老街基苏子	哈尔滨市尚志市老街基镇南岗屯
P230183008	大豆	60天	哈尔滨市尚志市老街基镇老街基村
P230183011	玉米	黏玉米	哈尔滨市尚志市老街基镇南岗屯
P230183012	玉米	老黏玉米	哈尔滨市尚志市老街基镇南岗屯
P230183013	玉米	白头霜	哈尔滨市尚志市老街基镇青川村

样品编号	作物名称	种质名称	采集地点
P230183014	玉米	黄白头霜	哈尔滨市尚志市老街基镇青川村
P230183017	豌豆	南岗屯豌豆	哈尔滨市尚志市老街基镇老街基村
P230183018	大豆	大粒大豆	哈尔滨市尚志市老街基镇南岗屯
P230183031	菜豆	五月鲜	哈尔滨市尚志市老街基镇后堵屯
P230183038	梨	马延乡东兴村山梨	哈尔滨市尚志市马延乡东兴村
P230183039	山荆子	马延乡东兴村山丁子	哈尔滨市尚志市马延乡东兴村
P230183040	梨	元宝乡安乐村山梨	哈尔滨市尚志市元宝镇安乐村
P230183041	山荆子	元宝乡安乐村山丁子	哈尔滨市尚志市元宝镇安乐村
P230183042	梨	土门子屯山梨	哈尔滨市尚志市乌吉密乡土门子村
P230183043	山荆子	土门子屯山丁子	哈尔滨市尚志市乌吉密乡土门子村
P230183044	梨	乌吉密乡八宝屯山梨	哈尔滨市尚志市乌吉密乡八宝屯
P230183045	山荆子	八宝屯山丁子	哈尔滨市尚志市乌吉密乡八宝屯
P230183046	梨	亮珠乡四胜屯山梨	哈尔滨市尚志市亮珠乡四胜屯
P230183047	山荆子	亮珠乡四胜屯山丁子	哈尔滨市尚志市亮珠乡四胜屯
P230183048	山荆子	金磨房屯山丁子	哈尔滨市尚志市黑龙宫镇金磨房屯
P230183049	梨	三道冲河山梨	哈尔滨市尚志珍珠山乡三道冲河村
P230183050	山荆子	大皮沟山丁子	哈尔滨市尚志市一面坡镇大皮沟村
P230183051	山荆子	新兴林场山丁子	哈尔滨市尚志市万山乡新兴林场
P230183052	山荆子	苇河镇志诚山丁子	哈尔滨市尚志市苇河镇志诚山村

9.方正县

方正县位于黑龙江省中南部,松花江中游南岸、长白山支脉张广才岭北段西北麓、蚂蜒河下游。地理位置为东经128°13′41″—129°33′20″、北纬45°32′46″—46°09′00″。北与通河县隔江相望,东与依兰县为邻,东南与林口县、海林市接壤,南与尚志市、延寿县毗邻,西与宾县相依。县政府所在地方正镇,距省会哈尔滨市186千米。总面积2976平方千米。

在该地区的4个乡镇11个村收集农作物种质资源共计31份,其中果树资源16份;粮食作物7份;牧草绿肥4份;蔬菜资源4份,见表4.9。

表 4.9　方正县农作物种质资源收集情况

样品编号	作物名称	种质名称	采集地点
P230124001	李	方正李 1	哈尔滨市方正县方正镇八名村
P230124010	花红	方正沙果 1	哈尔滨市方正县方正镇兴方村
P230124011	花红	方正沙果 2	哈尔滨市方正县方正镇兴方村
P230124019	李	方正李 10	哈尔滨市方正县会发镇太平村
P230124020	花红	方正沙果 3	哈尔滨市方正县会发镇太平村
P230124021	花红	方正沙果 4	哈尔滨市方正县会发镇太平村
P230124022	花红	方正沙果 5	哈尔滨市方正县会发镇太平村
P230124023	花红	方正沙果 6	哈尔滨市方正县会发镇太平村
P230124024	花红	方正沙果 7	哈尔滨市方正县会发镇太平村
P230124025	花红	方正沙果 8	哈尔滨市方正县会发镇太平村
P230124031	马铃薯	方正白大壮	哈尔滨市方正县大罗密镇青山村
P230124032	马铃薯	方正笨土豆	哈尔滨市方正县大罗密镇青山村
P230124033	马铃薯	方正圆土豆	哈尔滨市方正县大罗密镇青山村
P230124034	马铃薯	方正长土豆	哈尔滨市方正县大罗密镇红光村
P230124035	马铃薯	方正面土豆	哈尔滨市方正县大罗密镇红光村
P230124036	马铃薯	方正脆土豆	哈尔滨市方正县大罗密镇红光村
P230124037	马铃薯	方正农家土豆	哈尔滨市方正县大罗密镇红光村
P230124041	草地早熟禾	方正早熟禾	哈尔滨市方正县方正镇建国村
P230124042	田菁	方正田菁	哈尔滨市方正县会发镇平原村
P230124043	羊草	方正羊草	哈尔滨市方正县大罗密镇大罗密村
P230124044	山野豌豆	方正箭苦豌豆	哈尔滨市方正县宝兴乡永兴村
P230124051	山荆子	方正建国野山丁子	哈尔滨市方正县方正镇建国村
P230124052	山荆子	方正建国野山丁子 2	哈尔滨市方正县方正镇建国村
P230124053	山荆子	方正永兴山丁子	哈尔滨市方正县宝兴乡永兴村
P230124102	杏	方正杏 8	哈尔滨市方正县宝兴乡新丰村
P230124103	杏	方正杏 9	哈尔滨市方正县宝兴乡太平村
P230124104	李	方正李 11	哈尔滨市方正县宝兴乡太平村
P230124201	胡萝卜	五寸胡萝卜	哈尔滨市方正县方正镇建国村
P230124202	芹菜	方正芹菜	哈尔滨市方正县方正镇建国村
P230124203	辣椒	大甜椒	哈尔滨市方正县方正镇建国村
P230124207	菜豆	一挂鞭	哈尔滨市方正县会发镇平原村

10.延寿县

延寿县位于黑龙江省东南部，南、东南和西南与尚志县为邻，北和东北与方正县接壤，西北与宾县毗连。县境四极：东双丫岭为尚、方、延三县交界点，西大青山为尚、宾、延三县分界处，南牛卵山接尚志市，北杨木顶子连宾县。介于东经127°54′20″—129°4′30″、北纬45°10′10″—45°45′25″之间，东西长90千米，南北宽65千米，总面积3 149平方千米。

在该地区的10个乡镇16个村收集农作物种质资源共计30份，其中果树资源8份，经济作物4份，粮食作物9份，蔬菜资源9份，见表4.10。

表4.10 延寿县农作物种质资源收集情况

样品编号	作物名称	种质名称	采集地点
P230129004	大豆	韩国加米煮豆	哈尔滨市延寿县中和乡中和村
P230129007	饭豆	沙沙黑小豆	哈尔滨市延寿县延河镇河东屯
P230129011	饭豆	白米豆	哈尔滨市延寿县新村乡新村
P230129014	谷子	雀稗谷	哈尔滨市延寿县庆阳农场北山村
P230129019	芝麻	野芝麻	哈尔滨市延寿县新村乡新村
P230129020	苏子	白苏子	哈尔滨市延寿县太安乡靠山村
P230129022	芝麻	黑山芝麻	哈尔滨市延寿县寿山乡东豆角沟村
P230129040	茴香	振兴茴香	哈尔滨市延寿县六团镇振兴村
P230129043	菜豆	双安小儿豆	哈尔滨市延寿县六团镇双安村
P230129044	饭豆	双安纯白芸豆	哈尔滨市延寿县六团镇双安村
P230129053	美洲南瓜	于老八沟西葫芦	哈尔滨市延寿县六团镇于老八沟村
P230129054	酸浆	永兴苦菇莨	哈尔滨市延寿县六团镇永兴村
P230129056	黄瓜	团结旱黄瓜	哈尔滨市延寿县六团镇团结村
P230129059	芫荽	团结香菜	哈尔滨市延寿县六团镇团结村
P230129062	菜豆	桃山豇豆	哈尔滨市延寿县六团镇桃山村
P230129063	玉米	桃山白头霜	哈尔滨市延寿县六团镇桃山村
P230129064	高粱	桃山扫帚迷子	哈尔滨市延寿县六团镇桃山村
P230129067	大葱	桃山长白葱	哈尔滨市延寿县六团镇桃山村
P230129071	大麻	双龙山麻	哈尔滨市延寿县六团镇双龙村
P230129076	高粱	永兴甜秆	哈尔滨市延寿县六团镇永兴村
P230129078	菠菜	永兴压霜菠菜	哈尔滨市延寿县六团镇永兴村
P230129080	饭豆	青川红花饭豆	哈尔滨市延寿县青川乡青川村

样品编号	作物名称	种质名称	采集地点
P230129084	山荆子	长寿绿叶山丁子	哈尔滨市延寿县安山乡长寿山庄风景区
P230129085	楸子	长寿紫叶山丁子	哈尔滨市延寿县安山乡长寿山庄风景区
P230129086	楸子	长寿大山丁子	哈尔滨市延寿县安山乡长寿山庄风景区
P230129088	楸子	长寿红叶山丁子	哈尔滨市延寿县安山乡长寿山庄风景区
P230129090	草莓	长寿奶莓	哈尔滨市延寿县安山乡长寿山庄风景区
P230129092	草莓	长寿黑草莓	哈尔滨市延寿县安山乡长寿山庄风景区
P230129093	草莓	长寿红草莓	哈尔滨市延寿县安山乡长寿山庄风景区
P230129094	梨	延寿山梨	哈尔滨市延寿县延寿镇锦绣丽都小区

11.宾县

宾县地处松花江南岸，地跨东经 126° 55′ 41″—128° 19′ 17″、北纬 45° 30′ 37″—46° 01′ 20″。宾县周长 377 千米，东西最宽处为 107.8 千米，南北最宽处为 58.8 千米。总面积 3843 平方千米。县城驻宾州镇，位于境内偏西部，东经 127° 29′，北纬 45° 45′。自宾州镇起，往东 75 千米腰岭子分界线与方正、延寿接壤，南 41 千米太平岭与尚志相连，西 27 千米至蜚克图河，与阿城为邻，北 17 千米至松花江，与呼兰、巴彦、木兰、通河隔江相望。

在该地区的 3 个乡镇 9 个村收集农作物种质资源共计 30 份，其中果树资源 10 份，粮食作物 13 份，牧草绿肥 4 份，蔬菜资源 3 份，见表 4.11。

表 4.11 宾县农作物种质资源收集情况

样品编号	作物名称	种质名称	采集地点
P230125001	李	宾县李 1	哈尔滨市宾县宾西镇西川村
P230125005	李	宾县李 5	哈尔滨市宾县宾西镇长青村
P230125011	杏	宾县杏 1	哈尔滨市宾县宾西镇西川村
P230125021	马铃薯	宾县大土豆	哈尔滨市宾县宾州镇永乐村
P230125022	马铃薯	宾县地里黄	哈尔滨市宾县宾州镇永乐村
P230125023	马铃薯	宾县甜面土豆	哈尔滨市宾县宾州镇永乐村
P230125024	马铃薯	宾县心里白	哈尔滨市宾县宾州镇大同村
P230125025	马铃薯	宾县大黄土豆	哈尔滨市宾县宾州镇大同村
P230125026	马铃薯	宾县老土豆	哈尔滨市宾县宾州镇大同村
P230125031	山野豌豆	宾县山野野豌豆	哈尔滨市宾县宾西镇朝阳村

样品编号	作物名称	种质名称	采集地点
P230125033	山野豌豆	宾县野豌豆	哈尔滨市宾县三宝乡宝丰村
P230125034	偃麦草	宾县偃麦草	哈尔滨市宾县宾州镇宝泉村
P230125035	羊草	宾县羊草	哈尔滨市宾县宾州镇宝泉村
P230125041	山荆子	宾县朝阳野生山丁子	哈尔滨市宾县宾西镇朝阳村
P230125042	山荆子	宾县宝丰野生山丁子	哈尔滨市宾县三宝乡宝丰村
P230125043	山荆子	宾县宝泉野生山丁子	哈尔滨市宾县宾州镇宝泉村
P230125101	李	宾县李8	哈尔滨市宾县三宝乡元宝村
P230125102	李	宾县李9	哈尔滨市宾县三宝乡元宝村
P230125106	杏	宾县杏8	哈尔滨市宾县三宝乡宝山村
P230125107	杏	宾县杏9	哈尔滨市宾县三宝乡宝山村
P230125201	高粱	白秆高粱	哈尔滨市宾县宾西镇朝阳村
P230125202	玉米	黑糯玉米	哈尔滨市宾县宾西镇朝阳村
P230125203	萝卜	宾县水萝卜	哈尔滨市宾县宾西镇朝阳村
P230125204	玉米	白糯玉米	哈尔滨市宾县宾西镇朝阳村
P230125205	玉米	黄早糯	哈尔滨市宾县宾西镇朝阳村
P230125206	菜豆	宾县油豆角	哈尔滨市宾县宾西镇朝阳村
P230125207	不结球白菜	宾县小白菜	哈尔滨市宾县三宝乡宝丰村
P230125208	大豆	宾县绿黄豆	哈尔滨市宾县三宝乡宝丰村
P230125209	大豆	青瓤黑豆	哈尔滨市宾县三宝乡宝丰村
P230125210	大豆	宾县黑黄豆	哈尔滨市宾县三宝乡宝丰村

12.五常市

五常市,位于黑龙江省南部。地处北纬44°04′—45°26′和东经126°33′—128°14′之间。北接松嫩平原,距省城哈尔滨115千米;东南靠张广才岭西麓与尚志市相邻,东北部与阿城区相邻,西部、西南部、南部与吉林省的榆树、舒兰、蛟河毗邻,是黑吉两省经济结合部。幅员面积7512平方千米,五常地域呈狭长形,西北倾斜。

在该地区的4个乡镇9个村收集农作物种质资源共计30份,其中果树资源10份,粮食作物11份,蔬菜资源9份,见表4.12。

表 4.12　五常市农作物种质资源收集情况

样品编号	作物名称	种质名称	采集地点
P230184001	水稻	水稻 F7-1	哈尔滨市五常市小山子镇胜远村
P230184002	水稻	水稻 F7-2	哈尔滨市五常市小山子镇胜远村
P230184003	水稻	水稻 F6-1	哈尔滨市五常市小山子镇胜远村
P230184004	水稻	水稻 F6-2	哈尔滨市五常市小山子镇胜远村
P230184005	水稻	水稻 W-S04	哈尔滨市五常市小山子镇胜远村
P230184006	水稻	水稻 W-S06	哈尔滨市五常市小山子镇胜远村
P230184007	水稻	水稻 DY-X07	哈尔滨市五常市小山子镇胜远村
P230184008	水稻	水稻 F-D01	哈尔滨市五常市小山子镇胜远村
P230184009	水稻	水稻 LYF-1	哈尔滨市五常市小山子镇胜远村
P230184010	水稻	水稻 F-S3	哈尔滨市五常市小山子镇胜远村
P230184011	水稻	水稻 2KF-06	哈尔滨市五常市小山子镇胜远村
P230184012	芫荽	五常香菜	哈尔滨市五常市小山子镇磨盘山村
P230184014	大白菜	五常大白菜	哈尔滨市五常市沙河子镇磨盘山村
P230184015	乌塌菜	五常油菜	哈尔滨市五常市沙河子镇磨盘山村
P230184016	独行菜	五常英菜	哈尔滨市五常市沙河子镇磨盘山村
P230184017	茼蒿	小叶茼蒿	哈尔滨市五常市沙河子镇磨盘山村
P230184019	叶用莴苣	叶菜	哈尔滨市五常市沙河子镇磨盘山村
P230184020	番茄	五常番茄	哈尔滨市五常市沙河子镇磨盘山村
P230184021	茼蒿	五常茼蒿	哈尔滨市五常市沙河子镇磨盘山村
P230184022	叶用莴苣	大油麦菜	哈尔滨市五常市沙河子镇磨盘山村
P230184023	山荆子	磨盘山村山丁子	哈尔滨市五常市沙河子镇磨盘山村
P230184024	梨	磨盘山村山梨	哈尔滨市五常市沙河子镇磨盘山村
P230184025	梨	沈家营村山梨	哈尔滨市五常市沈家营镇沈家营村
P230184026	梨	沙河子镇山梨	哈尔滨市五常市沙河子镇磨盘山村
P230184027	山荆子	石头河村山丁子	哈尔滨市五常市沙河子镇石头河村
P230184028	梨	新兴村山梨	哈尔滨市五常市五常镇新兴村
P230184029	山荆子	柳树河村村山丁子	哈尔滨市五常市沙河子镇柳树河村
P230184030	山荆子	朝阳村山丁子	哈尔滨市五常市沙河子镇朝阳村
P230184031	山荆子	忠义堡山丁子	哈尔滨市五常市沙河子镇忠义堡村
P230184032	山荆子	沙河子镇山丁子	哈尔滨市五常市沙河子镇石头河村

13.依兰县

依兰县位于黑龙江省哈尔滨市东北部,地处三江平原西部。西距哈尔滨市 251 千米,东距佳木斯市 76 千米,东南距七台河市 91.2 千米。地理坐标处于北纬 45° 50′ 40″ —46° 39′ 20″、东经 129° 11′ 50″ —130° 11′ 40″ 之间。总面积 4615.72 平方千米。

在该地区的 4 个乡镇 7 个村收集农作物种质资源共计 30 份,其中果树资源 11 份,经济作物 2 份,粮食作物 17 份,见表 4.13。

表 4.13　依兰县农作物种质资源收集情况

样品编号	作物名称	种质名称	采集地点
P230123001	玉米	依兰金黄玉米	哈尔滨市依兰县团山子乡南赵村
P230123002	玉米	依兰白玉米	哈尔滨市依兰县团山子乡南赵村
P230123003	玉米	依兰白头霜	哈尔滨市依兰县团山子乡南赵村
P230123004	玉米	依兰老玉米	哈尔滨市依兰县达连河乡红星林场
P230123005	黍稷	依兰团山糜子	哈尔滨市依兰县团山子乡南赵村
P230123006	黍稷	依兰大黄糜子	哈尔滨市依兰县团山子乡幸福村
P230123007	黍稷	依兰愚公糜子	哈尔滨市依兰县愚公乡吉祥村
P230123008	谷子	依兰龙爪谷子	哈尔滨市依兰县愚公乡吉祥村
P230123009	谷子	依兰小粒黄谷子	哈尔滨市依兰县团山子乡南赵村
P230123010	谷子	依兰矮谷子	哈尔滨市依兰县团山子乡南赵村
P230123011	苏子	依兰四楞苏	哈尔滨市依兰县团山子乡南赵村
P230123012	苏子	依兰紫苏子	哈尔滨市依兰县团山子乡南赵村
P230123013	大豆	依兰青穰黑豆	哈尔滨市依兰县达连河乡红星林场
P230123041	马铃薯	团山土豆	哈尔滨市依兰县团山子乡南赵村
P230123042	马铃薯	长安土豆	哈尔滨市依兰县团山子乡共兴村
P230123043	马铃薯	红星土豆	哈尔滨市依兰县达连河乡红星林场
P230123044	马铃薯	红星早土豆	哈尔滨市依兰县达连河乡红星林场
P230123045	马铃薯	幸福土豆	哈尔滨市依兰县愚公乡幸福村
P230123046	马铃薯	吉祥土豆	哈尔滨市依兰县愚公乡吉祥村
P230123047	梨	依兰红星山梨	哈尔滨市依兰县达连河乡红星林场
P230123048	梨	依兰香山梨	哈尔滨市依兰县达连河乡红星林场
P230123049	梨	依兰小核梨	哈尔滨市依兰县达连河乡红星林场
P230123050	山荆子	依兰山丁子	哈尔滨市依兰县愚公乡吉祥村

样品编号	作物名称	种质名称	采集地点
P230123051	山荆子	依兰团山山丁子	哈尔滨市依兰县团山子乡南赵村
P230123052	山荆子	依兰达连河山丁子	哈尔滨市依兰县达连河乡红星林场
P230123053	山荆子	依兰红星山丁子	哈尔滨市依兰县达连河乡红星林场
P230123054	山荆子	依兰愚公山丁子	哈尔滨市依兰县愚公乡吉祥村
P230123069	山楂	依兰山里红	哈尔滨市依兰县团山子乡幸福村
P230123070	李	依兰紫李子	哈尔滨市依兰县愚公乡吉祥村
P230123072	杏	依兰杏	哈尔滨市依兰县依兰镇东城社区

二、齐齐哈尔市

14.昂昂溪区

昂昂溪区位于齐齐哈尔市中心城区南部，东接铁锋区及杜尔伯特蒙古族自治县，西与富拉尔基区及梅里斯达斡尔族区隔江相望，南与泰来县为邻，北与龙沙区接壤。面积753平方千米。

在该地区的3个乡镇7个村收集农作物种质资源共计30份，其中果树资源4份，经济作物4份，粮食作物14份，蔬菜资源8份，见表4.14。

表4.14 昂昂溪区农作物种质资源收集情况

样品编号	作物名称	种质名称	采集地点
P230205002	高粱	衙门红甜秆	齐齐哈尔市昂昂溪区水师镇衙门村
P230205003	高粱	衙门帚用高粱	齐齐哈尔市昂昂溪区水师镇衙门村
P230205004	高粱	衙门黑高粱	齐齐哈尔市昂昂溪区水师镇衙门村
P230205018	花生	巴虎花生–1	齐齐哈尔市昂昂溪区水师镇崔门村
P230205021	黍稷	大兴红稷子米	齐齐哈尔市昂昂溪区榆树屯镇大兴村
P230205024	黍稷	黑黏糜子	齐齐哈尔市昂昂溪区榆树屯镇大兴村
P230205025	苹果	昂昂溪黄太平	齐齐哈尔市昂昂溪区稻田镇黎光村
P230205026	苹果	昂昂溪大秋果	齐齐哈尔市昂昂溪区稻田镇黎光村
P230205027	梨	昂昂溪香水梨	齐齐哈尔市昂昂溪区稻田镇黎光村
P230205033	花生	巴虎花生	齐齐哈尔市昂昂溪区水师镇崔门村
P230205034	瓠瓜	压压葫芦	齐齐哈尔市昂昂溪区榆树屯镇榆树屯村
P230205038	苹果	大丰收沙果	齐齐哈尔市昂昂溪区稻田镇黎光村

样品编号	作物名称	种质名称	采集地点
P230205039	马铃薯	昂昂溪土豆	齐齐哈尔市昂昂溪区稻田镇黎光村
P230205040	马铃薯	昂昂溪土豆-1	齐齐哈尔市昂昂溪区稻田镇黎光村
P230205041	烟草	巴虎晒烟	齐齐哈尔市昂昂溪区水师镇大巴虎村
P230205043	苏子	榆树屯镇白苏子	齐齐哈尔市昂昂溪区榆树屯镇榆树屯村
P230205044	大葱	榆树屯葱	齐齐哈尔市昂昂溪区榆树屯镇榆树屯村
P230205045	南瓜	榆树南瓜	齐齐哈尔市昂昂溪区榆树屯镇榆树屯村
P230205046	黄瓜	华南型黄瓜	齐齐哈尔市昂昂溪区榆树屯镇榆树屯村
P230205047	韭菜	昂昂溪宽叶韭菜	齐齐哈尔市昂昂溪区榆树屯镇大五福玛村
P230205048	高粱	水师镇扫帚糜子	齐齐哈尔市昂昂溪区水师镇衙门村
P230205049	高粱	巴虎甜秆	齐齐哈尔市昂昂溪区水师镇大巴虎村
P230205050	高粱	巴虎甜秆-2	齐齐哈尔市昂昂溪区水师镇大巴虎村
P230205070	南瓜	衙门大南瓜	齐齐哈尔市昂昂溪区水师镇衙门村
P230205071	番茄	水师粉番茄-1	齐齐哈尔市昂昂溪区水师镇衙门村
P230205072	番茄	水师粉番茄-2	齐齐哈尔市昂昂溪区水师镇衙门村
P230205080	普通菜豆	崔门红饭豆	齐齐哈尔市昂昂溪区水师镇崔门村
P230205081	绿豆	大兴小绿豆	齐齐哈尔市昂昂溪区榆树屯镇大兴村
P230205082	绿豆	崔门绿豆	齐齐哈尔市昂昂溪区水师镇崔门村
P230205083	绿豆	巴虎绿豆	齐齐哈尔市昂昂溪区水师镇大巴虎村

15.富拉尔基区

富拉尔基区位于齐齐哈尔市西南,距中心城区 37 千米。地理坐标为北纬 47°12′,东经 123°40′。富拉尔基区东与昂昂溪区相邻,西与龙江县为界,北邻梅里斯达斡尔族区,南接泰来县。地处嫩江中游平原,嫩江由区内东北流入,于西南流出,斜贯全境。东北地区北部的主要铁路干线——滨洲铁路,东南—西北走向,与嫩江相交,西至内蒙古自治区,东至省会哈尔滨。乘坐嫩江轻便江轮,上行经齐齐哈尔直抵嫩江市;下行达松花江两岸的各个码头。主要公路运输线有六条,通达四周各县区,构成富拉尔基区发达的交通运输网。对富拉尔基的工农业生产和商业服务业的发展起着重要作用。面积 375 平方千米。

在该地区的 2 个乡镇 3 个村收集农作物种质资源共计 34 份,其中粮食作物 33 份,蔬菜资源 1 份,见表 4.15。

表 4.15　富拉尔基区农作物种质资源收集情况

样品编号	作物名称	种质名称	采集地点
P230206002	高粱	HP55R	齐齐哈尔市富拉尔基区和平镇和平农场村
P230206004	高粱	HP107R	齐齐哈尔市富拉尔基区和平镇和平农场村
P230206007	高粱	HP96R	齐齐哈尔市富拉尔基区和平镇和平农场村
P230206008	高粱	HP214R	齐齐哈尔市富拉尔基区和平镇和平农场村
P230206012	高粱	HP134R	齐齐哈尔市富拉尔基区和平镇和平农场村
P230206013	高粱	HP1103R	齐齐哈尔市富拉尔基区和平镇和平农场村
P230206014	高粱	HP1105R	齐齐哈尔市富拉尔基区和平镇和平农场村
P230206015	高粱	HP1965R	齐齐哈尔市富拉尔基区和平镇和平农场村
P230206016	高粱	HP06-2R	齐齐哈尔市富拉尔基区和平镇和平农场村
P230206017	高粱	HP219R	齐齐哈尔市富拉尔基区和平镇和平农场村
P230206018	高粱	HP66R	齐齐哈尔市富拉尔基区和平镇和平农场村
P230206020	高粱	HP211R	齐齐哈尔市富拉尔基区和平镇和平农场村
P230206042	马铃薯	杜尔门沁土豆	齐齐哈尔市富拉尔基区杜达乡杜尔门沁村
P230206043	高粱	杜达高粱	齐齐哈尔市富拉尔基区杜达乡杜尔门沁村
P230206044	小豆	杜尔门沁小豆	齐齐哈尔市富拉尔基区杜达乡杜尔门沁村
P230206047	玉米	爆粒玉米	齐齐哈尔市富拉尔基区杜达乡杜尔门沁村
P230206049	玉米	HP边50	齐齐哈尔市富拉尔基区和平镇和平农场村
P230206050	玉米	HP边155	齐齐哈尔市富拉尔基区和平镇和平农场村
P230206051	高粱	HP06-1R	齐齐哈尔市富拉尔基区和平镇和平农场村
P230206052	玉米	485	齐齐哈尔市富拉尔基区和平镇和平农场村
P230206053	玉米	121	齐齐哈尔市富拉尔基区和平镇和平农场村
P230206054	玉米	L759	齐齐哈尔市富拉尔基区和平镇和平农场村
P230206055	玉米	红爆裂玉米	齐齐哈尔市富拉尔基区和平镇和平农场村
P230206056	玉米	金选34	齐齐哈尔市富拉尔基区和平镇和平农场村
P230206057	玉米	190HP	齐齐哈尔市富拉尔基区和平镇和平农场村
P230206058	玉米	边150	齐齐哈尔市富拉尔基区和平镇和平农场村
P230206059	高粱	HP301-R	齐齐哈尔市富拉尔基区和平镇和平农场村
P230206060	玉米	L749	齐齐哈尔市富拉尔基区和平镇和平农场村
P230206061	玉米	HP157	齐齐哈尔市富拉尔基区和平镇和平农场村
P230206062	玉米	边159	齐齐哈尔市富拉尔基区和平镇和平农场村
P230206063	玉米	海41	齐齐哈尔市富拉尔基区和平镇和平农场村
P230206070	美洲南瓜	杜达角瓜	齐齐哈尔市富拉尔基区杜达乡杜尔门沁村

样品编号	作物名称	种质名称	采集地点
P230206080	普通菜豆	红花饭豆	齐齐哈尔市富拉尔基区杜达乡杜尔门沁村
P230206081	扁豆	杜达眉豆	齐齐哈尔市富拉尔基区杜达乡洪河村

16.梅里斯区

梅里斯达斡尔族区（简称梅里斯区）地处黑龙江省西部，嫩江中游右岸，东与齐齐哈尔市中心城区隔江相望，西与龙江县接壤，南与富拉尔基区相连，北与甘南县毗邻。全区面积 2078 平方千米，其中耕地 146 万亩、草原 44 万亩、林地 33 万亩。

在该地区的 3 个乡镇 5 个村收集农作物种质资源共计 30 份，其中经济作物 1 份，粮食作物 9 份，蔬菜资源 20 份，见表 4.16。

表 4.16　梅里斯区农作物种质资源收集情况

样品编号	作物名称	种质名称	采集地点
P230208007	玉米	梅里斯玉米	齐齐哈尔梅里斯区梅里斯镇梅里斯村
P230208009	番茄	黄番茄	齐齐哈尔市梅里斯区雅尔塞镇哈拉村
P230208012	番茄	雅尔塞番茄-1	齐齐哈尔市梅里斯区雅尔塞镇哈拉村
P230208013	番茄	雅尔塞番茄-2	齐齐哈尔市梅里斯区雅尔塞镇哈拉村
P230208014	番茄	雅尔塞番茄-3	齐齐哈尔市梅里斯区雅尔塞镇哈拉村
P230208035	苏子	梅里斯白苏子	齐齐哈尔市梅里斯区梅里斯镇梅里斯村
P230208037	扁豆	猪耳豆	齐齐哈尔市梅里斯区梅里斯镇梅里斯村
P230208038	高粱	梅里斯高粱	齐齐哈尔市梅里斯区梅里斯镇梅里斯村
P230208039	高粱	达呼店甜秆	齐齐哈尔市梅里斯区达呼店镇腰店村
P230208040	大葱	雅尔塞笨葱	齐齐哈尔市梅里斯区雅尔塞镇红星村
P230208041	马铃薯	红星土豆	齐齐哈尔市梅里斯区雅尔塞镇红星村
P230208043	高粱	雅尔塞笤帚糜子	齐齐哈尔市梅里斯区雅尔塞镇红星村
P230208044	高粱	达呼店帚用高粱	齐齐哈尔市梅里斯区达呼店镇腰店村
P230208047	番茄	依娃绿花果番茄	齐齐哈尔市梅里斯区雅尔塞镇哈拉村
P230208048	辣椒	依娜甜椒	齐齐哈尔市梅里斯区雅尔塞镇哈拉村
P230208049	辣椒	雅娜甜椒	齐齐哈尔市梅里斯区雅尔塞镇哈拉村
P230208050	番茄	花皮球番茄	齐齐哈尔市梅里斯区雅尔塞镇哈拉村
P230208051	番茄	金彩黄花皮球番茄	齐齐哈尔市梅里斯区雅尔塞镇哈拉村

样品编号	作物名称	种质名称	采集地点
P230208052	番茄	齐番521	齐齐哈尔市梅里斯区雅尔塞镇哈拉村
P230208053	番茄	紫霞番茄	齐齐哈尔市梅里斯区雅尔塞镇哈拉村
P230208054	番茄	绿皮球番茄	齐齐哈尔市梅里斯区雅尔塞镇哈拉村
P230208055	茄子	齐杂茄二号	齐齐哈尔市梅里斯区雅尔塞镇哈拉村
P230208056	茄子	赛尔黑长茄	齐齐哈尔市梅里斯区雅尔塞镇哈拉村
P230208057	茄子	花茄子	齐齐哈尔市梅里斯区雅尔塞镇哈拉村
P230208058	辣椒	赛尔红日辣椒	齐齐哈尔市梅里斯区雅尔塞镇哈拉村
P230208059	菜豆	胜亚5豆角	齐齐哈尔市梅里斯区雅尔塞镇哈拉村
P230208060	菜豆	胜亚14油豆	齐齐哈尔市梅里斯区雅尔塞镇哈拉村
P230208080	长豇豆	白豇豆	齐齐哈尔梅里斯区达呼店镇达呼店村
P230208081	扁豆	紫猪耳朵	齐齐哈尔梅里斯区达呼店镇达呼店村
P230208082	扁豆	绿猪耳朵	齐齐哈尔梅里斯区达呼店镇达呼店村

17.碾子山区

碾子山区地处大兴安岭东麓余脉，位于齐齐哈尔西北部，距中心城区直线距离约90千米，距铁路113千米。东、南、西与龙江县毗邻，东北与甘南县接壤，西北与内蒙古的扎兰屯市相连。地理坐标北纬47°29′—47°41′，东经122°53′—123°05′。全区面积357平方千米，其中城区9平方千米，农村348平方千米。

在该地区的2个乡镇8个村收集农作物种质资源共计30份，其中粮食作物16份，蔬菜资源14份，见表4.17。

表4.17 碾子山区农作物种质资源收集情况

样品编号	作物名称	种质名称	采集地点
P230207005	高粱	三江省鸽蹬高粱	齐齐哈尔市碾子山区富强镇三江省村
P230207007	高粱	三江省村笤帚糜子	齐齐哈尔市碾子山区富强镇三江省村
P230207023	谷子	甘南红谷	齐齐哈尔市碾子山区富强镇兴华村
P230207024	高粱	兴华村甜秆	齐齐哈尔市碾子山区富强镇兴华村
P230207036	大葱	碾子山大葱	齐齐哈尔市碾子山区富强镇丰荣村
P230207046	马铃薯	碾子山土豆	齐齐哈尔市碾子山区富强镇丰荣村
P230207048	玉米	富强镇白玉米	齐齐哈尔市碾子山区富强镇丰荣村

样品编号	作物名称	种质名称	采集地点
P230207049	谷子	碾子山红谷子	齐齐哈尔市碾子山区富强镇丰荣村
P230207061	高粱	碾子山高粱-2	齐齐哈尔市碾子山区富强镇丰荣村
P230207070	美洲南瓜	碾子山角瓜	齐齐哈尔市碾子山区华安乡三皇庙村
P230207079	番茄	红牛奶番茄	齐齐哈尔市碾子山区华安乡三皇庙村
P230207080	大豆	龙华大豆	齐齐哈尔市碾子山区富强镇龙华村
P230207081	多花菜豆	碾子山多花菜豆	齐齐哈尔市碾子山区富强镇华丰村
P230207082	多花菜豆	碾子山多花菜豆-2	齐齐哈尔市碾子山区富强镇华丰村
P230207083	扁豆	碾子山猪耳豆	齐齐哈尔市碾子山区富强镇华丰村
P230207084	长豇豆	三江省村豇豆	齐齐哈尔市碾子山区华安乡三江省村
P230207085	长豇豆	兴华豇豆	齐齐哈尔市碾子山区富强镇兴华村
P230207086	小豆	龙华红小豆	齐齐哈尔市碾子山区富强镇龙华村
P230207087	小豆	龙华红小豆-2	齐齐哈尔市碾子山区富强镇龙华村
P230207088	小豆	碾子山狸小豆	齐齐哈尔市碾子山区富强镇龙华村
P230207089	菜豆	三江省村豆角	齐齐哈尔市碾子山区华安乡三江省村
P230207090	菜豆	马架子屯豆角	齐齐哈尔市碾子山区华安乡三江省村
P230207091	菜豆	脊豆	齐齐哈尔市碾子山区华安乡三江省村
P230207092	菜豆	龙华豆角-2	齐齐哈尔市碾子山区富强镇龙华村
P230207093	菜豆	宽心红	齐齐哈尔市碾子山区富强镇龙华村
P230207094	菜豆	龙华菜豆	齐齐哈尔市碾子山区富强镇龙华村
P230207095	菜豆	华丰豆角	齐齐哈尔市碾子山区富强镇华丰村
P230207096	菜豆	富强镇家雀儿蛋	齐齐哈尔市碾子山区富强镇华丰村
P230207097	菜豆	碾子山豆角	齐齐哈尔市碾子山区富强镇三皇庙村
P230207098	普通菜豆	马架子屯芸豆	齐齐哈尔市碾子山区富强镇三江省村

18.龙江县

龙江县位于黑吉蒙三省区交会处、齐齐哈尔市西部、雅鲁河畔，地处大兴安岭南麓与松嫩平原过渡地带，西邻内蒙古自治区，距齐齐哈尔市 72 千米，距满洲里市 600 千米。龙江县面积 6175 平方千米。

在该地区的 3 个乡镇 8 个村收集农作物种质资源共计 30 份，其中果树资源 3 份，经济作物 2 份，粮食作物 7 份，蔬菜资源 18 份，见表 4.18。

表 4.18　龙江县农作物种质资源收集情况

样品编号	作物名称	种质名称	采集地点
P230221001	苏子	龙江镇紫苏	齐齐哈尔市龙江县龙江镇龙东村
P230221003	菜薹	龙东油菜	齐齐哈尔市龙江县龙江镇龙东村
P230221004	叶用莴苣	龙东生菜	齐齐哈尔市龙江县龙江镇龙东村
P230221008	叶用莴苣	黄油麦菜	齐齐哈尔市龙江县龙江镇龙东村
P230221009	冬瓜	龙江镇冬瓜	齐齐哈尔市龙江县龙江镇龙东村
P230221010	韭菜	龙江镇韭菜	齐齐哈尔市龙江县龙江镇龙兴村
P230221011	大葱	龙兴大葱	齐齐哈尔市龙江县龙江镇龙兴村
P230221014	玉米	龙兴镇白玉米	齐齐哈尔市龙江县龙兴镇利华村
P230221016	南瓜	龙兴镇倭瓜	齐齐哈尔市龙江县龙兴镇利华村
P230221026	梨	香水梨	齐齐哈尔市龙江县景兴镇金山东村
P230221027	苹果	沙果	齐齐哈尔市龙江县景兴镇金山东村
P230221031	大葱	四架山大葱	齐齐哈尔市龙江县龙兴镇四架山村
P230221043	梨	香水梨	齐齐哈尔市龙江县景兴镇金山东村
P230221044	马铃薯	景兴镇土豆	齐齐哈尔市龙江县景兴镇金山东村
P230221045	马铃薯	景兴镇土豆-2	齐齐哈尔市龙江县景兴镇金山东村
P230221047	马铃薯	龙兴土豆	齐齐哈尔市龙江县龙兴镇龙兴村
P230221048	菜薹	龙江油菜	齐齐哈尔市龙江县龙江镇龙东村
P230221049	大葱	海洋葱	齐齐哈尔市龙江县龙江镇龙东村
P230221050	苏子	黄苏子	齐齐哈尔市龙江县龙江镇龙东村
P230221070	南瓜	景兴镇倭瓜	齐齐哈尔市龙江县景兴镇金山东村
P230221080	普通菜豆	龙江镇黑豆	齐齐哈尔市龙江县龙江镇西川村
P230221081	普通菜豆	白芸豆	齐齐哈尔市龙江县龙江镇西川村
P230221083	长豇豆	西川豇豆	齐齐哈尔市龙江县龙江镇西川村
P230221084	长豇豆	龙东豇豆	齐齐哈尔市龙江县龙江镇龙东村
P230221085	小豆	龙江镇红小豆	齐齐哈尔市龙江县龙江镇西川村
P230221086	菜豆	黑青豆角	齐齐哈尔市龙江县景兴镇金山西村
P230221087	菜豆	长豆	齐齐哈尔市龙江县景兴镇金山东村
P230221088	菜豆	金山东村菜豆	齐齐哈尔市龙江县景兴镇金山东村
P230221089	菜豆	西川菜豆	齐齐哈尔市龙江县龙江镇西川村
P230221090	菜豆	长豆菜豆	齐齐哈尔市龙江县景兴镇金山东村

19.甘南县

甘南县距齐齐哈尔市 87 千米，地处大兴安岭南麓，嫩江中游冲积平原右岸。东临诺敏河、嫩江，同内蒙古自治区莫力达瓦旗、黑龙江省讷河市、富裕县相望，南与龙江县、齐齐哈尔市梅里斯达斡尔族区接壤，西、北以金代遗迹"东北路界壕"与内蒙古自治区扎兰屯市、阿荣旗隔界为邻。全县辖区面积 4791 平方千米。

在该地区的 3 个乡镇 5 个村收集农作物种质资源共计 30 份，其中经济作物 1 份，粮食作物 22 份，蔬菜资源 7 份，见表 4.19。

表 4.19　甘南县农作物种质资源收集情况

样品编号	作物名称	种质名称	采集地点
P230225001	高粱	甘南镇笤帚高粱	齐齐哈尔市甘南县甘南镇西郊村
P230225012	南瓜	甘南南瓜	齐齐哈尔市甘南县甘南镇富余村
P230225015	大葱	甘南镇大葱	齐齐哈尔市甘南县甘南镇富余村
P230225030	菜豆	甘南菜豆	齐齐哈尔市甘南县甘南镇西郊村
P230225034	绿豆	长山乡绿豆	齐齐哈尔市甘南县长山乡长新村
P230225040	大葱	兴十四葱	齐齐哈尔市甘南县兴十四镇兴武村
P230225054	普通菜豆	王不担饭豆	齐齐哈尔市甘南县兴十四镇兴十四村
P230225055	花生	甘南兴十花生	齐齐哈尔市甘南县兴十四镇兴十四村
P230225056	马铃薯	富余土豆	齐齐哈尔市甘南县甘南镇富余村
P230225060	大葱	甘南兴十大葱	齐齐哈尔市甘南县兴十四镇兴十四村
P230225062	马铃薯	甘南土豆	齐齐哈尔市甘南县长山乡长新村
P230225064	高粱	长山乡笤帚高粱	齐齐哈尔市甘南县长山乡长新村
P230225065	高粱	常用高粱	齐齐哈尔市甘南县长山乡长新村
P230225067	高粱	兴十四高粱	齐齐哈尔市甘南县兴十四镇兴武村
P230225068	高粱	兴十四帚用高粱	齐齐哈尔市甘南县兴十四镇兴武村
P230225069	高粱	长山乡高粱	齐齐哈尔市甘南县长山乡长新村
P230225078	番茄	葡萄番茄	齐齐哈尔市甘南县甘南镇西郊村
P230225079	番茄	贼不偷番茄	齐齐哈尔市甘南县甘南镇西郊村
E230225080	大豆	黑大豆	齐齐哈尔市甘南县长山乡长新村
P230225081	普通菜豆	长山乡黑芸豆	齐齐哈尔市甘南县长山乡长新村
P230225082	普通菜豆	兴十四芸豆	齐齐哈尔市甘南县兴十四镇兴武村
P230225083	普通菜豆	花芸豆	齐齐哈尔市甘南县甘南镇富余村
P230225084	普通菜豆	富余芸豆	齐齐哈尔市甘南县甘南镇富余村

样品编号	作物名称	种质名称	采集地点
P230225085	普通菜豆	紫花芸豆	齐齐哈尔市甘南县长山乡长新村
P230225086	普通菜豆	大粒芸豆	齐齐哈尔市甘南县长山乡长新村
P230225087	普通菜豆	大白芸豆	齐齐哈尔市甘南县长山乡长新村
P230225088	普通菜豆	小粒奶芸豆	齐齐哈尔市甘南县长山乡长新村
P230225089	普通菜豆	黑脐芸豆	齐齐哈尔市甘南县长山乡长新村
P230225090	普通菜豆	长新芸豆	齐齐哈尔市甘南县长山乡长新村
P230225091	豌豆	甘南镇豌豆	齐齐哈尔市甘南县甘南镇富余村

20.泰来县

泰来县位于黑龙江省西南部,距省会哈尔滨市约为350千米,地跨东经122°59′—124°、北纬46°13′—47°10′之间。南与吉林省镇赉县为邻,北与齐齐哈尔市、龙江县毗连,西与内蒙古自治区扎赉特旗接壤,东与杜尔伯特蒙古族自治县隔嫩江相望。东西宽107千米,南北长88千米,总面积3996平方千米。

在该地区的5个乡镇6个村收集农作物种质资源共计30份,其中经济作物3份,粮食作物13份,蔬菜资源14份,见表4.20。

表4.20 泰来县农作物种质资源收集情况

样品编号	作物名称	种质名称	采集地点
P230224006	谷子	前进谷子	齐齐哈尔市泰来县和平镇前进村
P230224013	大葱	兴隆葱	齐齐哈尔市泰来县和平镇兴隆村
P230224021	大葱	前进葱	齐齐哈尔市泰来县和平镇前进村
P230224039	高粱	前进甜秆	齐齐哈尔市泰来县和平镇前进村
P230224042	向日葵	前进白向日葵	齐齐哈尔市泰来县和平镇前进村
P230224043	烟草	大叶烟	齐齐哈尔市泰来县和平镇前进村
P230224044	向日葵	前进黑花向日葵	齐齐哈尔市泰来县和平镇前进村
P230224045	高粱	泰来帚用高粱	齐齐哈尔市泰来县岱克村镇王家兴村
P230224070	美洲南瓜	兴隆角瓜	齐齐哈尔市泰来县兴隆镇兴隆村
P230224078	番茄	兴隆黄柿子(2)	齐齐哈尔市泰来县和平镇兴隆村
P230224079	番茄	兴隆黄柿子(1)	齐齐哈尔市泰来县和平镇兴隆村
P230224080	大豆	泰来黄豆	齐齐哈尔市泰来县泰来镇丰田村
P230224081	大豆	前进黄豆	齐齐哈尔市泰来县和平镇前进村

样品编号	作物名称	种质名称	采集地点
P230224082	大豆	泰来小粒豆	齐齐哈尔市泰来县泰来镇丰田村
P230224083	普通菜豆	泰来白芸豆	齐齐哈尔市泰来县泰来镇丰田村
P230224084	普通菜豆	泰来奶花芸豆	齐齐哈尔市泰来县泰来镇丰田村
P230224085	普通菜豆	黑帝芸豆	齐齐哈尔市泰来县胜利乡黑帝村
P230224086	绿豆	泰来小绿豆	齐齐哈尔市泰来县泰来镇丰田村
P230224087	绿豆	泰来大绿豆	齐齐哈尔市泰来县泰来镇丰田村
P230224088	绿豆	前进小绿豆	齐齐哈尔市泰来县和平镇前进村
P230224089	长豇豆	泰来粉豇豆	齐齐哈尔市泰来县泰来镇丰田村
P230224090	长豇豆	前进花豇豆	齐齐哈尔市泰来县和平镇前进村
P230224091	长豇豆	前进十八豆	齐齐哈尔市泰来县和平镇前进村
P230224092	长豇豆	兴隆十八豆	齐齐哈尔市泰来县和平镇兴隆村
P230224093	小豆	泰来红小豆	齐齐哈尔市泰来县泰来镇丰田村
P230224094	菜豆	兴隆花豆角	齐齐哈尔市泰来县和平镇兴隆村
P230224095	菜豆	兴隆绿豆角	齐齐哈尔市泰来县和平镇兴隆村
P230224096	菜豆	兴隆菜豆	齐齐哈尔市泰来县和平镇兴隆村
P230224097	菜豆	前进老三变菜豆	齐齐哈尔市泰来县和平镇前进村
P230224098	菜豆	前进勾勾黄	齐齐哈尔市泰来县和平镇前进村

21.讷河市

讷河市位于黑龙江省西北部，松嫩平原北端，大小兴安岭南缘，嫩江中游东岸。地理位置介于东经124°18′50″—125°59′30″、北纬47°51′30″—48°56′16″之间。北与嫩江市为邻，东与五大连池市、克山县接壤，南与依安县、富裕县毗连，西以嫩江与甘南县、内蒙古自治区莫力达瓦达斡尔族自治旗分界。辖区南北长100余千米，东西宽80余千米，总面积6674平方千米。

在该地区的5个乡镇6个村收集农作物种质资源共计30份，其中果树资源1份，经济作物1份，粮食作物12份，蔬菜资源16份，见表4.21。

表4.21 讷河市农作物种质资源收集情况

样品编号	作物名称	种质名称	采集地点
P230281002	南瓜	白瓜子19–21繁3	齐齐哈尔市讷河市二克浅镇二克浅村
P230281003	美洲南瓜	多籽白	齐齐哈尔市讷河市二克浅镇二克浅村

続表

样品编号	作物名称	种质名称	采集地点
P230281004	南瓜	白瓜子大板立生	齐齐哈尔市讷河市二克浅镇二克浅村
P230281007	南瓜	白瓜子九长白	齐齐哈尔市讷河市二克浅镇二克浅村
P230281011	南瓜	裸仁南瓜宝库1号	齐齐哈尔市讷河市二克浅镇二克浅村
P230281015	玉米	爆裂玉米	齐齐哈尔市讷河市和盛乡和义村
P230281017	高粱	通南镇刷帚高粱	齐齐哈尔市讷河市通南镇三山村
P230281021	苹果	沙果	齐齐哈尔市讷河市二克浅镇二克浅村
P230281027	野生大豆	讷河野生大豆	齐齐哈尔市讷河市二克浅镇二克浅村
P230281030	野生大豆	半野生大豆	齐齐哈尔市讷河市龙河镇新生活村
P230281034	酸浆	张志大菇娘	齐齐哈尔市讷河市长发镇建设村
P230281035	酸浆	张志树揪	齐齐哈尔市讷河市长发镇建设村
P230281038	桑树	桑葚	齐齐哈尔市讷河市二克浅镇二克浅村
P230281039	马铃薯	合胜红土豆	齐齐哈尔市讷河市和盛乡和义村
P230281040	马铃薯	合胜土豆	齐齐哈尔市讷河市和盛乡和义村
P230281041	高粱	长发镇帚用高粱	齐齐哈尔市讷河市长发镇建设村
P230281043	马铃薯	红土豆	齐齐哈尔市讷河市二克浅镇二克浅村
P230281044	高粱	和盛乡帚用高粱	齐齐哈尔市讷河市和盛乡和义村
P230281045	高粱	通南镇笤帚高粱	齐齐哈尔市讷河市通南镇三山村
P230281070	美洲南瓜	白瓜子吉强黑	齐齐哈尔市讷河市二克浅镇二克浅村
P230281071	南瓜	籽用南瓜	齐齐哈尔市讷河市二克浅镇二克浅村
P230281072	南瓜	裸仁南瓜繁99-11	齐齐哈尔市讷河市二克浅镇二克浅村
P230281073	黄瓜	旱黄瓜	齐齐哈尔市讷河市和盛乡和义村
P230281080	普通菜豆	奶花芸豆	齐齐哈尔市讷河市长发镇建设村
P230281081	普通菜豆	龙河镇饭豆	齐齐哈尔市讷河市龙河镇新生活村
P230281082	菜豆	讷河油豆	齐齐哈尔市讷河市和盛乡和义村
P230281083	菜豆	压趴架豆角	齐齐哈尔市讷河市龙河镇新生活村
P230281085	菜豆	保安油豆	齐齐哈尔市讷河市龙河镇保安村
P230281087	菜豆	讷河一点红	齐齐哈尔市讷河市和盛乡和义村

22.拜泉县

拜泉县位于黑龙江省中西部、齐齐哈尔市东部，乌裕尔河与通肯河之间，松嫩平原北边缘，介于东经125°30′—126°31′、北纬47°20′—47°55′之间。东以通肯河为界，与海伦市、北安市相望，南接明水县，西与依安县毗邻，北连克山县、克东县，南北长 55 千米，东西宽 66 千米，总面积 3 599.15 平方千米。

在该地区的 4 个乡镇 9 个村收集农作物种质资源共计 30 份，其中果树资源 3 份，经济作物 2 份，粮食作物 8 份，蔬菜资源 17 份，见表 4.22。

表 4.22　拜泉县农作物种质资源收集情况

样品编号	作物名称	种质名称	采集地点
P230231003	黄瓜	拜泉页三黄瓜	齐齐哈尔市拜泉县上升乡团结村
P230231012	黄瓜	拜泉农家黄瓜	齐齐哈尔市拜泉县上升乡永安村
P230231018	高粱	国富镇笤帚糜子	齐齐哈尔市拜泉县国富镇保护村
P230231021	大葱	拜泉小笨葱	齐齐哈尔市拜泉县国富镇民强村
P230231022	烟草	拜泉烟	齐齐哈尔市拜泉县国富镇民强村
P230231024	苹果	东江家粉坊大楸	齐齐哈尔市拜泉县三道镇东江家粉坊村
P230231025	苹果	东江家黄太平	齐齐哈尔市拜泉县三道镇东江家粉坊村
P230231026	苹果	七月鲜苹果	齐齐哈尔市拜泉县三道镇东江家粉坊村
P230231027	大葱	三道镇火葱	齐齐哈尔市拜泉县三道镇三道镇村
P230231030	菜豆	兴华油豆	齐齐哈尔市拜泉县兴华乡众家村
P230231031	菜豆	众家油豆-2	齐齐哈尔市拜泉县兴华乡众家村
P230231041	马铃薯	齐心土豆	齐齐哈尔市拜泉县三道镇齐心村
P230231042	马铃薯	齐心村土豆	齐齐哈尔市拜泉县三道镇齐心村
P230231043	苏子	山苏子	齐齐哈尔市拜泉县国富镇民强村
P230231046	高粱	齐心村帚用高粱	齐齐哈尔市拜泉县三道镇齐心村
P230231070	美洲南瓜	拜泉农家角瓜	齐齐哈尔市拜泉县国富镇民强村
P230231071	黄瓜	农家黄瓜	齐齐哈尔市拜泉县上升乡进步村
P230231080	普通菜豆	拜泉小黑芸豆	齐齐哈尔市拜泉县国富镇民强村
P230231081	普通菜豆	拜泉奶圆饭豆	齐齐哈尔市拜泉县兴华乡众家村
P230231082	普通菜豆	齐心奶圆芸豆	齐齐哈尔市拜泉县三道镇齐心村
P230231083	普通菜豆	拜泉奶花芸豆	齐齐哈尔市拜泉县上升乡团结村
P230231084	菜豆	拜泉黄金钩	齐齐哈尔市拜泉县上升乡进步村
P230231085	菜豆	拜泉小黑豆菜豆	齐齐哈尔市拜泉县上升乡团结村
P230231086	菜豆	三道镇油豆	齐齐哈尔市拜泉县三道镇齐心村
P230231087	菜豆	窗户勾	齐齐哈尔市拜泉县兴华乡众家村
P230231088	菜豆	拜泉兔子翻白眼	齐齐哈尔市拜泉县国富镇保护村
P230231089	菜豆	八月绿	齐齐哈尔市拜泉县兴华乡众家村
P230231090	长豇豆	拜泉豇豆	齐齐哈尔市拜泉县国富镇民强村
P230231091	长豇豆	拜泉农家绿豇豆	齐齐哈尔市拜泉县上升乡永安村
P230231092	长豇豆	黑粒白皮豇豆	齐齐哈尔市拜泉县上升乡永安村

23.富裕县

富裕县是黑龙江省齐齐哈尔市下辖县,位于黑龙江省西部、嫩江中游左岸,处于由平缓起伏的漫岗向平原的过渡地段。属中温带大陆性季风气候,冬寒夏暖,四季变化明显。距齐齐哈尔市 65 千米,距哈尔滨市 350 千米。地处东经 124° 0′ 24″、北纬 47° 18′ 24″。南与齐齐哈尔、大庆市毗邻,东与依安县接壤,西与甘南县隔江相望,北与讷河市相连。齐北、富嫩两条铁路在县城交会,齐黑、碾北两条公路从县内通过。面积 4 026 平方千米。

在该地区的 4 个乡镇 9 个村收集农作物种质资源共计 30 份,其中经济作物 1 份,粮食作物 16 份,蔬菜资源 13 份,见表 4.23。

表 4.23 富裕县农作物种质资源收集情况

样品编号	作物名称	种质名称	采集地点
P230227002	普通菜豆	小黑芸豆-2	齐齐哈尔市富裕县二道湾镇富兴村
P230227003	普通菜豆	小黑芸豆-3	齐齐哈尔市富裕县二道湾镇富兴村
P230227004	普通菜豆	红花芸豆	齐齐哈尔市富裕县二道湾镇富兴村
P230227005	南瓜	二道湾南瓜	齐齐哈尔市富裕县二道湾镇立业村
P230227010	美洲南瓜	农家角瓜	齐齐哈尔市富裕县二道湾镇二道湾村
P230227011	多花菜豆	富裕多花菜豆	齐齐哈尔市富裕县二道湾镇二道湾村
P230227015	普通菜豆	富裕紫花芸豆	齐齐哈尔市富裕县二道湾镇富兴村
P230227018	高粱	二道湾笤帚高粱	齐齐哈尔市富裕县二道湾镇立业村
P230227020	菜豆	五月鲜豆角	齐齐哈尔市富裕县二道湾镇立业村
P230227024	黍稷	登科红稷子米	齐齐哈尔市富裕县友谊乡登科村
P230227025	花生	四粒红花生	齐齐哈尔市富裕县二道湾镇立业村
P230227034	辣椒	富裕薄皮小尖椒	齐齐哈尔市富裕县二道湾镇二道湾村
P230227041	马铃薯	塔哈乡土豆-1	齐齐哈尔市富裕县塔哈乡塔哈村
P230227042	马铃薯	塔哈乡土豆-2	齐齐哈尔市富裕县塔哈乡塔哈村
P230227045	马铃薯	红土豆	齐齐哈尔市富裕县二道湾镇二道湾村
P230227046	马铃薯	立业土豆	齐齐哈尔市富裕县二道湾镇二道湾村
P230227047	芫荽	二道湾香菜	齐齐哈尔市富裕县二道湾镇立业村
P230227048	高粱	三家子帚用高粱	齐齐哈尔市富裕县友谊乡三家子村
P230227049	高粱	二道湾农家高粱	齐齐哈尔市富裕县二道湾镇立业村
P230227050	高粱	农家高粱	齐齐哈尔市富裕县友谊乡三家子村
P230227051	高粱	三家子甜秆	齐齐哈尔市富裕县友谊乡三家子村

样品编号	作物名称	种质名称	采集地点
P230227080	普通菜豆	二道湾黑小豆	齐齐哈尔市富裕县二道湾镇富兴村
P230227081	菜豆	永太菜豆	齐齐哈尔市富裕县富路镇永太村
P230227082	菜豆	五月鲜	齐齐哈尔市富裕县富路镇永太村
P230227083	菜豆	三家子菜豆-2	齐齐哈尔市富裕县友谊乡三家子村
P230227084	菜豆	豇豆宽	齐齐哈尔市富裕县富路镇永太村
P230227085	菜豆	小黄豆	齐齐哈尔市富裕县富路镇龙水泉村
P230227086	菜豆	兔子翻白眼	齐齐哈尔市富裕县富路镇长兴村
P230227087	菜豆	三家子菜豆	齐齐哈尔市富裕县友谊乡三家子村
P230227088	菜豆	富路菜豆	齐齐哈尔市富裕县富路镇龙水泉村

24.依安县

依安县位于黑龙江省西部、齐齐哈尔市东北部,介于北纬47°16′—48°2′、东经124°50′—125°42′之间,毗邻6个县(市),东与拜泉县分界,西与富裕县为邻,北与克山县、讷河市毗连,南与大庆市林甸县、绥化市明水县接壤,全县总面积为3 678平方千米,其中南北最长距离70千米,东西最长距离55千米。

在该地区的3个乡镇6个村收集农作物种质资源共计30份,其中果树资源7份,粮食作物22份,蔬菜资源1份,见表4.24。

表4.24 依安县农作物种质资源收集情况

样品编号	作物名称	种质名称	采集地点
P230223001	普通菜豆	依安紫花芸豆	齐齐哈尔市依安县依安镇合心村
P230223002	普通菜豆	依安奶花芸豆	齐齐哈尔市依安县依安镇合心村
P230223003	普通菜豆	依安小黑芸豆	齐齐哈尔市依安县依安镇合心村
P230223004	大豆	依安黑大豆	齐齐哈尔市依安县依安镇合心村
P230223006	高粱	依安镇扫帚高粱	齐齐哈尔市依安县依安镇合心村
P230223010	玉米	白头霜	齐齐哈尔市依安县先锋乡集福村
P230223011	玉米	火苞米	齐齐哈尔市依安县先锋乡集福村
P230223012	玉米	黑糯玉米	齐齐哈尔市依安县先锋乡集福村
P230223013	玉米	集福胶质粮	齐齐哈尔市依安县先锋乡集福村
P230223035	大葱	集福笨葱	齐齐哈尔市依安县先锋乡集福村
P230223037	玉米	集福红火玉米	齐齐哈尔市依安县先锋乡集福村

样品编号	作物名称	种质名称	采集地点
P230223039	野生大豆	新兴镇野生大豆	齐齐哈尔依安县新兴镇第二良种场
P230223041	野生大豆	依安野生大豆	齐齐哈尔市依安县依安镇创业村
P230223044	苹果	早沙果	齐齐哈尔市依安县新兴镇建民村
P230223045	梨	新兴梨	齐齐哈尔市依安县新兴镇建民村
P230223046	苹果	黄太平	齐齐哈尔市依安县新兴镇建民村
P230223047	苹果	锦红苹果	齐齐哈尔市依安县新兴镇建民村
P230223048	苹果	短枝寒富	齐齐哈尔市依安县新兴镇建民村
P230223049	梨	山梨	齐齐哈尔市依安县新兴镇建民村
P230223050	苹果	寒富苹果	齐齐哈尔市依安县新兴镇建民村
P230223051	马铃薯	建民土豆-2	齐齐哈尔市依安县新兴镇建民村
P230223052	马铃薯	建民土豆	齐齐哈尔市依安县新兴镇建民村
P230223057	高粱	李贵荣屯帚用高粱-1	齐齐哈尔市依安县先锋乡集福村
P230223058	高粱	李贵荣屯帚用高粱-2	齐齐哈尔市依安县先锋乡集福村
P230223080	大豆	集福小粒豆	齐齐哈尔市依安县先锋乡集福村
P230223081	普通菜豆	先锋奶花芸豆	齐齐哈尔市依安县先锋乡先锋村
P230223082	普通菜豆	喜鹊花芸豆	齐齐哈尔市依安县依安镇合心村
P230223083	普通菜豆	先锋芸豆	齐齐哈尔市依安县先锋乡先锋村
P230223084	普通菜豆	奶白花芸豆	齐齐哈尔市依安县依安镇合心村
P230223085	绿豆	新兴镇绿豆	齐齐哈尔市依安县新兴镇建民村

25.克山县

克山县位于齐齐哈尔市东北部，为小兴安岭伸向松嫩平原的过渡地带。东接克东县，南邻拜泉县，西连依安县，北隔讷谟尔河，与讷河市相望，东北同五大连池市毗邻。介于东经 125° 10′ 57″ —126° 8′ 18″、北纬 47° 50′ 51″ —48° 33′ 47″ 之间，总面积 3 186.11 平方千米。

在该地区的 3 个乡镇 10 个村收集农作物种质资源共计 30 份，其中果树资源 4 份，经济作物 1 份，粮食作物 11 份，蔬菜资源 14 份，见表 4.25。

表 4.25　克山县农作物种质资源收集情况

样品编号	作物名称	种质名称	采集地点
P230229001	黍稷	农家小粒糜子	齐齐哈尔市克山县古北乡更好村
P230229002	普通菜豆	克山奶花芸豆	齐齐哈尔市克山县古北乡更好村
P230229004	菜豆	克山农家黄金钩	齐齐哈尔市克山县古北乡更好村
P230229005	玉米	克山农家黏玉米	齐齐哈尔市克山县古北乡更好村
P230229007	高粱	古北高粱	齐齐哈尔市克山县古北乡更好村
P230229009	南瓜	农家印度型南瓜	齐齐哈尔市克山县古北乡更好村
P230229014	黄瓜	克山短棒黄瓜	齐齐哈尔市克山县古北乡友好村
P230229016	黄瓜	克山翠剑黄瓜	齐齐哈尔市克山县古北乡友好村
P230229017	黄瓜	克山农家旱黄瓜	齐齐哈尔市克山县古北乡友好村
P230229022	南瓜	南下坡南瓜-2	齐齐哈尔市克山县古城镇国星村
P230229026	苹果	大果山丁子	齐齐哈尔市克山县北联镇北合王三五屯村
P230229027	苹果	灯笼果	齐齐哈尔市克山县北联镇北合王三五屯村
P230229029	苹果	民主沙果-1	齐齐哈尔市克山县古城镇民主村
P230229030	苹果	民主沙果	齐齐哈尔市克山县古城镇民主村
P230229045	马铃薯	王三五屯土豆	齐齐哈尔市克山县北联镇王三五屯村
P230229046	马铃薯	王三五屯土豆-1	齐齐哈尔市克山县北联镇王三五屯村
P230229049	大麻	古城大麻	齐齐哈尔市克山县古城镇国星村
P230229051	大葱	古城大葱	齐齐哈尔市克山县古城镇国星村
P230229052	菜豆	长豆角	齐齐哈尔市克山县古城镇国星村
P230229054	菜豆	克山家雀蛋豆角	齐齐哈尔市克山县古城镇国星村
P230229055	黄瓜	克山黄瓜	齐齐哈尔市克山县古城镇国星村
P230229056	高粱	古城扫帚糜子	齐齐哈尔市克山县古城镇民主村
P230229070	南瓜	民主倭瓜	齐齐哈尔市克山县古城镇 民主村
P230229078	番茄	克山牛心柿子	齐齐哈尔市克山县古北乡龙泉村
P230229079	番茄	克山粉柿子	齐齐哈尔市克山县古北乡友好村
P230229080	野生大豆	克山野生大豆	齐齐哈尔市克山县古城镇民主村
P230229081	普通菜豆	北联镇苏立豆	齐齐哈尔市克山县北联镇黎明村
P230229082	豌豆	无蔓豌豆	齐齐哈尔市克山县北联镇北合村
P230229083	扁豆	老母猪耳豆	齐齐哈尔市克山县北联镇北合村
P230229084	长豇豆	关里豇豆	齐齐哈尔市克山县北联镇北合村

26.克东县

克东县位于黑龙江省中北部,齐齐哈尔市东北部,介于东经126°01′至126°41′、北纬47°43′—48°18′之间。东与北安市交界,西与克山县毗邻,南与拜泉县接壤,北与五大连池市相连。克东县境南北长64千米,东西宽48千米,北窄南宽,略呈梯形。全县总面积为2083平方千米,占全省总面积的0.5%,占全市总面积的4.9%。

在该地区的4个乡镇11个村收集农作物种质资源共计30份,其中经济作物2份,粮食作物12份,蔬菜资源16份,见表4.26。

表4.26 克东县农作物种质资源收集情况

样品编号	作物名称	种质名称	采集地点
P230230001	韭菜	克东龙泉韭菜	齐齐哈尔市克东县宝泉镇龙泉村
P230230003	菜豆	克东家雀蛋	齐齐哈尔市克东县宝泉镇石山村
P230230009	菜豆	克东豆角	齐齐哈尔市克东县宝泉镇红星村
P230230010	菜豆	克东宽荚豆角	齐齐哈尔市克东县宝泉镇红星村
P230230011	菜豆	宝泉镇家雀蛋	齐齐哈尔市克东县宝泉镇红星村
P230230014	普通菜豆	克东白芸豆	齐齐哈尔市克东县宝玉岗镇春和村
P230230015	普通菜豆	克东奶花芸豆	齐齐哈尔市克东县宝玉岗镇春和村
P230230017	玉米	八趟子	齐齐哈尔市克东县宝玉岗镇春和村
P230230018	高粱	宝玉岗扫帚糜子	齐齐哈尔市克东县宝玉岗镇春和村
P230230020	菜豆	老来绿	齐齐哈尔市克东县宝玉岗镇春和村
P230230021	菜豆	克东花家雀蛋	齐齐哈尔市克东县宝玉岗镇群英村
P230230022	普通菜豆	复兴奶花芸豆	齐齐哈尔市克东县宝玉岗镇复兴村
P230230023	菜豆	克东一棵树油豆	齐齐哈尔市克东县宝玉岗镇复兴村
P230230025	豌豆	克东豌豆	齐齐哈尔市克东县宝玉岗镇复兴村
P230230026	大葱	克东小笨葱	齐齐哈尔市克东县宝玉岗镇复兴村
P230230028	烟草	柳叶尖	齐齐哈尔市克东县润津乡礼让村
P230230029	菜豆	克东架豆	齐齐哈尔市克东县宝玉岗镇群英村
P230230030	菜豆	克东一点红	齐齐哈尔市克东县宝玉岗镇群英村
P230230033	菜豆	建设油豆角	齐齐哈尔市克东县宝玉岗镇复兴村
P230230042	马铃薯	忠信土豆	齐齐哈尔市克东县润津乡忠信村
P230230043	马铃薯	忠信土豆-1	齐齐哈尔市克东县润津乡忠信村
P230230045	马铃薯	土豆	齐齐哈尔市克东县宝玉岗镇春合村

样品编号	作物名称	种质名称	采集地点
P230230046	大葱	克东小葱	齐齐哈尔市克东县宝玉岗镇春合村
P230230047	高粱	克东扫帚糜子	齐齐哈尔市克东县宝玉岗镇群英村
P230230048	玉米	乾丰庆祝改良老八趟	齐齐哈尔市克东县乾丰乡庆祝村
P230230049	玉米	乾丰庆祝老八趟	齐齐哈尔市克东县乾丰乡庆祝村
P230230070	南瓜	建设倭瓜	齐齐哈尔市克东县润津乡建设村
P230230071	南瓜	建设倭瓜-2	齐齐哈尔市克东县润津乡建设村
P230230072	黄瓜	克山短棒黄瓜	齐齐哈尔市克东县润津乡礼让村
P230230080	烟草	亚布力大叶烟	齐齐哈尔市克东县润津乡礼让村

三、牡丹江市

27.东宁市

东宁市位于黑龙江省最东南部,属牡丹江市所辖的边境县级市,南与吉林省相邻,东与俄罗斯接壤,北与穆棱市和牡丹江市毗邻,西与宁安市搭界。地理坐标为东经 129° 53′ —131° 18′、北纬 43° 25′ —44° 35′。总面积 7139 平方千米。

在该地区的 5 个乡镇 16 个村收集农作物种质资源共计 31 份,其中果树资源 4 份,经济作物 5 份,粮食作物 15 份,蔬菜资源 7 份,见表 4.27。

表 4.27　东宁市农作物种质资源收集情况

样品编号	作物名称	种质名称	采集地点
P231086007	玉米	东宁白头霜玉米	牡丹江市东宁市东宁镇曲大窝棚屯
P231086008	野生大豆	大城子野生大豆	牡丹江市东宁市东宁镇大城子村
P231086009	水稻	东宁香稻	牡丹江市东宁市东宁镇一街村
P231086010	菜豆	一街架豆角	牡丹江市东宁市东宁镇一街村
P231086013	甘薯	面地瓜	牡丹江市东宁市东宁镇一街村
P231086015	花生	红皮花生	牡丹江市东宁市东宁镇一街村
P231086024	茼蒿	万宝湾茼蒿	牡丹江市东宁市老黑山镇万宝湾村
P231086026	芫荽	万宝湾小叶香菜	牡丹江市东宁市老黑山镇万宝湾村
P231086027	大豆	东宁黑皮大豆	牡丹江市东宁市老黑山镇万宝湾村
P231086028	马铃薯	旱马铃薯	牡丹江市东宁市道河镇岭西村
P231086029	菜豆	暖泉笨豆角	牡丹江市东宁市东宁镇暖泉二村

样品编号	作物名称	种质名称	采集地点
P231086030	苏子	万宝湾叶用苏子	牡丹江市东宁市老黑山镇万宝湾村
P231086031	玉米	东宁白粒玉米	牡丹江市东宁市老黑山镇二道沟村
P231086033	芫荽	笨香菜	牡丹江市东宁市老黑山镇二道沟村
P231086034	芫荽	和光香菜	牡丹江市东宁市老黑山镇和光村
P231086035	谷子	有机谷子	牡丹江市东宁市道河镇西河村
P231086036	苏子	肥用苏子	牡丹江市东宁市道河镇西河村
P231086037	甘薯	笨地瓜	牡丹江市东宁市道河镇西河村
P231086043	甘薯	甜地瓜	牡丹江市东宁市东宁镇一街村
P231086046	苏子	团结农家苏子	牡丹江市东宁市大肚川镇团结村
P231086047	玉米	东宁黄黏玉米	牡丹江市东宁市大肚川镇浪东沟村
P231086051	甘薯	农家地瓜	牡丹江市东宁市大肚川镇神洞村
P231086052	花生	笨花生	牡丹江市东宁市大肚川镇神洞村
P231086054	谷子	笨谷子	牡丹江市东宁市大肚川镇闹枝沟村
P231086055	叶用芥菜	雪里蕻	牡丹江市东宁市老黑山镇万宝湾村
P231086056	山楂	野生山里红	牡丹江市东宁市老黑山镇二道沟村
P231086059	草莓	草莓	牡丹江市东宁市大肚川镇神洞村
P231086060	杏	山杏	牡丹江市东宁市东宁镇北河沿村
P231086061	山荆子	山丁子	牡丹江市东宁市东宁镇北河沿村
P231086062	谷子	农家谷子	牡丹江市东宁市绥阳镇曙村
P231086063	玉米	东宁硬粒玉米	牡丹江市东宁市绥阳镇太平村

28.海林市

海林市位于黑龙江省东南部、牡丹江市西部，张广才岭东麓至锅盔山西麓之间，东邻林口县、牡丹江市，南接宁安市境，西与尚志市毗连，西南一隅与五常市、吉林省敦化市接壤，北与方正县相邻，地理坐标介于东经128°03′—129°57′、北纬44°02′—45°38′之间。全市东北至西南长204千米，东西平均宽度48.54千米（最大宽度71千米），行政区域面积8711平方千米。

在该地区的5个乡镇18个村收集农作物种质资源共计47份，其中果树资源26份，经济作物1份，粮食作物6份，蔬菜资源14份，见表4.28。

表 4.28　海林市农作物种质资源收集情况

样品编号	作物名称	种质名称	采集地点
P231083002	根用芥菜	正南芥菜	牡丹江市海林市横道河子镇正南村
P231083004	菜豆	春雷大青筋豆角	牡丹江市海林市横道河子镇春雷村
P231083006	黍稷	春雷糜子	牡丹江市海林市横道河子镇春雷村
P231083007	谷子	春雷谷子	牡丹江市海林市横道河子镇春雷村
P231083101	高粱	胜利散高粱	牡丹江市海林市山市镇胜利村
P231083103	马铃薯	红皮土豆	牡丹江市海林市山市镇马场四队村
P231083105	菜豆	山市红看豆	牡丹江市海林市山市镇马场四队村
P231083109	谷子	山市红谷子	牡丹江市海林市山市镇马场四队村
P231083113	芫荽	山市香菜	牡丹江市海林市山市镇种奶牛场村
P231083114	大葱	山市大葱	牡丹江市海林市山市镇种奶牛场村
P231083201	菜豆	红光大毛豆	牡丹江市海林市海林镇红光村
P231083203	玉米	西安黏玉米	牡丹江市海林市新安镇西安村
P231083204	苏子	西安紫苏	牡丹江市海林市新安镇西安村
P231083301	大蒜	紫皮独头蒜	牡丹江市海林市山市镇马场四队村
P231083302	洋葱	毛葱	牡丹江市海林市山市镇马场四队村
P231083304	洋葱	毛葱	牡丹江市海林市海林镇永安村
P231083305	芫荽	永安小叶香菜	牡丹江市海林市海林镇永安村
P231083306	茴香	永安茴香	牡丹江市海林市海林镇永安村
P231083307	草莓	野生草莓	牡丹江市海林市海林镇腰蛤蟆塘村
P231083308	草莓	野生草莓	牡丹江市海林市海林镇新民村
P231083309	草莓	野生草莓	牡丹江市海林市海林镇新民村
P231083310	草莓	野生草莓	牡丹江市海林市海林镇磨石顶子村
P231083311	草莓	野生草莓	牡丹江市海林市海林镇磨石顶子村
P231083312	草莓	野生草莓	牡丹江市海林市海林镇磨石顶子村
P231083314	黄瓜	正南黄瓜	牡丹江市海林市横道河子镇正南村
P231083315	草莓	野生草莓	牡丹江市海林市横道河子镇东山村
P231083317	草莓	野生草莓	牡丹江市海林市横道河子镇七里地村
P231083401	李	臭李子	牡丹江市海林市海林镇新民村
P231083402	山楂	山里红	牡丹江市海林市海林镇新民村
P231083405	葡萄	山葡萄	牡丹江市海林市海林镇磨石顶子村
P231083407	杏	山杏	牡丹江市海林市海林镇永安村
P231083408	大蒜	大蒜	牡丹江市海林市海林镇永安村

样品编号	作物名称	种质名称	采集地点
P231083409	山荆子	山丁子	牡丹江市海林市山市镇西街村
P231083410	山荆子	山丁子	牡丹江市海林市山市镇西街村
P231083411	山荆子	山丁子	牡丹江市海林市山市镇西街村
P231083412	山荆子	山丁子	牡丹江市海林市山市镇西街村
P231083413	山荆子	山丁子	牡丹江市海林市山市镇西街村
P231083414	葡萄	山葡萄	牡丹江市海林市山市镇西街村
P231083415	梨	山梨	牡丹江市海林市山市镇西街村
P231083416	梨	山梨	牡丹江市海林市山市镇西街村
P231083417	山荆子	山丁子	牡丹江市海林市山市镇西街村
P231083418	山荆子	山丁子	牡丹江市海林市山市镇西街村
P231083419	山荆子	山丁子	牡丹江市海林市山市镇西街村
P231083420	杏	山杏	牡丹江市海林市山市镇西街村
P231083421	山荆子	山丁子	牡丹江市海林市山市镇西街村
P231083422	山荆子	山丁子	牡丹江市海林市山市镇西街村
P231084412	黄瓜	英山黄瓜	牡丹江市海林市卧龙乡英山村

29.林口县

林口县位于黑龙江省东南部，牡丹江市北部，地处张广才岭、老爷岭和那丹哈达岭交接地带，东与鸡东县、鸡西市麻山区、滴道区毗邻，西与方正县、海林市相连，南与牡丹江市阳明区、穆棱市交界，北与依兰县、勃利县接壤，地理坐标介于东经128°10′—131°08′、北纬44°45′—45°58′之间。辖区东西最大距离117千米，南北最大距离150千米，总面积6 638.27平方千米。

在该地区的9个乡镇16个村收集农作物种质资源共计32份，其中果树资源10份，经济作物2份，粮食作物7份，牧草绿肥1份，蔬菜资源12份，见表4.29。

表4.29 林口县农作物种质资源收集情况

样品编号	作物名称	种质名称	采集地点
P231025001	茖葱	寒葱河寒葱	牡丹江市林口县古城镇寒葱河村
P231025002	玉米	寒葱河白头霜	牡丹江市林口县古城镇寒葱河村
P231025003	玉米	寒葱河小粒红	牡丹江市林口县古城镇寒葱河村
P231025004	黍稷	建堂红糜子	牡丹江市林口县建堂乡红旗三队

样品编号	作物名称	种质名称	采集地点
P231025006	黍稷	建堂黑糜子	牡丹江市林口县建堂乡红旗三队
P231025010	马铃薯	红苹果	牡丹江市林口县古城镇寒葱河村
P231025101	烟草	江西大琥白香	牡丹江市林口县莲花镇江西村
P231025102	韭菜	江西韭菜	牡丹江市林口县莲花镇江西村
P231025107	芫荽	柳树香菜	牡丹江市林口县莲花镇柳树村
P231025110	中国南瓜	江南谢花面	牡丹江市林口县三道通镇江南村
P231025303	大葱	三江大葱	牡丹江市林口县三道通镇三江村
P231025307	芹菜	三江大叶芹菜	牡丹江市林口县三道通镇三江村
P231025308	洋葱	毛葱	牡丹江市林口县三道通镇曙光村
P231025403	白花草木樨	刁翎草木樨	牡丹江市林口县刁翎镇三家子村
P231025405	烟草	河兴密码烟	牡丹江市林口县建堂乡河兴村
P231025407	芫荽	河兴小叶香菜	牡丹江市林口县建堂乡河兴村
P231025408	荟葱	湖北寒葱	牡丹江市林口县古城乡湖北村
P231025410	草莓	四季草莓	牡丹江市林口县三道通镇江南村
P231025411	洋葱	毛葱	牡丹江市林口县莲花镇柳树村
P231025414	草莓	野生草莓	牡丹江市林口县青山镇青山林场村
P231025415	草莓	野生草莓	牡丹江市林口县青山镇青山林场村
P231025418	谷子	生产队谷子	牡丹江市林口县青山乡前太平村
P231025419	草莓	野生草莓	牡丹江市林口县青山镇青平村
P231025421	洋葱	毛葱	牡丹江市林口县龙爪镇龙爪村
P231025501	黍稷	红旗黑糜子	牡丹江市林口县建堂乡红旗村
P231025502	李	臭李子	牡丹江市林口县建堂乡红旗村
P231025503	山楂	山里红	牡丹江市林口县建堂乡红旗村
P231025505	葡萄	野生葡萄	牡丹江市林口县建堂乡红旗村
P231025508	葡萄	野生葡萄	牡丹江市林口县建堂乡红旗村
P231025509	李	野生李子	牡丹江市林口县建堂乡红旗村
P231025512	酸浆	建堂野生红菇娘	牡丹江市林口县建堂乡红旗村
P231025514	杏	山杏	牡丹江市林口县建堂乡小盘道村

30.穆棱市

穆棱市位于黑龙江省东南部，东经 129°45′19″—130°58′07″、北纬 43°49′55″—45°07′16″，是黑龙江省东部中心城市牡丹江市下辖县级市，紧邻牡丹江市城区、鸡西市、绥芬河市，东与俄罗斯接壤，边境线全长 44 千米，是全省 18 个边境县（市）之一。穆棱既处在东北亚"金三角"之中，又位于对俄出口的黄金通道上，是通往口岸人流、物流、信息流的必经之地。

在该地区的 7 个乡镇 11 个村收集农作物种质资源共计 38 份，其中果树资源 10 份，经济作物 5 份，粮食作物 18 份，蔬菜资源 5 份，见表 4.30。

表 4.30　穆棱市农作物种质资源收集情况

样品编号	作物名称	种质名称	采集地点
P231085001	野生大豆	钟山野生豆	牡丹江市穆棱市八面通镇钟山村
P231085008	芝麻	八面通山芝麻	牡丹江穆棱市八面通镇林业局护林经营所
P231085009	辣椒	杨木辣椒	牡丹江市穆棱市马桥河镇杨木村
P231085010	马铃薯	杨木麻土豆	牡丹江市穆棱市马桥河镇杨木村
P231085012	菜豆	杨木豆角	牡丹江市穆棱市马桥河镇杨木村
P231085013	烟草	腰岭子烟	牡丹江市穆棱市穆棱镇岭前村
P231085026	葡萄	山葡萄	牡丹江市穆棱市共和乡
P231085027	马铃薯	共和土豆	牡丹江市穆棱市共和乡
P231085031	野生大豆	向阳野生豆	牡丹江市穆棱市河西镇向阳村
P231085033	葡萄	山葡萄	牡丹江市穆棱市河西镇朝阳村
P231085034	大豆	朝阳大粒毛豆	牡丹江市穆棱市河西镇朝阳村
P231085035	水稻	朝阳鬼稻	牡丹江市穆棱市河西镇朝阳村
P231085036	酸浆	朝阳红菇娘	牡丹江市穆棱市河西镇朝阳村
P231085037	小豆	光义红小豆	牡丹江市穆棱市河西镇光义村
P231085038	葡萄	金光山葡萄	牡丹江市穆棱市河西镇金光村
P231085039	野生大豆	光义野生豆	牡丹江市穆棱市河西镇光义村
P231085040	芝麻	河西野山芝麻	牡丹江市穆棱市河西镇光义村
P231085041	马铃薯	光义土豆	牡丹江市穆棱市河西镇光义村
P231085044	山荆子	山丁子	牡丹江市穆棱市河西镇光义村
P231085047	草莓	草莓	牡丹江市穆棱市河西镇光义村
P231085049	饭豆	金光饭豆	牡丹江市穆棱市河西镇金光村
P231085050	绿豆	金光绿豆	牡丹江市穆棱市河西镇金光村
P231085052	苏子	金光苏子	牡丹江市穆棱市河西镇金光村
P231085053	酸浆	金光红菇娘	牡丹江市穆棱市河西镇金光村
P231085054	野生大豆	孤榆树野生豆	牡丹江市穆棱市下城子镇孤榆树村
P231085056	谷子	孤榆树谷子	牡丹江市穆棱市下城子镇孤榆树村

样品编号	作物名称	种质名称	采集地点
P231085057	葡萄	光明山葡萄	牡丹江市穆棱市福禄乡光明护林经营所
P231085058	野生大豆	光明野生豆	牡丹江市穆棱市福禄乡光明护林经营所
P231085061	草莓	草莓	牡丹江市穆棱市福禄乡光明村
P231085067	草莓	草莓	牡丹江市穆棱市福禄乡光明村
P231085068	草莓	草莓	牡丹江市穆棱市福禄乡光明村
P231085069	野生大豆	光明野生豆	牡丹江市穆棱市福禄乡光明村
P231085070	大蒜	光明独头蒜	牡丹江市穆棱市福禄乡光明村
P231085071	芝麻	光义野山芝麻	牡丹江市穆棱市河西镇光义村
P231085072	马铃薯	金光土豆	牡丹江市穆棱市河西镇金光村
P231085073	马铃薯	金光土豆（晚）	牡丹江市穆棱市河西镇金光村
P231085074	马铃薯	金光麻土豆	牡丹江市穆棱市河西镇金光村
P231085076	草莓	金光草莓	牡丹江市穆棱市河西镇金光村

31.宁安市

宁安市位于黑龙江省东南部，镜泊湖滨、牡丹江畔，以古老、秀丽、富饶闻名于省内外。地理坐标在东经128°7′54″—130°0′44″、北纬44°27′40″—48°31′24″之间，东与穆棱市毗邻，西与海林市交界，南与吉林省汪清县、敦化市接壤，北与牡丹江市相连。距哈尔滨市320千米，距牡丹江市23千米，地处绥芬河和珲春两个国家级开放口岸的中心地带，分别相距190千米，鹤大公路、牡图铁路纵贯全境，距牡丹江民航机场19千米，是东北亚经济技术交流中商贾往来、物资集散和信息传递的重要区域。

在该地区的6个乡镇10个村收集农作物种质资源共计32份，其中果树资源11份，经济作物2份，粮食作物11份，蔬菜资源8份，见表4.31。

表4.31　宁安市农作物种质资源收集情况

样品编号	作物名称	种质名称	采集地点
P231084002	苏子	英山紫苏	牡丹江市宁安市卧龙乡英山村
P231084004	玉米	金光吉黏玉米	牡丹江市宁安市卧龙乡英山村
P231084005	豌豆	英山老豌豆	牡丹江市宁安市卧龙乡英山村
P231084006	高粱	英山笤帚糜子	牡丹江市宁安市卧龙乡英山村
P231084110	大蒜	四六瓣大蒜	牡丹江市宁安市宁安镇上胮哩村

样品编号	作物名称	种质名称	采集地点
P231084202	玉米	小夹吉河村黏玉米	牡丹江市宁安市镜泊乡小夹吉河村
P231084205	高粱	大夹吉河笤帚糜子	牡丹江市宁安市镜泊乡大夹吉河村
P231084211	黄瓜	大夹吉河老黄瓜	牡丹江市宁安市镜泊乡大夹吉河村
P231084212	大葱	大夹吉河大葱	牡丹江市宁安市镜泊乡大夹吉河村
P231084214	中国南瓜	大夹吉河面瓜	牡丹江市宁安市镜泊镇大夹吉河村
P231084404	玉米	崔施哲黏玉米	牡丹江市宁安市卧龙乡英山村
P231084407	饭豆	大红袍饭豆	牡丹江市宁安市卧龙乡爱林村
P231084501	洋葱	毛葱	牡丹江市宁安市卧龙乡英山村
P231084505	大麦	爱林大麦	牡丹江市宁安市卧龙乡爱林村
P231084507	花生	大夹吉河花生	牡丹江市宁安市镜泊乡大夹吉河村
P231084508	马铃薯	马铃薯	牡丹江市宁安市镜泊乡大夹吉河村
P231084509	豌豆	小夹吉河豌豆	牡丹江市宁安市镜泊镇小夹吉河村
P231084511	洋葱	毛葱	牡丹江市宁安市宁安镇大夹吉河村
P231084603	山荆子	山丁子	牡丹江市宁安市卧龙乡英山村
P231084607	山荆子	山丁子	牡丹江市宁安市卧龙乡英山村
P231084609	山荆子	山丁子	牡丹江市宁安市卧龙乡英山村
P231084615	美洲南瓜	大夹吉河村西葫芦	牡丹江市宁安市镜泊乡大夹吉河村
P231084617	山楂	山里红	牡丹江市宁安市镜泊镇大夹吉河村
P231084621	杏	山杏	牡丹江市宁安市渤海镇小三家子村
P231084623	高粱	小夹吉河笤帚糜子	牡丹江市宁安市镜泊乡小夹吉河村
P231084624	菜豆	黄金钩豆角	牡丹江市宁安市镜泊乡小夹吉河村
P231084626	李	臭李子	牡丹江市宁安市马河乡四道河子村
P231084627	猕猴桃	野生猕猴桃	牡丹江市宁安市马河乡四道河子村
P231084628	猕猴桃	野生猕猴桃	牡丹江市宁安市马河乡四道河子村
P231084629	葡萄	野生葡萄	牡丹江市宁安市马河乡四道河子村
P231084630	山楂	铁山里红	牡丹江市宁安市马河乡四道河子村
P231084631	杏	山杏	牡丹江市宁安市马河乡四道河子村

32.绥芬河市

绥芬河市位于黑龙江省东南部,中心位置约在北纬44°23′30″、东经131°09′05″,市区东西横距21.8千米,南北纵距26.4千米;南、西、北三面与东宁县毗连,东与苏联接壤,边境线长26千米,总面积460平方千米。

在该地区的 3 个村收集农作物种质资源共计 36 份，其中经济作物 3 份；粮食作物 18 份，蔬菜资源 15 份，见表 4.32。

表 4.32　绥芬河市农作物种质资源收集情况

样品编号	作物名称	种质名称	采集地点
P231081001	马铃薯	笨土豆	牡丹江市绥芬河市绥芬河镇建新村
P231081002	辣椒	增秀辣椒	牡丹江市绥芬河市绥芬河镇北寒村
P231081003	长豇豆	增秀大白豆	牡丹江市绥芬河市绥芬河镇建新村
P231081004	大豆	绥芬河大豆	牡丹江市绥芬河市绥芬河镇建新村
P231081005	苏子	学明苏子	牡丹江市绥芬河市绥芬河镇建新村
P231081006	中国南瓜	老细花面	牡丹江市绥芬河市绥芬河镇建新村
P231081007	大葱	学明笨葱	牡丹江市绥芬河市绥芬河镇建新村
P231081008	美洲南瓜	学明西葫芦	牡丹江市绥芬河市绥芬河镇建新村
P231081009	苏子	发成苏子	牡丹江市绥芬河市绥芬河镇建新村
P231081010	大豆	增秀笨黑豆	牡丹江市绥芬河市绥芬河镇建新村
P231081011	菠菜	绥芬河菠菜	牡丹江市绥芬河市绥芬河镇建新村
P231081012	小豆	发成红小豆	牡丹江市绥芬河市绥芬河镇建新村
P231081013	大葱	娘家葱	牡丹江市绥芬河市绥芬河镇建新村
P231081014	长豇豆	淑兰大白豆	牡丹江市绥芬河市绥芬河镇建新村
P231081015	饭豆	建新饭豆	牡丹江市绥芬河市绥芬河镇建新村
P231081016	叶用莴苣	绥芬河生菜	牡丹江市绥芬河市绥芬河镇建新村
P231081017	小豆	淑兰红小豆	牡丹江市绥芬河市绥芬河镇建新村
P231081018	美洲南瓜	淑兰西葫芦	牡丹江市绥芬河市绥芬河镇建新村
P231081019	中国南瓜	落花面	牡丹江市绥芬河市绥芬河镇建新村
P231081020	马铃薯	红鬼子	牡丹江市绥芬河市绥芬河镇建新村
P231081021	马铃薯	黄土豆	牡丹江市绥芬河市绥芬河镇建新村
P231081022	苏子	建邦苏子	牡丹江市绥芬河市绥芬河镇北寒村
P231081023	玉米	建邦小红粒	牡丹江市绥芬河市绥芬河镇南寒村
P231081024	大葱	治安笨葱	牡丹江市绥芬河市绥芬河镇南寒村
P231081025	叶用莴苣	红心生菜	牡丹江市绥芬河市绥芬河镇南寒村
P231081026	黄瓜	红皮黄瓜	牡丹江市绥芬河市绥芬河镇南寒村
P231081027	高粱	寿江高粱	牡丹江市绥芬河市绥芬河镇南寒村
P231081028	大豆	寿江小黑豆	牡丹江市绥芬河市绥芬河镇南寒村
P231081029	饭豆	花饭豆	牡丹江市绥芬河市绥芬河镇南寒村
P231081030	辣椒	寿江辣椒	牡丹江市绥芬河市绥芬河镇南寒村

样品编号	作物名称	种质名称	采集地点
P231081031	马铃薯	李学明马铃薯	牡丹江市绥芬河市绥芬河镇建新村
P231081032	马铃薯	逄增秀马铃薯-1	牡丹江市绥芬河市绥芬河镇建新村
P231081033	马铃薯	逄增秀马铃薯-2	牡丹江市绥芬河市绥芬河镇建新村
P231081034	马铃薯	邱淑兰马铃薯-1	牡丹江市绥芬河市绥芬河镇建新村
P231081035	马铃薯	邱淑兰马铃薯-2	牡丹江市绥芬河市绥芬河镇建新村
P231081036	马铃薯	秦思福马铃薯	牡丹江市绥芬河市绥芬河镇建新村

四、 佳木斯市

33.抚远市

抚远市地处黑龙江、乌苏里江交汇的三角地带，东、北两面与俄罗斯隔江相望，南邻饶河，西接同江。地理方位是东经133°40′08″—135°5′20″、北纬47°25′30″—48°27′40″，全市总面积6 047.1平方千米，边境线长212千米。

在该地区的8个乡镇10个村收集农作物种质资源共计33份，其中经济作物3份，粮食作物24份，牧草绿肥1份，蔬菜资源5份，见表4.33。

表4.33 抚远市农作物种质资源收集情况

样品编号	作物名称	种质名称	采集地点
P230883001	玉米	白头霜	佳木斯市抚远市韩葱沟镇红星村
P230883002	玉米	小粒红	佳木斯市抚远市韩葱沟镇红星村
P230883003	玉米	红星黏玉米	佳木斯市抚远市韩葱沟镇红星村
P230883004	高粱	小河子高粱	佳木斯市抚远市通江乡小河子村
P230883007	普通菜豆	小河子黑豆	佳木斯市抚远市通江乡小河子村
P230883008	小豆	东安红小豆	佳木斯市抚远市黑瞎子岛镇东安村
P230883009	小豆	大红袍	佳木斯市抚远市通江乡小河子村
P230883010	多花菜豆	抚远白豆	佳木斯市抚远市通江乡小河子村
P230883011	普通菜豆	东安普通菜豆	佳木斯市抚远市黑瞎子岛镇东安村
P230883012	普通菜豆	奶花普通菜豆	佳木斯市抚远市通江乡小河子村
P230883013	菜豆	五月鲜	佳木斯市抚远市通江乡小河子村
P230883014	菜豆	东安菜豆	佳木斯市抚远市黑瞎子岛镇东安村
P230883015	苏子	红星大叶紫苏	佳木斯市抚远市寒葱沟镇红星村

样品编号	作物名称	种质名称	采集地点
P230883017	野生大豆	东安野生大豆	佳木斯市抚远市黑瞎子岛镇东安村
P230883018	野生大豆	六道沟野生大豆	佳木斯市抚远市抚远镇六道沟村
P230883019	野生大豆	双胜野生大豆	佳木斯市抚远市浓江乡双胜村
P230883021	野生大豆	小河子野大豆	佳木斯市抚远市通江乡小河子村
P230883023	南瓜	小河子村南瓜	佳木斯市抚远市通江乡小河子村
P230883024	南瓜	盛昌南瓜	佳木斯市抚远市寒葱沟镇红星村
P230883025	豌豆	抚远豌豆	佳木斯市抚远市通江乡小河子村
P230883027	小豆	小河子红小豆	佳木斯市抚远市通江乡小河子村
P230883029	大豆	小河子大豆	佳木斯市抚远市通江乡小河子村
P230883030	小豆	东安红小豆	佳木斯市抚远市黑瞎子岛镇东安村
P230883032	苏子	小河子苏子	佳木斯市抚远市通江乡小河子村
P230883033	南瓜	小河子南瓜	佳木斯市抚远市通江乡小河子村
P230883037	野生大豆	新江村野生大豆	佳木斯市抚远市浓桥镇新江村
P230883038	野生大豆	朝阳村野生大豆	佳木斯市抚远市乌苏镇朝阳村
P230883039	野生大豆	东安村野生大豆	佳木斯市抚远市黑瞎子岛镇东安村
P230883041	糖高粱	东风村糖高粱	佳木斯市抚远市通江乡东风村
P230883042	野生大豆	东红村野生大豆	佳木斯市抚远市通江乡东红村
P230883043	野生大豆	黑瞎子岛野生大豆	佳木斯市抚远市
P230883044	籽粒苋	黑瞎子岛繁穗苋	佳木斯市抚远市
P230883045	狗尾草	黑瞎子岛狗尾草	佳木斯市抚远市

34.桦川县

桦川县位于黑龙江省东北部，三江平原腹地，松花江下游南岸，东经130°16′—131°34′、北纬46°37′—47°14′之间，地处佳木斯、鹤岗、双鸭山三个城市经济区中心。东邻富锦市，西连佳木斯市，南与桦南县、集贤县接壤，北以松花江为界与汤原、萝北、绥滨三县隔江相望，桦川县城距佳木斯市中心41千米。桦川县行政区域面积2 268平方千米。

在该地区的5个乡镇11个村收集农作物种质资源共计34份，其中经济作物2份，粮食作物26份，蔬菜资源6份，见表4.34。

表 4.34　桦川县农作物种质资源收集情况

样品编号	作物名称	种质名称	采集地点
P230826002	普通菜豆	协胜白饭豆	佳木斯市桦川县新城镇协胜村
P230826003	绿豆	协胜绿豆	佳木斯市桦川县新城镇协胜村
P230826006	小豆	协胜红小豆	佳木斯市桦川县新城镇协胜村
P230826007	普通菜豆	宏伟黑饭豆	佳木斯市桦川县新城镇宏伟村
P230826008	大豆	宏伟黄豆	佳木斯市桦川县新城镇宏伟村
P230826009	菜豆	宏伟矮豆角	佳木斯市桦川县新城镇宏伟村
P230826012	高粱	宏伟酿造高粱	佳木斯市桦川县新城镇宏伟村
P230826017	水稻	中星黏稻子	佳木斯市桦川县星火乡中星村
P230826018	菜豆	中星豆角	佳木斯市桦川县星火乡中星村
P230826025	大豆	宏伟大豆	佳木斯市桦川县新城镇宏伟村
P230826027	小豆	宏伟红小豆	佳木斯市桦川县新城镇宏伟村
P230826028	苏子	七星紫苏	佳木斯市桦川县新城镇七星村
P230826030	小豆	拉拉街红小豆	佳木斯市桦川县创业乡拉拉街村
P230826033	大豆	拉拉街大豆	佳木斯市桦川县创业乡拉拉街村
P230826034	谷子	拉拉街谷子	佳木斯市桦川县创业乡拉拉街村
P230826041	大豆	堆峰里黄豆	佳木斯市桦川县创业乡堆峰里村
P230826046	菜豆	堆峰里黄金菜豆	佳木斯市桦川县创业乡堆峰里村
P230826049	高粱	双兴帚用高粱	佳木斯市桦川县悦来镇双兴村
P230826052	菜豆	双兴豆角	佳木斯市桦川县悦来镇双兴村
P230826053	菜豆	伏兴豆角	佳木斯市桦川县新城镇伏兴村
P230826055	普通菜豆	新胜白饭豆	佳木斯市桦川县苏家店镇新胜村
P230826056	绿豆	新胜小绿豆	佳木斯市桦川县苏家店镇新胜村
P230826057	小豆	星火红小豆	佳木斯市桦川县星火乡星火村
P230826060	谷子	堆峰里谷子	佳木斯市桦川县创业乡堆峰里村
P230826061	菜豆	矮豆角	佳木斯市桦川县创业乡堆峰里村
P230826062	高粱	堆峰里矮高粱	佳木斯市桦川县创业乡堆峰里村
P230826063	绿豆	谷大绿豆	佳木斯市桦川县创业乡谷大村
P230826064	水稻	谷大长粒水稻	佳木斯市桦川县创业乡谷大村
P230826065	野生大豆	谷大野生大豆	佳木斯市桦川县创业乡谷大村
P230826066	高粱	宏伟高粱	佳木斯市桦川县新城镇宏伟村
P230826067	苏子	宏伟苏子	佳木斯市桦川县新城镇宏伟村
P230826068	谷子	协胜红谷子	佳木斯市桦川县新城镇协胜村

样品编号	作物名称	种质名称	采集地点
P230826069	水稻	中星圆粒水稻	佳木斯市桦川县星火乡中星村
P230826070	高粱	中星红高粱	佳木斯市桦川县星火乡中星村

35.桦南县

桦南县位于黑龙江省东部、长白山余脉完达山麓，北与佳木斯市、桦川县、集贤县接壤，东北与双鸭山市毗邻，东、南与宝清县、勃利县相连，西与依兰县以倭肯河、松木河为界。桦南处于佳木斯、双鸭山、依兰、七台河四个城市的中间区位。面积为 4 417.9 平方千米。

在该地区的 5 个乡镇 16 个村收集农作物种质资源共计 30 份，其中粮食作物 23 份，蔬菜资源 7 份，见表 4.35。

表 4.35　桦南县农作物种质资源收集情况

样品编号	作物名称	种质名称	采集地点
P230822002	大豆	桦南黑大豆	佳木斯市桦南县桦南镇北柳村
P230822003	大豆	桦南天鹅蛋	佳木斯市桦南县孟家岗镇太安村
P230822004	玉米	桦南白头霜	佳木斯市桦南县桦南镇北柳村
P230822007	大豆	桦南绿大豆	佳木斯市桦南县桦南镇东升村
P230822008	玉米	桦南农红	佳木斯市桦南县桦南镇东风村
P230822011	大豆	桦南大粒黄	佳木斯市桦南县大八浪乡八浪村
P230822016	玉米	桦南黄金米	佳木斯市桦南县孟家岗镇北兴村
P230822017	谷子	桦南谷子	佳木斯市桦南县孟家岗镇太安村
P230822020	大豆	桦南小粒黄	佳木斯市桦南县大八浪乡宝山村
P230822023	大豆	桦南四粒黄	佳木斯市桦南县孟家岗镇北兴村
P230822025	水稻	桦南水稻	佳木斯市桦南县大巴浪乡德荣村
P230822026	南瓜	桦南大白板	佳木斯市桦南县孟家岗镇东胜村
P230822031	高粱	桦南黑糜子	佳木斯市桦南县大八浪乡东安村
P230822032	高粱	桦南红糜子	佳木斯市桦南县金沙乡长征村
P230822033	玉米	桦南白轴玉米	佳木斯市桦南县大八浪乡八浪村
P230822036	普通菜豆	桦南黑饭豆	佳木斯市桦南县桦南镇富贵村
P230822039	普通菜豆	桦南黑芸豆	佳木斯市桦南县孟家岗镇北兴村
P230822042	玉米	桦南老来秕	佳木斯市桦南县金沙乡长征村

样品编号	作物名称	种质名称	采集地点
P230822043	大豆	桦南千层塔	佳木斯市桦南县金沙乡卫东村
P230822044	大豆	桦南小金黄	佳木斯市桦南县金沙乡工农村
P230822049	高粱	桦南伞形糜子	佳木斯市桦南县孟家岗镇保丰村
P230822051	菜豆	桦南三叶紫花	佳木斯市桦南县金沙乡工农村
P230822052	菜豆	桦南胖孩腿	佳木斯市桦南县金沙乡红城村
P230822053	菜豆	桦南花皮豆	佳木斯市桦南县金沙乡卫东村
P230822056	南瓜	桦南红南瓜	佳木斯市桦南县大八浪乡八浪村
P230822059	普通菜豆	桦南青刀豆	佳木斯市桦南县桦南镇富贵村
P230822060	辣椒	桦南小辣椒	佳木斯市桦南县孟家岗镇保丰村
P230822061	黄瓜	桦南老黄瓜	佳木斯市桦南县孟家岗镇东胜村
P230822062	普通菜豆	桦南双色豆	佳木斯市桦南县桦南镇北柳村
P230822093	普通菜豆	桦南花粉豆	佳木斯市桦南县桦南镇东风村

36.汤原县

汤原县位于黑龙江省三江平原西部，东邻口岸城市佳木斯，西连红松故乡伊春，南望古城依兰，北接乌金之都鹤岗，隶属佳木斯市。地理坐标为北纬46°30′—47°21′、东经129°30′—130°59′。面积3420平方千米。

在该地区的4个乡镇16个村收集农作物种质资源共计30份，其中经济作物1份，粮食作物22份，蔬菜资源7份，见表4.36。

表4.36　汤原县农作物种质资源收集情况

样品编号	作物名称	种质名称	采集地点
P230828002	玉米	汤原老来秕	佳木斯市汤原县吉祥乡保安村
P230828003	大豆	汤原四粒黄	佳木斯市汤原县吉祥乡德祥村
P230828004	玉米	汤原黄黏玉米	佳木斯市汤原县汤原镇新胜村
P230828006	南瓜	汤原大白瓜	佳木斯市汤原县吉祥乡黄花村
P230828009	玉米	汤原火玉米	佳木斯市汤原县吉祥乡黄花村
P230828010	大豆	汤原黑大豆	佳木斯市汤原县吉祥乡黄花村
P230828011	大豆	汤原白毛霜	佳木斯市汤原县香兰镇保安村
P230828012	南瓜	汤原贝贝瓜	佳木斯市汤原县吉祥乡守望村
P230828013	大豆	汤原大粒黄	佳木斯市汤原县吉祥乡守望村
P230828016	大豆	汤原小粒黄	佳木斯市汤原县汤旺乡东光村

样品编号	作物名称	种质名称	采集地点
P230828018	菜豆	汤原山区油豆	佳木斯市汤原县吉祥乡德祥村
P230828019	高粱	汤原紫红糜子	佳木斯市汤原县汤旺乡东光村
P230828021	大豆	汤原平顶香	佳木斯市汤原县香兰镇大屯村
P230828023	大豆	汤原小金黄	佳木斯市汤原县汤旺乡红旗村
P230828024	大豆	汤原黄宝珠	佳木斯市汤原县香兰镇大兴村
P230828027	南瓜	汤原红南瓜	佳木斯市汤原县汤原镇新胜村
P230828028	南瓜	汤原球瓜	佳木斯市汤原县汤旺乡金星村
P230828031	水稻	汤原黑粳稻	佳木斯市汤原县吉祥乡守望村
P230828035	水稻	汤原黑稻	佳木斯市汤原县汤旺乡金星村
P230828036	大豆	汤原铁荚青	佳木斯市汤原县汤原镇荣升村
P230828037	玉米	汤原伏角晚	佳木斯市汤原县香兰镇红星村
P230828038	水稻	汤原彩稻	佳木斯市汤原县汤原镇荣升村
P230828041	玉米	汤原小金黄	佳木斯市汤原县汤原镇革新村
P230828043	大豆	汤原嘟噜豆	佳木斯市汤原县汤原镇东江村
P230828045	高粱	汤原糜子	佳木斯市汤原县香兰镇保安村
P230828046	玉米	汤原小粒白	佳木斯市汤原县汤旺乡东光村
P230828047	菜豆	汤原紫油豆	佳木斯市汤原县汤旺乡东升村
P230828048	菜豆	汤原双色豆	佳木斯市汤原县汤旺乡红旗村
P230828049	水稻	汤原白糯水稻	佳木斯市汤原县吉祥乡保安村
P230828052	向日葵	汤原葵花籽	佳木斯市汤原县汤原镇革新村

37.富锦市

富锦市位于黑龙江省东北部，三江平原腹地，松花江下游南岸。东经131°25′—133°26′、北纬46°45′—47°45′之间，周边与7市县相毗邻。西与集贤县、桦川县毗连；东与饶河县、同江市为邻；南起七星河，与绥滨县隔江相望，是三江平原几何中心。全境东西180千米，南北92千米，总面积8 227.16平方千米，占黑龙江省土地面积的1.8%，占佳木斯市总面积的25%，在佳木斯市位居第一。

在该地区的4个乡镇12个村收集农作物种质资源共计30份，其中经济作物5份，粮食作物17份，蔬菜资源8份，见表4.37。

表 4.37 富锦市农作物种质资源收集情况

样品编号	作物名称	种质名称	采集地点
P230882001	野生大豆	中兴野大豆	佳木斯市富锦市富锦镇中兴村
P230882002	野生大豆	三合野大豆	佳木斯市富锦市上街基镇三合村
P230882005	菜豆	福民菜豆	佳木斯市富锦市上街基镇福民村
P230882008	高粱	三合高粱	佳木斯市富锦市上街基镇三合村
P230882010	菜豆	华胜大马掌	佳木斯市富锦市大榆树镇华胜村
P230882012	南瓜	雪域1号	佳木斯市富锦市上街基镇忠胜村
P230882013	南瓜	雪域2号	佳木斯市富锦市上街基镇忠胜村
P230882015	菜豆	忠胜菜豆	佳木斯市富锦市上街基镇忠胜村
P230882019	苏子	中兴苏子	佳木斯市富锦市富锦镇中兴村
P230882021	普通菜豆	富民普通菜豆	佳木斯市富锦市大榆树镇富民村
P230882024	苏子	华胜紫苏	佳木斯市富锦市大榆树镇华胜村
P230882025	芝麻	华胜白芝麻	佳木斯市富锦市大榆树镇华胜村
P230882028	普通菜豆	华胜普通菜豆	佳木斯市富锦市大榆树镇华胜村
P230882029	苏子	福兴紫苏	佳木斯市富锦市大榆树福兴村
P230882031	普通菜豆	富民黑豆	佳木斯市富锦市大榆树镇富民村
P230882032	高粱	拾房散穗高粱	佳木斯市富锦市大榆树镇拾房村
P230882033	玉米	拾房玉米	佳木斯市富锦市大榆树镇拾房村
P230882035	菜豆	拾房黄金钩	佳木斯市富锦市大榆树镇拾房村
P230882036	菜豆	拾房菜豆	佳木斯市富锦市大榆树镇拾房村
P230882037	小豆	大榆树小豆	佳木斯市富锦市大榆树镇上街基村
P230882039	普通菜豆	兔子白	佳木斯市富锦市大榆树镇大榆树村
P230882041	普通菜豆	奶花白	佳木斯市富锦市大榆树镇大榆树村
P230882042	普通菜豆	中兴普通菜豆1号	佳木斯市富锦市富锦镇中兴村
P230882043	普通菜豆	中兴普通菜豆2号	佳木斯市富锦市富锦镇中兴村
P230882044	普通菜豆	城东1号	佳木斯市富锦市富锦镇城东村
P230882045	普通菜豆	城东2号	佳木斯市富锦市富锦镇城东村
P230882048	菜豆	富民菜豆	佳木斯市富锦市大榆树镇富民村
P230882050	糖高粱	东兴糖高粱	佳木斯市富锦市向阳川镇东兴村
P230882051	野生大豆	东兴野大豆	佳木斯市富锦市向阳川镇东兴村
P230882052	普通菜豆	富民普通菜豆	佳木斯市富锦市大榆树镇富民村

38.同江市

同江市位于三江平原腹地、黑龙江与松花江汇合处南岸。地理坐标为东经132°18′32″—134°7′15″、北纬47°25′47″—48°17′20″。辖区东与抚远市接壤，南与富锦市、饶河县为邻，西临松花江与绥滨县相连，北隔黑龙江与俄罗斯哈巴罗夫斯克边疆区相望。边境线长170千米，总面积6 229平方千米。

在该地区的6个乡镇12个村收集农作物种质资源共计30份，其中经济作物7份，粮食作物19份，蔬菜资源4份，见表4.38。

表4.38　同江市农作物种质资源收集情况

样品编号	作物名称	种质名称	采集地点
P230881001	大豆	盛昌黑豆	佳木斯市同江市乐业镇盛昌村
P230881002	菜豆	盛昌菜豆	佳木斯市同江市乐业镇盛昌村
P230881007	糖高粱	同兴糖高粱	佳木斯市同江市向阳镇同兴村
P230881008	高粱	同兴高粱	佳木斯市同江市向阳镇同兴村
P230881012	水稻	早稻香	佳木斯市同江市同江镇新光村
P230881013	野生大豆	二村野大豆	佳木斯市同江市三村镇二村
P230881017	小豆	燎原红小豆	佳木斯市同江市向阳镇燎原村
P230881018	菜豆	卫明菜豆	佳木斯市同江市街津口乡卫明村
P230881019	普通菜豆	二村普通菜豆	佳木斯市同江市三村镇二村
P230881021	糖高粱	红旗糖高粱	佳木斯市同江市向阳镇红旗村
P230881022	菜豆	红旗菜豆	佳木斯市同江市向阳镇红旗村
P230881023	大豆	红旗绿大豆	佳木斯市同江市向阳镇红旗村
P230881024	苏子	红旗紫苏	佳木斯市同江市向阳镇红旗村
P230881025	大豆	三村黑豆	佳木斯市同江市三村镇拉起河村
P230881026	大豆	拉起河村绿大豆	佳木斯市同江市三村镇拉起河村
P230881027	小豆	拉起河红小豆	佳木斯市同江市三村镇拉起河村
P230881028	普通菜豆	三村普通菜豆	佳木斯市同江市三村镇三村
P230881030	苏子	三村苏子	佳木斯市同江市三村镇三村
P230881031	玉米	小金黄	佳木斯市同江市三村镇三村
P230881033	菜豆	新富架豆王	佳木斯市同江市三村镇新富村
P230881035	苏子	新富紫苏	佳木斯市同江市三村镇新富村
P230881037	苏子	新富苏子	佳木斯市同江市三村镇新富村
P230881038	多花菜豆	同江白豆	佳木斯市同江市三村镇拉起河村

样品编号	作物名称	种质名称	采集地点
P230881040	苏子	拉起河紫苏	佳木斯市同江市三村镇拉起河村
P230881041	普通菜豆	天鹅豆	佳木斯市同江市三村镇拉起河村
P230881050	马铃薯	毛豆子1号	佳木斯市同江市向阳镇同兴村
P230881051	马铃薯	毛豆子2号	佳木斯市同江市向阳镇同兴村
P230881052	普通菜豆	同兴普通菜豆1号	佳木斯市同江市向阳镇同兴村
P230881054	野生大豆	新华野大豆	佳木斯市同江市同江镇新华村
P230881056	野生大豆	富民野大豆	佳木斯市同江市临江镇富民村

五、伊春市

39.翠峦区

翠峦区位于黑龙江省伊春市西部，地理坐标为东经128°12′30″—128°44′50″、北纬47°23′50″—47°59′10″。东接乌马河林业局，南邻铁力林业局，西与绥棱林业局接壤，北同友好林业局隔山相望。东西宽40千米，南北长64千米，区（局）址距离伊春市区16千米。

在该地区的2个乡镇3个村收集农作物种质资源共计31份，其中果树资源4份，粮食作物11份，蔬菜资源16份，见表4.39。

表4.39　伊春市农作物种质资源收集情况

样品编号	作物名称	种质名称	采集地点
P230706001	葱	向阳大葱	伊春市翠峦区向阳乡前进村
P230706002	辣椒	前进辣椒	伊春市翠峦区向阳乡前进村
P230706003	辣椒	向阳辣椒	伊春市翠峦区向阳乡前进村
P230706004	南瓜	翠峦老红倭瓜	伊春市翠峦区向阳乡前进村
P230706005	杠板归	翠峦刺犁头	伊春市翠峦区向阳乡前进村
P230706006	南瓜	前进红倭瓜	伊春市翠峦区向阳乡前进村
P230706007	韭菜	前进韭菜	伊春市翠峦区向阳乡前进村
P230706008	酸浆	前进苦菇娘	伊春市翠峦区向阳乡前进村
P230706009	黄瓜	向阳黄瓜	伊春市翠峦区向阳乡前进村
P230706011	南瓜	翠峦灰倭瓜	伊春市翠峦区向阳乡翠光村
P230706012	普通菜豆	翠光豆角	伊春市翠峦区向阳乡翠光村

样品编号	作物名称	种质名称	采集地点
P230706013	韭菜	翠光韭菜	伊春市翠峦区向阳乡翠光村
P230706016	美洲南瓜	向阳角瓜	伊春市翠峦区向阳乡翠光村
P230706017	辣椒	翠峦辣椒	伊春市翠峦区向阳乡锦山村
P230706018	芹菜	锦山老山芹	伊春市翠峦区向阳乡锦山村
P230706019	菜豆	锦山豆角	伊春市翠峦区向阳乡锦山村
P230706021	莴苣	锦山生菜	伊春市翠峦区向阳乡锦山村
P230706022	马铃薯	马铃薯	伊春市翠峦区向阳乡前进村
P230706023	谷子	前进谷子	伊春市翠峦区向阳乡前进村
P230706024	野生大豆	前进野生大豆	伊春市翠峦区向阳乡前进村
P230706025	玉米	翠光黏玉米	伊春市翠峦区向阳乡翠光村
P230706026	马铃薯	麻土豆	伊春市翠峦区向阳乡翠光村
P230706027	小豆	向阳红小豆	伊春市翠峦区向阳乡翠光村
P230706028	小豆	翠峦红小豆	伊春市翠峦区向阳乡锦山村
P230706035	野生大豆	翠峦1号野大豆	伊春市翠峦区向阳乡前进村
P230706036	野生大豆	翠峦2号野大豆	伊春市翠峦区幺河经营所
P230706037	野生大豆	翠峦3号野大豆	伊春市翠峦区幺河经营所
P230706055	樱桃	翠峦甜樱桃	伊春市翠峦区向阳乡前进村
P230706056	李	翠峦甜李子	伊春市翠峦区幺河经营所
P230706057	山荆子	翠峦红果	伊春市翠峦区向阳乡翠光村
P230706058	山荆子	翠峦大山丁子	伊春市翠峦区幺河经营所

40.美溪区

美溪区位于黑龙江省东北部、小兴安岭南麓，汤旺河中上游，伊春市区东南20.5千米处。地理坐标东经128°48′—129°09′、北纬47°41′—48°04′。北与五营、红星、新青林业局搭界，南与南岔、西林区接壤，东靠金山屯、鹤岗林业局，西与乌马河林业局相邻。全区行政区划南北长94千米，东西宽29千米，总面积为2 258平方千米。

在该地区的4个乡镇9个村收集农作物种质资源共计30份，其中果树资源12份，经济作物1份，粮食作物8份，蔬菜资源9份，见表4.40。

表 4.40　美溪区农作物种质资源收集情况

样品编号	作物名称	种质名称	采集地点
P230708003	辣椒	青松辣椒	伊春市美溪区美溪街道青松村
P230708005	洋葱	青松毛葱	伊春市美溪区美溪街道青松村
P230708006	酸浆	青松山菇娘	伊春市美溪区美溪街道青松村
P230708008	菜豆	五道库豆角	伊春市美溪区美溪林业局五道库经营所
P230708009	茼蒿	三股流茼蒿	伊春市美溪区美溪林业局三股流林场
P230708010	黄瓜	林场黄瓜	伊春市美溪区美溪林业局三股流林场
P230708012	菜豆	岔河豆角	伊春市美溪区岔河乡临溪村
P230708013	芫荽	美溪香菜	伊春市美溪区美溪林业局三股流林场
P230708014	菠菜	美溪菠菜	伊春市美溪区美溪镇三股流林场
P230708015	苏子	美溪苏子	伊春市美溪区美溪林业局三股流林场
P230708016	小豆	青松红小豆	伊春市美溪区美溪街道青松村
P230708017	普通菜豆	青松黑豆	伊春市美溪区美溪街道青松村
P230708018	高粱	青松高粱	伊春市美溪区美溪街道青松村
P230708022	野生大豆	美溪1号野大豆	伊春市美溪区缓岭经营所
P230708023	野生大豆	美溪2号野大豆	伊春市美溪区缓岭经营所
P230708024	野生大豆	美溪3号野大豆	伊春市美溪区三股流经营所
P230708025	野生大豆	美溪4号野大豆	伊春市美溪区对青山经营所
P230708026	野生大豆	美溪5号野大豆	伊春市美溪区三股流经营所
P230708055	樱桃	美溪红樱桃	伊春市美溪区三股流经营所
P230708056	李	美溪甜李	伊春市美溪区三股流经营所
P230708057	李	美溪干核李	伊春市美溪区三股流经营所
P230708058	李	美溪黄干核	伊春市美溪区三股流经营所
P230708059	山荆子	美溪大山丁子	伊春市美溪区三股流经营所
P230708060	山荆子	美溪山丁子	伊春市美溪区三股流经营所
P230708061	山荆子	美溪秋果	伊春市美溪区五道库经营所
P230708062	山荆子	美溪山丁子1号	伊春市美溪区五道库经营所
P230708063	山荆子	美溪山丁子2号	伊春市美溪区五道库经营所
P230708064	山荆子	美溪山丁子3号	伊春市美溪区五道库经营所
P230708065	山荆子	美溪山丁子4号	伊春市美溪区五道库经营所
P230708066	山荆子	美溪秋果	伊春市美溪区五道库经营所

41.友好区

友好区（局）地处小兴安岭中段，位于黑龙江省伊春市政府所在地北部16千米处，横跨小兴安岭南北两坡。地理坐标东经120°07′40″—128°55′53″、北纬47°45′56″—48°33′25″。友好区（局）东西横跨52千米，南北纵越88千米。东部与五营、上甘岭区（局）相邻，南部与伊春区、乌马河区（局），翠峦区（局）接壤，西部与逊克县（沾河林业局）、绥棱县（绥棱林业局）为邻；北部与逊克县和五营、上甘岭区（局）毗邻。友好区总面积为2 999.5平方千米。

在该地区的8个村收集农作物种质资源共计31份，其中果树资源3份；粮食作物10份，蔬菜资源18份，见表4.41。

表4.41 友好区农作物种质资源收集情况

样品编号	作物名称	种质名称	采集地点
P230704003	辣椒	曙光辣椒	伊春市友好区铁林街道曙光村
P230704005	黄瓜	老黄瓜	伊春市友好区铁林街道曙光村
P230704006	葱	友好大葱	伊春市友好区友好街道青山村
P230704007	芫荽	青山香菜	伊春市友好区友好街道青山村
P230704008	南瓜	友好倭瓜	伊春市友好区友好街道青山村
P230704009	南瓜	铁林倭瓜	伊春市友好区铁林街道曙光村
P230704010	南瓜	青山倭瓜	伊春市友好区友好街道青山村
P230704011	南瓜	友好面倭瓜	伊春市友好区友好街道青山村
P230704012	南瓜	青山老倭瓜	伊春市友好区友好街道青山村
P230704013	南瓜	曙光倭瓜	伊春市友好区铁林街道曙光村
P230704014	美洲南瓜	铁林角瓜	伊春市友好区铁林街道曙光村
P230704015	美洲南瓜	曙光角瓜	伊春市友好区铁林街道曙光村
P230704016	甜菜	曙光叶用甜菜	伊春市友好区铁林街道曙光村
P230704017	辣椒	铁林辣椒	伊春市友好区铁林街道曙光村
P230704018	辣椒	友好辣椒	伊春市友好区友好街道青山村
P230704019	大蒜	曙光大蒜	伊春市友好区铁林街道曙光村
P230704023	芫荽	朝阳香菜	伊春市友好区铁林街道曙光村朝阳林场
P230704024	普通菜豆	曙光黑菜豆	伊春市友好区铁林街道曙光村
P230704028	多花菜豆	曙光花芸豆	伊春市友好区铁林街道曙光村
P230704032	菜豆	曙光白芸豆	伊春市友好区铁林街道曙光村
P230704033	野生大豆	友好1号野大豆	伊春市友好区朝阳林场

样品编号	作物名称	种质名称	采集地点
P230704034	野生大豆	友好2号野大豆	伊春市友好区青山村
P230704035	野生大豆	友好3号野大豆	伊春市友好区青山村
P230704036	野生大豆	友好4号野大豆	伊春市友好区青山村
P230704037	野生大豆	友好5号野大豆	伊春市友好区青山村
P230704038	野生大豆	友好6号野大豆	伊春市友好区爱国村
P230704039	野生大豆	友好7号野大豆	伊春市友好区福华牧业
P230704040	野生大豆	友好8号野大豆	伊春市友好区爱国村
P230704055	樱桃	友好红樱桃	伊春市友好区双子河村
P230704056	山荆子	友好秋果	伊春市友好区青山村
P230704057	山荆子	友好山丁子	伊春市友好区双子河村

42.上甘岭区

上甘岭区位于市域中部，东、东北与五营区相连，东南与乌马河区接壤，西南和西部与友好区为邻。上甘岭区政府驻地距伊春市区中心29千米。上甘岭区总面积1 448.8平方千米。

在该地区的3个乡镇6个村收集农作物种质资源共计30份，其中果树资源10份，粮食作物10份，蔬菜资源10份，见表4.42。

表4.42 上甘岭区农作物种质资源收集情况

样品编号	作物名称	种质名称	采集地点
P230716001	多花菜豆	爱国豆角	伊春市上甘岭区爱国村
P230716003	菜豆	上甘岭豆角	伊春市上甘岭区爱国村
P230716005	酸浆	平川菇娘	伊春市上甘岭区平川村
P230716006	葱	平川大葱	伊春市上甘岭区平川村
P230716007	马铃薯	土豆	伊春市上甘岭区平川村
P230716008	普通菜豆	锦绣饭豆	伊春市上甘岭区锦绣村
P230716011	芫荽	锦绣香菜	伊春市上甘岭区锦绣村
P230716012	洋葱	上甘岭毛葱	伊春市上甘岭区锦绣村
P230716013	黄瓜	锦绣黄瓜	伊春市上甘岭区锦绣村
P230716015	小豆	上甘岭红小豆	伊春市上甘岭区锦绣村
P230716016	菠菜	青山菠菜	伊春市上甘岭区上甘岭镇青山村
P230716017	辣椒	青山辣椒	伊春市上甘岭区青山村

样品编号	作物名称	种质名称	采集地点
P230716018	大蒜	青山大蒜	伊春市上甘岭区青山村
P230716021	菜豆	绿油豆	伊春市上甘岭区青山村
P230716022	多花菜豆	白阔豆	伊春市上甘岭区青山村
P230716023	普通菜豆	青山黑豆	伊春市上甘岭区青山村
P230716024	野生大豆	上甘岭野豆1号	伊春市上甘岭区锦秀村
P230716025	野生大豆	上甘岭野豆2号	伊春市上甘岭区平川村
P230716026	野生大豆	上甘岭野豆3号	伊春市上甘岭区青山村
P230716027	野生大豆	上甘岭野豆4号	伊春市上甘岭区青山村
P230716055	樱桃	上甘岭红樱桃	伊春市上甘岭区锦绣村
P230716056	李	上甘岭黄李	伊春市上甘岭区锦绣村
P230716057	李	上甘岭李子	伊春市上甘岭区平川村
P230716058	李	上甘岭李子2号	伊春市上甘岭区平川村
P230716059	山荆子	上甘岭秋果	伊春市上甘岭区平川村
P230716060	山荆子	上甘岭大红果	伊春市上甘岭区青山村
P230716061	山荆子	上甘岭山丁子	伊春市上甘岭区长青林场
P230716062	山荆子	上甘岭山丁子	伊春市上甘岭区青山林场
P230716063	山荆子	上甘岭大山丁子	伊春市上甘岭区青山林场
P230716064	山荆子	上甘岭山丁子	伊春市上甘岭区青山村

43.五营区

五营区位于黑龙江省伊春市东北部、小兴安岭南坡腹地。地理坐标为东经129°06′—129°30′、北纬47°54′—48°19′。东与红星区为邻，西与上甘岭区接壤，南与美溪区、乌马河区搭界，北与友好区、逊克县毗邻。面积1 470平方千米。

在该地区的4个村收集农作物种质资源共计30份，其中果树资源8份；粮食作物12份，蔬菜资源10份，见表4.43。

表4.43　五营区农作物种质资源收集情况

样品编号	作物名称	种质名称	采集地点
P230710002	普通菜豆	红花饭豆	伊春市五营区五营街道跃进村
P230710003	菜豆	跃进花豆角	伊春市五营区五营街道跃进村

样品编号	作物名称	种质名称	采集地点
P230710004	芝麻菜	五营臭菜	伊春市五营区五营街道跃进村
P230710005	韭菜	五营老韭菜	伊春市五营区五营街道跃进村
P230710007	辣椒	跃进辣椒	伊春市五营区五营街道跃进村
P230710008	黄瓜	五营黄瓜	伊春市五营区五营街道跃进村
P230710009	黄瓜	白黄瓜	伊春市五营区五营街道跃进村
P230710011	多花菜豆	跃进看豆	伊春市五营区五营街道跃进村
P230710014	小豆	跃进粉小豆	伊春市五营区五营街道跃进村
P230710015	高粱	五营高粱	伊春市五营区跃进村
P230710016	谷子	跃进谷子	伊春市五营区五营街道跃进村
P230710017	芫荽	松林香菜	伊春市五营区松林社区
P230710018	丝瓜	五营丝瓜	伊春市五营区松林社区
P230710019	豌豆	五营豌豆	伊春市五营区松林社区
P230710020	辣椒	松林小辣椒	伊春市五营区松林社区
P230710021	辣椒	五营杭椒	伊春市五营区松林社区
P230710022	马铃薯	黄麻子土豆	伊春市五营区向阳农场
P230710023	马铃薯	红土豆	伊春市五营区向阳农场
P230710024	小豆	五营红小豆	伊春市五营区向阳农场
P230710027	野生大豆	五营1号野大豆	伊春市五营区向阳农场
P230710028	野生大豆	五营2号野大豆	伊春市五营区向阳农场
P230710029	野生大豆	五营野豆3号	伊春市五营区向阳农场
P230710055	樱桃	五营山梅刺	伊春市五营区五营跃进村
P230710056	李	五营小黄李	伊春市五营区五营跃进村
P230710057	李	五营红干核	伊春市五营区向阳农场
P230710058	山荆子	五营山丁子	伊春市五营区向阳农场
P230710059	山荆子	五营山丁子1号	伊春市五营区向阳农场
P230710060	山荆子	五营小山丁子	伊春市五营区向阳农场
P230710061	山荆子	五营山丁子2号	伊春市五营区丽林经营所
P230710062	山荆子	五营山丁子3号	伊春市五营区丽林经营所

44.新青区

新青区位于伊春北部、小兴安岭腹地。地理坐标为东经129°20′—130°23′、北纬47°55′—48°40′之间。东邻嘉荫县和鹤岗市，西与红星区接壤，

南与美溪区毗邻,北同汤旺河区连接。南北 54 千米,东西 40 千米,总面积 1 048.72
平方千米。

在该地区的 10 个林场(社区)收集农作物种质资源共计 31 份,其中果树资
源 11 份,粮食作物 9 份,蔬菜资源 11 份,见表 4.44。

表 4.44　新青区农作物种质资源收集情况

样品编号	作物名称	种质名称	采集地点
P230707001	南瓜	新青南瓜	伊春市新青区新民社区
P230707002	南瓜	新民红南瓜	伊春市新青区新民社区
P230707003	黄瓜	三叶黄瓜	伊春市新青区新民社区
P230707004	莴苣	新青生菜	伊春市新青区新民社区
P230707005	茴香	新青茴香	伊春市新青区新民社区
P230707006	芝麻菜	富民臭菜	伊春市新青区富民社区
P230707007	菠菜	富民菠菜	伊春市新青区富民社区
P230707008	葱	新青大葱	伊春市新青区黎明社区
P230707011	菜豆	汤林豆角	伊春市新青区汤林社区
P230707015	大蒜	紫皮蒜	伊春市新青区黎明社区
P230707016	普通菜豆	红建血豆	伊春市新青区红建社区
P230707017	玉米	新青笨玉米	伊春市新青区红建社区
P230707018	玉米	新青黏玉米	伊春市新青区红建社区
P230707020	菜豆	绿脐豆	伊春市新青区黎明社区
P230707023	野生大豆	新青 1 号野大豆	伊春市新青区水源林场
P230707024	野生大豆	新青 2 号野大豆	伊春市新青区水源林场
P230707025	野生大豆	新青 3 号野大豆	伊春市新青区笑山林场
P230707026	野生大豆	新青 4 号野大豆	伊春市新青区北影林场
P230707027	野生大豆	新青 5 号野大豆	伊春市新青区水源林场
P230707028	野生大豆	新青 6 号野大豆	伊春市新青区泉林林场
P230707055	樱桃	新青红樱桃	伊春市新青区笑山林场
P230707056	李	新青山红李	伊春市新青区笑山林场
P230707057	李	新青红李子	伊春市新青区笑山林场
P230707058	李	新青李子	伊春市新青区笑山林场
P230707059	山荆子	新青大红果	伊春市新青区北影林场
P230707060	山荆子	新青山荆子	伊春市新青区北影林场
P230707061	山荆子	新青红果	伊春市新青区北影林场

样品编号	作物名称	种质名称	采集地点
P230707062	山荆子	新青大红果	伊春市新青区北影林场
P230707063	山荆子	新青山丁子1号	伊春市新青区乌林林场
P230707064	山荆子	新青山丁子2号	伊春市新青区水源林场
P230707065	山荆子	新青山丁子3号	伊春市新青区笑山林场

45.乌伊岭区

乌伊岭区位于黑龙江省东北部小兴安岭顶峰，属低山丘陵地带。东经128°57′—129°44′、北纬48°33′—49°08′。南与汤旺河区接界，西隔库尔滨河，毗邻红星区，西北与逊克县接壤，东、东北与嘉荫县毗邻，东西长75千米，南北宽65千米。

在该地区的14个林场（社区）收集农作物种质资源共计30份，其中果树资源6份，粮食作物9份，蔬菜资源15份，见表4.45。

表4.45 乌伊岭区农作物种质资源收集情况

样品编号	作物名称	种质名称	采集地点
P230714001	葱	振兴大葱	伊春市乌伊岭区振兴社区
P230714002	番茄	黄柿子	伊春市乌伊岭区振兴社区
P230714003	韭菜	振兴老韭菜	伊春市乌伊岭区振兴社区
P230714004	莴苣	新风生菜	伊春市乌伊岭区新风社区
P230714005	普通菜豆	向阳早熟饭豆	伊春市乌伊岭区向阳社区
P230714007	南瓜	向阳倭瓜	伊春市乌伊岭区向阳社区
P230714008	芹菜	向阳老山芹	伊春市乌伊岭区向阳社区
P230714010	菜豆	前卫豆角	伊春乌伊岭区前卫林场宏伟村前卫屯
P230714011	芫荽	乌伊岭香菜	伊春市乌伊岭区林铁社区
P230714012	莴苣	铁林生菜	伊春市乌伊岭区林铁社区
P230714013	葱	乌伊岭大葱	伊春市乌伊岭区幸福社区
P230714015	葱	幸福大葱	伊春市乌伊岭区幸福社区
P230714016	芫荽	乌伊岭林场香菜	伊春市乌伊岭区林场后山
P230714020	黄瓜	宏伟黄瓜	伊春市乌伊岭区前卫林场宏伟村
P230714021	番茄	前卫西红柿	伊春市乌伊岭区前卫林场宏伟村
P230714023	黄瓜	乌伊岭黄瓜	伊春市乌伊岭区前卫林场宏伟村

样品编号	作物名称	种质名称	采集地点
P230714024	马铃薯	土豆	伊春市乌伊岭区振兴社区
P230714025	玉米	西汤黏玉米	伊春市乌伊岭区西汤社区
P230714026	玉米	前卫黏玉米	伊春市乌伊岭区前卫林场宏伟村
P230714032	野生大豆	乌伊岭1号野大豆	伊春市乌伊岭区向阳社区
P230714033	野生大豆	乌伊岭2号野大豆	伊春市乌伊岭区桔源林场
P230714034	野生大豆	乌伊岭3号野大豆	伊春市乌伊岭区南山菜地
P230714035	野生大豆	乌伊岭4号野大豆	伊春市乌伊岭区上游林场
P230714036	野生大豆	乌伊岭5号野大豆	伊春市乌伊岭区日新林场
P230714055	樱桃	乌伊岭红樱桃	伊春市乌伊岭区向阳社区
P230714056	李	乌伊岭小黄李	伊春市乌伊岭区通江村
P230714057	山荆子	乌伊岭秋果	伊春市乌伊岭区向阳社区
P230714058	山荆子	乌伊岭红秋果	伊春市乌伊岭区上游林场
P230714059	山荆子	乌伊岭大山丁子	伊春市乌伊岭区上游林场
P230714060	山荆子	乌伊岭小红果	伊春市乌伊岭区上游林场

46.带岭区

带岭区隶属伊春市,带岭林业实验局是黑龙江省森林工业总局的一个直属企业。带岭区位于伊春市南部、小兴安岭南麓。地理坐标为东经128°37′46″—129°17′50″、北纬46°50′8″—47°21′32″。全区大体呈纺锤形。带岭区东南与西北方向长达78千米,西南与东北方向窄,仅为8千米,平均宽12千米。截至2012年,带岭区行政区划面积为1041平方千米,林业施业区面积96742公顷。

在该地区的6个乡镇5个村收集农作物种质资源共计30份,其中果树资源6份,粮食作物9份,蔬菜资源15份,见表4.46。

表4.46　带岭区农作物种质资源收集情况

样品编号	作物名称	种质名称	采集地点
P230713001	大蒜	永兴紫皮蒜	伊春市带岭区带岭街道永兴村
P230713002	苏子	永兴苏子	伊春市带岭区带岭街道永兴村
P230713003	葱	永兴大葱	伊春市带岭区带岭街道永兴村
P230713005	芹菜	永兴老山芹	伊春市带岭区带岭街道永兴村

样品编号	作物名称	种质名称	采集地点
P230713006	韭菜	永兴韭菜	伊春市带岭区带岭街道永兴村
P230713007	紫苏	永兴紫苏	伊春市带岭区带岭街道永兴村
P230713011	酸浆	青川黄菇娘	伊春市带岭区铁南社区青川村
P230713012	番茄	青川黄柿子	伊春市带岭区铁南社区青川村
P230713013	黄瓜	青川黄瓜	伊春市带岭区铁南社区青川村
P230713014	莴苣	青川生菜	伊春市带岭区铁南社区青川村
P230713015	黄瓜	青川黄瓜	伊春市带岭区铁南社区青川村
P230713016	韭菜	红星韭菜	伊春市带岭区带岭街道红星村
P230713017	葱	红星大葱	伊春市带岭区带岭街道红星村
P230713018	番茄	番茄	伊春市带岭区带岭街道红星村
P230713019	高粱	红星高粱	伊春市带岭区带岭街道红星村
P230713024	野生大豆	带岭3号野大豆	伊春市带岭区永兴村
P230713025	野生大豆	带岭4号野大豆	伊春市带岭区青川村
P230713026	野生大豆	带岭5号野大豆	伊春市带岭区青川村
P230713055	樱桃	翠峦甜樱桃	伊春市带岭区永翠林场
P230713056	李	带岭黄干核	伊春市带岭区永翠林场
P230713057	李	带岭黄密李	伊春市带岭区永翠林场
P230713058	李	带岭小桃李	伊春市带岭区永翠林场
P230713059	山荆子	带岭秋果	伊春市带岭区永翠林场
P230713060	山荆子	带岭大山丁子	伊春市带岭区红光林场
P230713061	山荆子	带岭山丁子1号	伊春市带岭区红光林场
P230713062	山荆子	带岭山丁子2号	伊春市带岭区红光林场
P230713063	山荆子	带岭山丁子3号	伊春市带岭区红光林场
P230713064	山荆子	带岭山丁子4号	伊春市带岭区红光林场
P230713065	山荆子	带岭山丁子5号	伊春市带岭区团结社区
P230713066	山荆子	带岭山丁子6号	伊春市带岭区大青川林场

47.红星区

红星区位于伊春东北部，横跨小兴安岭南北两坡，地理坐标东经128°08′08″—129°37′03″、北纬48°00′24″—49°13′44″，东与新青区、汤旺河区、乌伊岭区相连，南与美溪区接壤，西与上甘岭区、友好区、五营区毗连，北与逊克县相邻。东西宽110千米，南北长135千米，总面积2 665.26平方千米。

在该地区的 7 个乡镇收集农作物种质资源共计 30 份，其中果树资源 7 份，经济作物 1 份，粮食作物 9 份，蔬菜资源 13 份，见表 4.47。

表 4.47　红星区农作物种质资源收集情况

样品编号	作物名称	种质名称	采集地点
P230715002	韭菜	红旗韭菜	伊春市红星区原红旗林场
P230715003	酸浆	红星山菇娘	伊春市红星区原红旗林场
P230715004	洋葱	红旗毛葱	伊春市红星区原红旗林场
P230715006	普通菜豆	红星黑饭豆	伊春市红星区
P230715008	葱	红星大葱	伊春市红星区原红旗林场
P230715009	南瓜	向阳老倭瓜	伊春市红星区原红旗林场
P230715010	马铃薯	紫薯	伊春市红星区原红旗林场
P230715011	马铃薯	马铃薯（黄瓤子）	伊春市红星区原红旗林场
P230715013	小豆	小粒红小豆	伊春市红星区原红旗林场
P230715015	马铃薯	红星土豆	伊春市红星区五星河经营所
P230715016	马铃薯	土豆	伊春市红星区五星河经营所
P230715017	芝麻菜	红星臭菜	伊春市红星区五星河经营所
P230715018	美洲南瓜	五星河角瓜	伊春市红星区五星河经营所
P230715019	豌豆	五星河豌豆	伊春市红星区五星河经营所
P230715020	南瓜	红星倭瓜	伊春市红星区团结社区
P230715021	南瓜	红星倭瓜	伊春市红星区团结社区
P230715022	油菜	红星油菜	伊春市红星区团结社区
P230715023	西瓜	前进小西瓜	伊春市红星区前进社区
P230715025	辣椒	前进辣椒	伊春市红星区前进社区
P230715026	大白菜	前进大白菜	伊春市红星区前进社区
P230715027	酸浆	前进红菇娘	伊春市红星区前进社区
P230715028	野生大豆	红星野豆 1 号	伊春市红星区清水河经营所
P230715029	野生大豆	红星野豆 2 号	伊春市红星区清水河经营所
P230715055	樱桃	红星小樱桃	伊春市红星区五星河经营所
P230715056	李	红星李	伊春市红星区五星河经营所
P230715057	山荆子	红星山丁子 1 号	伊春市红星区五星河经营所
P230715058	山荆子	红星山丁子 2 号	伊春市红星区红旗林场
P230715059	山荆子	红星山丁子 3 号	伊春市红星区红旗林场
P230715060	山荆子	红星山丁子 4 号	伊春市红星区前进社区
P230715061	山荆子	红星山丁子 5 号	伊春市红星区前进社区

48.金山屯区

金山屯区地处小兴安岭东南部，汤旺河中游，西部、北部与伊美区交界，东部与鹤岗市相邻，南部与南岔县接壤，是伊春市的东大门、鹤岗市的后花园，地理位置极其重要。境内路网发达，交通便利，地处伊美区、鹤岗市和南岔区的交通咽喉要隘，国铁南乌铁路和省道鹤嫩公路、金铁公路在此穿境而过并交会。公路北距伊春市中心区 62 千米，东距鹤岗市 79 千米，南距南岔县 38 千米。总面积 2 306 平方千米。

在该地区的 9 个乡镇 6 个村收集农作物种质资源共计 31 份，其中果树资源 10 份，粮食作物 9 份，蔬菜资源 12 份，见表 4.48。

表 4.48　金山屯区农作物种质资源收集情况

样品编号	作物名称	种质名称	采集地点
P230709001	韭菜	金山屯韭菜	伊春市金山屯林业局丰沟林场分公司
P230709003	酸浆	乐园山菇娘	伊春市金山屯区金山街道乐园村
P230709004	菜豆	乐园豆角	伊春市金山屯区金山街道乐园村
P230709005	韭菜	乐园韭菜	伊春市金山屯区金山街道乐园村
P230709006	葱	金山屯老大葱	伊春市金山屯区林业局丰沟经营所
P230709007	芹菜	金山屯老山芹	伊春市金山屯区林业局丰沟经营所
P230709010	菜豆	金山屯豆角	伊春市金山屯区林业局对青山经营所
P230709011	菜豆	对青山豆角	伊春市金山屯区林业局对青山经营所
P230709012	菜豆	金山屯绿豆角	伊春市金山屯区林业局对青山经营所
P230709013	菜豆	金山屯小豆角	伊春市金山屯区林业局对青山经营所
P230709014	黄瓜	对青山黄瓜	伊春市金山屯区林业局对青山经营所
P230709017	马铃薯	苏联土豆	伊春市金山屯林业局丰沟林场分公司
P230709018	豇豆	丰沟饭豆	伊春市金山屯林业局丰沟林场分公司
P230709020	野生大豆	育苗野大豆	伊春市金山屯区金顺林木育苗公司
P230709022	小豆	对青山红小豆	伊春市金山屯区对青山经营所
P230709023	菜豆	对青山白芸豆	伊春市金山屯区对青山经营所
P230709027	野生大豆	金山屯 1 号野大豆	伊春市金山屯区金峰村
P230709028	野生大豆	金山屯 2 号野大豆	伊春市金山屯区金山社区
P230709029	野生大豆	金山屯 3 号野大豆	伊春市金山屯区金丰村
P230709030	野生大豆	金山屯 4 号野大豆	伊春市金山屯区乐园村
P230709031	野生大豆	金山屯 5 号野大豆	伊春市金山屯中心苗圃林场

样品编号	作物名称	种质名称	采集地点
P230709055	樱桃	金山屯樱桃	伊春市金山屯区乐园村
P230709056	李	金山屯红李	伊春市金山屯区乐园村
P230709057	李	金山屯甜李子	伊春市金山屯区中心苗圃林场
P230709058	李	金山屯小干核	伊春市金山屯区玉林林场
P230709059	山荆子	金山屯山丁子1号	伊春市金山屯区玉林林场
P230709060	山荆子	金山屯山丁子2号	伊春市金山屯区玉林林场
P230709061	山荆子	金山屯山丁子3号	伊春市金山屯区玉林林场
P230709062	山荆子	金山屯山丁子4号	伊春市金山屯区玉林林场
P230709063	山荆子	金山屯山丁子5号	伊春市金山屯区横山林场
P230709064	山荆子	金山屯红果	伊春市金山屯区横山林场

49.南岔区

南岔区地处伊春市南部、小兴安岭南麓、汤旺河流域下游,东与鹤立林业局接壤,南依依兰县和汤原县,西与带岭区(局)、朗乡林业局交界,北靠金山屯区(局)和西林区,西北一隅与乌马河区(局)相连,地理坐标介于东经128°49′—129°46′、北纬46°36′—47°24′之间。行政区划面积3 088.41平方千米。

在该地区的3个乡镇6个村收集农作物种质资源共计30份,其中果树资源10份,经济作物1份,粮食作物8份,蔬菜资源11份,见表4.49。

表4.49 南岔区农作物种质资源收集情况

样品编号	作物名称	种质名称	采集地点
P230703001	辣椒	松青辣椒	伊春市南岔区迎香乡松青村
P230703002	菜豆	青松豆角	伊春市南岔区迎香乡松青村
P230703003	黄瓜	沙山黄瓜	伊春市南岔区迎香乡沙山村
P230703004	南瓜	沙山倭瓜	伊春市南岔区迎香乡沙山村
P230703005	芫荽	梧桐香菜	伊春市南岔区迎香乡梧桐村
P230703006	丝瓜	沙山丝瓜	伊春市南岔区迎香乡沙山村
P230703007	豇豆	迎香豆角	伊春市南岔区迎香乡沙山村
P230703008	葱	沙山大葱	伊春市南岔区迎香乡沙山村
P230703009	莴苣	沙山紫生菜	伊春市南岔区迎香乡沙山村
P230703012	菜豆	沙山豆角	伊春市南岔区迎香乡沙山村

样品编号	作物名称	种质名称	采集地点
P230703013	菜豆	迎春豆角	伊春市南岔区迎春乡艾林村
P230703014	苏子	迎春苏子	伊春市南岔区迎春乡艾林村
P230703015	菜豆	艾林豆角	伊春市南岔区迎春乡艾林村
P230703016	多花菜豆	南岔豆角	伊春市南岔区迎春乡艾林村
P230703018	玉米	沙山黏玉米	伊春市南岔区迎香乡沙山村
P230703019	谷子	沙山谷子	伊春市南岔区迎香乡沙山村
P230703020	小豆	双合红小豆	伊春市南岔区迎春乡双合村
P230703021	玉米	双合黏玉米	伊春市南岔区迎春乡双合村
P230703023	高粱	艾林细秆糜子	伊春市南岔区迎春乡艾林村
P230703032	野生大豆	南岔1号野大豆	伊春市南岔区迎春乡国庆村
P230703055	樱桃	南岔小红樱桃	伊春市南岔区岩石林场
P230703056	李	南岔小黄李	伊春市南岔区岩石林场
P230703057	李	南岔甜李子	伊春市南岔区岩石林场
P230703058	李	南岔秋李子	伊春市南岔区岩石林场
P230703059	山荆子	南岔山丁子1号	伊春市南岔区岩石林场
P230703060	山荆子	南岔山丁子2号	伊春市南岔区岩石林场
P230703061	山荆子	南岔山丁子3号	伊春市南岔区岩石林场
P230703062	山荆子	南岔山丁子4号	伊春市南岔区岩石林场
P230703063	山荆子	南岔秋果	伊春市南岔区岩石林场
P230703064	山荆子	南岔大秋果	伊春市南岔区岩石林场

50.汤旺河区

汤旺河区（林业局）位于伊春市北部，地理坐标为东经 128°51′5″—130°8′0″、北纬 48°22′18″—48°48′30″。北与乌伊岭区交界，东北部与嘉荫县相连，东和东南部与新青区接壤，西和西南部与红星区和逊克县毗邻，为政企合一体制，是国家大二型森工企业，距市中心 135 千米。总面积 2 153.51 平方千米。

在该地区的 11 个林场（社区）收集农作物种质资源共计 31 份，其中果树资源 13 份，粮食作物 9 份，蔬菜资源 9 份，见表 4.50。

表 4.50 汤旺河区农作物种质资源收集情况

样品编号	作物名称	种质名称	采集地点
P230712001	菜豆	石林豆角	伊春市汤旺河区石林林场
P230712002	菜豆	兴安豆角	伊春市汤旺河区兴安社区
P230712003	韭菜	石林韭菜	伊春市汤旺河区石林林场
P230712004	普通菜豆	石林紫油豆	伊春市汤旺河区石林林场
P230712005	普通菜豆	东升紫油豆	伊春市汤旺河区东升林场
P230712006	菜豆	汤旺河豆角	伊春市汤旺河区东升林场
P230712007	菜豆	汤旺河绿豆角	伊春市汤旺河区东升林场
P230712008	菜豆	东升豆角	伊春市汤旺河区东升林场
P230712014	葱	汤旺河大葱	伊春市汤旺河区高峰林场
P230712015	南瓜	向阳黄南瓜	伊春市汤旺河区向阳社区
P230712017	玉米	南山黏玉米	伊春市汤旺河区南山社区
P230712018	菜豆	南山脐豆	伊春市汤旺河区南山社区
P230712019	马铃薯	土豆	伊春市汤旺河区兴安社区
P230712020	马铃薯	红土豆	伊春市汤旺河区兴安社区
P230712021	野生大豆	汤旺河1号野大豆	伊春市汤旺河区团结农场
P230712022	野生大豆	汤旺河2号野大豆	伊春市汤旺河区育林林场
P230712023	野生大豆	汤旺河3号野大豆	伊春市汤旺河区克林林场
P230712024	野生大豆	汤旺河4号野大豆	伊春市汤旺河区育林林场
P230712055	樱桃	汤旺河甜樱桃	伊春市汤旺河区团结林场
P230712056	李	汤旺河黄李	伊春市汤旺河区团结林场
P230712057	李	汤旺河黄干核	伊春市汤旺河区团结林场
P230712058	李	汤旺河甜李	伊春市汤旺河区团结林场
P230712059	李	汤旺河红李	伊春市汤旺河区育林林场
P230712060	山荆子	汤旺河秋果	伊春市汤旺河区团结林场
P230712061	山荆子	汤旺河大山丁子	伊春市汤旺河区团结林场
P230712062	山荆子	汤旺河秋果	伊春市汤旺河区育林林场
P230712063	山荆子	汤旺河山丁子1号	伊春市汤旺河区育林林场
P230712064	山荆子	汤旺河山丁子2号	伊春市汤旺河区育林林场
P230712065	山荆子	汤旺河山丁子3号	伊春市汤旺河区育林林场
P230712066	山荆子	汤旺河山丁子4号	伊春市汤旺河区长春林场
P230712067	山荆子	汤旺河大山丁子	伊春市汤旺河区育林林场

51.乌马河区

乌马河区地跨北纬 47° 19′ 00″ —47° 57′ 00″、东经 128° 35′ 10″ —129° 12′ 57″，位于伊春市西部。东与美溪区隔山相望，南与南岔区、带岭区接壤，西与翠峦区、铁力区毗邻，北与友好区、上甘岭区、五营区相连。南北长 71 千米，东西最宽 48 千米，最窄 4 千米。边界总长 264 千米，总面积 1 225.3 平方千米。

在该地区的 1 个乡镇 5 个村收集农作物种质资源共计 31 份，其中果树资源 13 份，粮食作物 9 份，蔬菜资源 9 份，见表 4.51。

表 4.51　乌马河区农作物种质资源收集情况

样品编号	作物名称	种质名称	采集地点
P230711002	多花菜豆	红花油豆	伊春市乌马河区东升镇联合村
P230711003	酸浆	东升红菇娘	伊春市乌马河区东升镇联合村
P230711004	酸浆	东升小菇娘	伊春市乌马河区东升镇联合村
P230711005	芹菜	东升家栽老山芹	伊春市乌马河区东升镇联合村
P230711006	美洲南瓜	老角瓜	伊春市乌马河区东升镇联合村
P230711008	菜豆	乌马河绿豆角	伊春市乌马河区东升镇联合村
P230711009	菜豆	东升豆角	伊春市乌马河区东升镇联合村
P230711010	韭菜	东升笨韭菜	伊春市乌马河区东升镇联合村
P230711012	菜豆	小林场豆角	伊春市乌马河区东升镇小林场
P230711014	多花菜豆	东升大看豆	伊春市乌马河区东升镇小林场
P230711017	马铃薯	红鬼子土豆	伊春市乌马河区东升镇联合村
P230711018	菜豆	东升脐豆	伊春市乌马河区东升镇联合村
P230711019	马铃薯	苏联土豆	伊春市乌马河区东升镇联合村
P230711022	野生大豆	乌马河 1 号野大豆	伊春市乌马河区乌马河经营所
P230711023	野生大豆	乌马河 2 号野大豆	伊春市乌马河区乌马河经营所
P230711024	野生大豆	乌马河 3 号野大豆	伊春市乌马河区乌马河经营所
P230711025	野生大豆	乌马河 4 号野大豆	伊春市乌马河区乌马河经营所
P230711026	野生大豆	乌马河 5 号野大豆	伊春市乌马河区乌马河经营所
P230711055	樱桃	河西甜樱桃	伊春市乌马河区乌马河经营所
P230711056	李	河西黄李子	伊春市乌马河区育苗经营所
P230711057	李	乌马河甜李子	伊春市乌马河区育苗经营所
P230711058	李	乌马河甜李子	伊春市乌马河区育苗经营所
P230711060	山荆子	乌马河小山丁子	伊春市乌马河区乌马河经营所

样品编号	作物名称	种质名称	采集地点
P230711061	山荆子	乌马河秋果	伊春市乌马河区乌马河经营所
P230711062	山荆子	乌马河山丁子	伊春市乌马河区乌马河经营所
P230711063	山荆子	乌马河秋子果	伊春市乌马河区乌马河经营所
P230711064	山荆子	乌马河大山丁子	伊春市乌马河区乌马河经营所
P230711065	山荆子	乌马河红秋果	伊春市乌马河区乌马河经营所
P230711066	山荆子	乌马河红果	伊春市乌马河区乌马河经营所
P230711067	山荆子	乌马河大果	伊春市乌马河区乌马河经营所

52.西林区

西林区是伊春市的一个行政区,位于伊春市中部、汤旺河中游、距市区东南41千米处。其西部、北部与美溪区交界,东部、东南部与金山屯区相邻,南部与南岔区接壤。地理坐标:北纬47°22′—47°36′、东经129°3′—129°24′。东西最大横距24千米,南北最大纵距26.5千米。

在该地区的3个社区和1个经营所收集农作物种质资源共计30份,其中果树资源13份,粮食作物6份,蔬菜资源11份,见表4.52。

表4.52 西林区农作物种质资源收集情况

样品编号	作物名称	种质名称	采集地点
P230705001	菜豆	西林豆角	伊春市西林区西林街道东丰村
P230705002	芫荽	东丰香菜	伊春市西林区西林街道东丰村
P230705003	莴苣	东丰紫生菜	伊春市西林区西林街道东丰村
P230705004	菜豆	东丰豆角	伊春市西林区西林街道东丰村
P230705005	黄瓜	东丰黄瓜	伊春市西林区西林街道东丰村
P230705006	葱	东丰大葱	伊春市西林区西林街道东丰村
P230705007	豇豆	东丰十八豆	伊春市西林区西林街道东丰村
P230705011	洋葱	东丰毛葱	伊春市西林区西林街道东丰村
P230705012	洋葱	东丰大毛葱	伊春市西林区西林街道东丰村
P230705013	芫荽	西林香菜	伊春市西林区西林街道东丰村
P230705014	美洲南瓜	东丰角瓜	伊春市西林区西林街道东丰村
P230705015	普通菜豆	东丰芸豆	伊春市西林区西林街道东丰村
P230705016	小豆	东丰红小豆	伊春市西林区西林街道东丰村

样品编号	作物名称	种质名称	采集地点
P230705018	菜豆	苔青脐豆	伊春市西林区苔青社区
P230705019	马铃薯	东丰土豆	伊春市西林区西林街道东丰村
P230705020	野生大豆	东丰野生大豆	伊春市西林区西林街道东丰村
P230705022	野生大豆	西林1号野大豆	伊春市西林区东丰村
P230705055	樱桃	西林红樱桃	伊春市西林区铁西社区
P230705056	李	西林红李子	伊春市西林区铁西社区
P230705057	李	西林李子	伊春市西林区铁西社区
P230705058	李	西林黄桃李	伊春市西林区铁西社区
P230705059	李	西林红李	伊春市西林区三千米经营所八千米半
P230705060	山荆子	西林红秋果	伊春市西林区三千米经营所八千米半
P230705061	山荆子	西林小山丁子	伊春市西林区铁西社区
P230705062	山荆子	西林大山丁子	伊春市西林区铁西社区
P230705063	山荆子	西林红果	伊春市西林区铁西社区
P230705064	山荆子	西林山丁子1号	伊春市西林区铁西社区
P230705065	山荆子	西林山丁子2号	伊春市西林区铁西社区
P230705066	山荆子	西林山丁子3号	伊春市西林区铁西社区
P230705067	山荆子	西林山丁子4号	伊春市西林区铁西社区

53.铁力市

铁力市位于黑龙江省的最中心部位，东枕小兴安岭群山，西接松嫩平原，属小兴安岭向松嫩平原过渡地带。地理坐标为北纬 46°28′40″—47°27′30″、东经 127°38′20—129°24′10″ 之间。东部、东北部与伊春市辖区接壤，南部、东南部与依兰、通河县毗邻，西南、西北与庆安县接壤，东西横跨 140 千米，南北纵越 115 千米，总面积为 6 443.3 平方千米。

在该地区的 8 个乡镇 12 个村收集农作物种质资源共计 30 份，其中果树资源，1 份，经济作物 1 份，粮食作物 8 份，蔬菜资源 20 份，见表 4.53。

表 4.53 铁力市农作物种质资源收集情况

样品编号	作物名称	种质名称	采集地点
P230781002	酸浆	小白家菇娘	伊春市铁力市朗乡镇小白村
P230781005	多花菜豆	花看豆	伊春市铁力市朗乡镇西沙村

样品编号	作物名称	种质名称	采集地点
P230781010	辣椒	朗乡辣椒	伊春市铁力市朗乡镇达里村
P230781011	辣椒	迎春小辣椒	伊春市铁力市迎春镇迎春村
P230781012	黄瓜	绿瓢老旱黄瓜	伊春市铁力市迎春镇迎春村
P230781013	酸浆	迎春红山菇娘	伊春市铁力市迎春镇迎春村
P230781014	芝麻菜	迎春老臭菜	伊春市铁力市迎春镇迎春村
P230781015	野生大豆	二屯野生大豆	伊春市铁力市工农乡二屯村
P230781016	菜豆	小黄豆	伊春市铁力市铁力镇东兴村
P230781018	小豆	桃山红小豆	伊春市铁力市桃山镇新丰村
P230781019	多花菜豆	爬蔓饭豆	伊春市铁力市桃山镇新丰村
P230781024	酸浆	神树红菇娘	伊春市铁力市神树乡神树村
P230781025	辣椒	桃山绿椒	伊春市铁力市桃山镇新丰村
P230781026	番茄	大桃红柿子	伊春市铁力市神树乡五龙山村
P230781027	番茄	小红柿子	伊春市铁力市工农乡二屯村
P230781028	番茄	桃山小黄柿子	伊春市铁力市桃山乡新丰村
P230781029	南瓜	双丰老菜倭瓜	伊春市铁力市双丰乡卫东村
P230781030	南瓜	双丰红倭瓜	伊春市铁力市双丰乡春光村
P230781031	南瓜	双丰灰倭瓜	伊春市铁力市双丰乡春光村
P230781032	南瓜	春光老式窝瓜	伊春市铁力市双丰乡春光村
P230781033	芹菜	神树老山芹	伊春市铁力市神树乡神树村
P230781035	莴苣	二屯包生菜	伊春市铁力市工农乡二屯村
P230781036	高粱	朗乡老糜子	伊春市铁力市朗乡镇小白村
P230781037	马铃薯	粉土豆	伊春市铁力市朗乡镇西沙村
P230781045	高粱	双丰老糜子	伊春市铁力市双丰乡春光村
P230781046	高粱	东兴甜高粱	伊春市铁力市铁力镇东兴村
P230781047	芫荽	春光老香菜	伊春市铁力市双丰乡春光村
P230781048	葱	春光老大葱	伊春市铁力市双丰乡春光村
P230781049	苏子	卫东老苏子	伊春市铁力市双丰乡卫东村
P230781055	樱桃	铁力小红果	伊春市铁力市桃山镇新丰村

54.嘉荫县

嘉荫县位于伊春市东北部，黑龙江中游右岸，小兴安岭北麓东段。位于北纬 48° 8′ 30″—49° 26′ 5″、东经 129° 9′ 45″—130° 50′ 之间。县域面积6 739

平方千米。嘉荫县东南接萝北县，南与鹤岗市，西南与伊春丰林县、汤旺县相邻，西连逊克县。县城距伊春市 222 千米，距哈尔滨市 519 千米、鹤岗市 256 千米、黑河市 460 千米，萝北县 210 千米。

在该地区的 3 个乡镇 3 个村收集农作物种质资源共计 30 份，其中果树资源 1 份，粮食作物 5 份，蔬菜资源 24 份，见表 4.54。

表 4.54　嘉荫县农作物种质资源收集情况

样品编号	作物名称	种质名称	采集地点
P230722002	丝瓜	嘉荫金丝瓜	伊春市嘉荫县朝阳镇新发村
P230722003	葱	新发大葱	伊春市嘉荫县朝阳镇新发村
P230722004	大蒜	新发大蒜	伊春市嘉荫县朝阳镇新发村
P230722005	辣椒	朝阳辣椒	伊春市嘉荫县朝阳镇新发村
P230722006	韭菜	新发韭菜	伊春市嘉荫县朝阳镇新发村
P230722009	菜豆	旧城豆角	伊春市嘉荫县乌云乡旧城村
P230722012	葱	乌云葱	伊春市嘉荫县乌云乡旧城村
P230722013	辣椒	乌云辣椒	伊春市嘉荫县乌云乡旧城村
P230722014	辣椒	旧城辣椒	伊春市嘉荫县乌云乡旧城村
P230722015	茄子	乌云茄子	伊春市嘉荫县乌云乡旧城村
P230722016	酸浆	乌云菇娘	伊春市嘉荫县乌云乡旧城村
P230722017	黄瓜	乌云黄瓜	伊春市嘉荫县乌云乡旧城村
P230722020	美洲南瓜	乌云角瓜	伊春市嘉荫县乌云乡旧城村
P230722021	番茄	乌云番茄	伊春市嘉荫县乌云乡旧城村
P230722022	辣椒	嘉荫辣椒	伊春市嘉荫县乌云乡旧城村
P230722025	芹菜	乌云老山芹	伊春市嘉荫县乌云乡旧城村
P230722026	番茄	老柿子	伊春市嘉荫县红光镇新桥村
P230722027	酸浆	新桥家菇娘	伊春市嘉荫县红光镇新桥村
P230722028	葱	新桥大葱	伊春市嘉荫县红光镇新桥村
P230722029	芫荽	旧城香菜	伊春市嘉荫县乌云乡旧城村
P230722030	南瓜	嘉荫老倭瓜	伊春市嘉荫县红光镇新桥村
P230722031	韭菜	嘉荫老韭菜	伊春市嘉荫县红光镇新桥村
P230722032	番茄	西红柿	伊春市嘉荫县红光镇新桥村
P230722033	马铃薯	土豆	伊春市嘉荫县朝阳镇新发村
P230722034	马铃薯	土豆	伊春市嘉荫县朝阳镇新发村
P230722035	玉米	旧城黏玉米	伊春市嘉荫县乌云乡旧城村

样品编号	作物名称	种质名称	采集地点
P230722037	马铃薯	乌云土豆	伊春市嘉荫县乌云乡旧城村
P230722038	高粱	乌云糜子	伊春市嘉荫县乌云乡旧城村
P230722055	樱桃	嘉荫甜樱桃	伊春市嘉荫县乌云乡旧城村
P230722001	辣椒	新发小辣椒	伊春市嘉荫县 朝阳镇新发村

六、七台河市

55.茄子河区

茄子河区位于黑龙江省东部，七台河市东部，在东经131°00′57″—131°55′29″、北纬45°35′43″—46′13″之间，东与宝清县接壤、南与密山市、鸡东县交界、北与桦南县毗邻。辖区面积2 335.7平方千米。

在该地区的4个乡镇27个村收集农作物种质资源共计37份，其中果树资源1份，粮食作物19份，蔬菜资源17份，见表4.55。

表4.55　七台河市农作物种质资源收集情况

样品编号	作物名称	种质名称	采集地点
P230904002	大豆	宏伟大豆	七台河市茄子河区宏伟镇河东村
P230904003	高粱	峻山糜子	七台河市茄子河区宏伟镇峻山村
P230904004	高粱	五星糜子	七台河市茄子河区铁山乡五星村
P230904005	大葱	大叶葱	七台河市茄子河区宏伟镇安山村
P230904006	饭豆	河山大饭豆	七台河市茄子河区宏伟镇河山村
P230904007	饭豆	半截河饭豆	七台河市茄子河区宏伟镇半截河村
P230904008	饭豆	红星饭豆	七台河市茄子河区铁山乡红星村
P230904009	大葱	京石大葱	七台河市茄子河区宏伟镇京石泉村
P230904010	大葱	龙湖大葱	七台河市茄子河区中心河乡龙湖村
P230904011	辣椒	中心河辣椒	七台河市茄子河区中心河乡中心河村
P230904012	菠菜	大叶菠菜	七台河市茄子河区铁东乡铁东村
P230904013	大葱	铁东大葱	七台河市茄子河区宏伟镇向阳山
P230904014	黄瓜	铁东黄瓜	七台河市茄子河区铁山乡铁东村
P230904015	高粱	铁东糜子	七台河市茄子河区铁山乡铁东村
P230904016	饭豆	铁东大饭豆	七台河市茄子河区铁山乡铁东村

样品编号	作物名称	种质名称	采集地点
P230904017	饭豆	铁东饭豆	七台河市茄子河区铁山乡铁东村
P230904018	菜豆	铁山菜豆	七台河市茄子河区铁山乡铁东村
P230904019	大葱	金山大葱	七台河市茄子河区中心河乡金山村
P230904020	高粱	中心河糜子	七台河市茄子河区宏伟镇向阳山村
P230904021	芫荽	中心河香菜	七台河市茄子河区中心河乡中心河村
P230904022	辣椒	30 年辣椒	七台河市茄子河区中心河乡金乡村
P230904023	芫荽	铁东香菜	七台河市茄子河区铁山乡铁东村
P230904024	菠菜	紫叶菠菜	七台河市茄子河区铁东乡铁东村
P230904025	洋葱	城山毛葱	七台河市茄子河区宏伟镇城山村
P230904026	洋葱	环山毛葱	七台河市茄子河区宏伟镇环山村
P230904027	洋葱	新兴小毛葱	七台河市茄子河区中心河乡新兴村
P230904028	洋葱	新立毛葱	七台河市茄子河区中心河乡新立村
P230904029	马铃薯	麻皮土豆	七台河市茄子河区中心河乡团结村
P230904030	马铃薯	红皮土豆	七台河市茄子河区中心河乡中心河村
P230904031	马铃薯	铁西土豆	七台河市茄子河区铁山乡铁东村
P230904032	马铃薯	铁山土豆	七台河市茄子河区铁山乡铁山村
P230904033	马铃薯	靠山土豆	七台河市茄子河区铁山乡靠山村
P230904034	马铃薯	白力土豆	七台河市茄子河区中心河乡白力村
P230904035	马铃薯	双利土豆	七台河市茄子河区中心河乡双利村
P230904036	马铃薯	团结土豆	七台河市茄子河区中心河乡团结村
P230904037	马铃薯	连山土豆	七台河市茄子河区宏伟镇连山村
P230904038	草莓	建丰野草莓	七台河市茄子河区宏伟镇建丰村

56.新兴区

新兴区位于七台河市区西部，东与桃山区，西、北与勃利县，南与鸡西市交界。地处牡丹江、佳木斯、双鸭山、鸡西四市和勃利、桦南、密山、宝清四县之"街亭"。新兴区地处北纬 45°40′—52′、东经 130°02′、辖区总面积 1 225 平方千米。

在该地区的 2 个村收集农作物种质资源共计 46 份，其中果树资源 28 份，粮食作物 16 份，蔬菜资源 2 份，见表 4.56。

表 4.56　新兴区农作物种质资源收集情况

样品编号	作物名称	种质名称	采集地点
P230902009	野生大豆	长兴抗逆野大豆	七台河市新兴区红旗镇红旗村
P230902010	野生大豆	长兴抗逆野大豆	七台河市新兴区红旗镇红旗村
P230902011	野生大豆	长兴抗逆野大豆	七台河市新兴区红旗镇红旗村
P230902012	野生大豆	长兴抗逆野大豆	七台河市新兴区红旗镇红旗村
P230902013	野生大豆	红鲜野大豆	七台河市新兴区红旗镇红旗村
P230902014	野生大豆	红鲜野大豆	七台河市新兴区红旗镇红旗村
P230902015	草莓	野生草莓 15	七台河市新兴区
P230902016	草莓	野生草莓 16	七台河市新兴区
P230902017	草莓	野生草莓 17	七台河市新兴区
P230902018	草莓	野生草莓 18	七台河市新兴区
P230902020	草莓	野生草莓 20	七台河市新兴区
P230902021	草莓	野生草莓 21	七台河市新兴区
P230902022	草莓	野生草莓 22	七台河市新兴区
P230902023	草莓	野生草莓 23	七台河市新兴区
P230902024	草莓	野生草莓 24	七台河市新兴区
P230902025	洋葱	毛葱	七台河市新兴区
P230902026	洋葱	毛葱	七台河市新兴区
P230902027	草莓	野生草莓 27	七台河市新兴区
P230902029	草莓	野生草莓 29	七台河市新兴区
P230902032	草莓	野生草莓 1	七台河市新兴区
P230902033	草莓	野生草莓 2	七台河市新兴区
P230902034	草莓	野生草莓 3	七台河市新兴区
P230902035	草莓	野生草莓 4	七台河市新兴区
P230902044	谷子	农家粟	七台河市新兴区
P230902050	马铃薯	林口薯	七台河市新兴区红旗镇红光村
P230902051	马铃薯	林口薯	七台河市新兴区红旗镇红光村
P230902052	马铃薯	林口薯	七台河市新兴区红旗镇红光村
P230902053	马铃薯	林口薯	七台河市新兴区红旗镇红光村
P230902054	马铃薯	林口薯	七台河市新兴区红旗镇红光村
P230902055	马铃薯	林口薯	七台河市新兴区红旗镇红光村
P230902056	马铃薯	林口薯	七台河市新兴区红旗镇红光村
P230902057	马铃薯	林口薯	七台河市新兴区红旗镇红光村

样品编号	作物名称	种质名称	采集地点
P230902058	马铃薯	林口薯	七台河市新兴区红旗镇红光村
P230902061	草莓	野生草莓 15	七台河市新兴区
P230902062	草莓	野生草莓 16	七台河市新兴区
P230902063	草莓	野生草莓 17	七台河市新兴区
P230902064	草莓	野生草莓 18	七台河市新兴区
P230902065	草莓	野生草莓 19	七台河市新兴区
P230902066	草莓	野生草莓 20	七台河市新兴区
P230902067	草莓	野生草莓 21	七台河市新兴区
P230902068	草莓	野生草莓 22	七台河市新兴区
P230902069	草莓	野生草莓 24	七台河市新兴区
P230902072	草莓	野生草莓 33	七台河市新兴区
P230902075	草莓	野生草莓 35	七台河市新兴区
P230902125	草莓	野生草莓 125	七台河市新兴区
P230902126	草莓	野生草莓 126	七台河市新兴区

57.勃利县

勃利县隶属于黑龙江省七台河市，位于黑龙江省东部，建置县治时，依兰道尹以"勃发、顺利"之意而命名。地处黑龙江省东部，与宝清、鸡东、林口、依兰、桦南县接壤，地理坐标为东经 130° 6′ —131° 44′、北纬 45° 16′ —46° 37′，全县总面积近 3 000 平方千米。

在该地区的 7 个乡镇 16 个村收集农作物种质资源共计 43 份，其中果树资源 4 份，经济作物 4 份，粮食作物 6 份，牧草绿肥 3 份，蔬菜资源 26 份，见表 4.57。

表 4.57　勃利县农作物种质资源收集情况

样品编号	作物名称	种质名称	采集地点
P230921001	番茄	大五站柿子	七台河市勃利县勃利镇大五村
P230921002	菜豆	大五站花豆角	七台河市勃利县勃利镇大五村
P230921003	菜豆	赵家架豆角	七台河市勃利县勃利镇星华村
P230921004	桔梗	九龙山桔梗	七台河市勃利县勃利镇九龙村
P230921005	番茄	九龙柿子	七台河市勃利县勃利镇九龙村
P230921006	菜豆	九龙大油豆	七台河市勃利县勃利镇九龙村

样品编号	作物名称	种质名称	采集地点
P230921007	菜豆	镇南大油豆	七台河市勃利县勃利镇镇南村
P230921008	月见草	杏树月见草	七台河市勃利县杏树乡杏树村
P230921009	月见草	野生月见草	七台河市勃利县杏树乡杏树村
P230921010	苏子	紫苏	七台河市勃利县杏树乡杏树村
P230921011	辣椒	杏树尖椒	七台河市勃利县杏树乡杏树村
P230921012	苏子	白紫苏	七台河市勃利县杏树乡杏树村
P230921013	番茄	杏树柿子	七台河市勃利县杏树乡杏树村
P230921014	番茄	林海柿子	七台河市勃利县勃利镇林海新邨
P230921015	辣椒	大羊椒	七台河市勃利县勃利镇林海新邨
P230921017	辣椒	林海大辣椒	七台河市勃利县勃利镇林海新邨
P230921020	番茄	青山柿子	七台河市勃利县青山乡钢铁村
P230921023	辣椒	通鲜辣椒	七台河市勃利县勃利镇通鲜村
P230921024	菜豆	勃利大马掌	七台河市勃利县青山乡钢铁村
P230921025	向日葵	通鲜瓜子	七台河市勃利县勃利镇通鲜村
P230921026	黄瓜	通鲜黄瓜	七台河市勃利县青山乡青龙山村
P230921027	梨	勃利野梨	七台河市勃利县勃利镇通鲜村
P230921028	辣椒	钢铁甜椒	七台河市勃利县青山乡钢铁村
P230921029	辣椒	羊角椒	七台河市勃利县勃利镇星华村
P230921030	李	勃利山李子	七台河市勃利县勃利镇通鲜村
P230921031	辣椒	九龙大辣椒	七台河市勃利县勃利镇九龙村
P230921034	杏	勃利山杏	七台河市勃利县勃利镇通鲜村
P230921036	草莓	勃利野草莓	七台河市勃利县勃利镇通鲜村
P230921040	叶用莴苣	德胜生菜	七台河市勃利县杏树乡德胜村
P230921041	大葱	前程大葱	七台河市勃利县抢肯乡前程村
P230921042	小扁豆	和平红扁豆	七台河市勃利县勃利镇和平村
P230921043	大豆	和平黑豆	七台河市勃利县勃利镇和平村
P230921044	大白菜	前程大白菜	七台河市勃利县抢肯乡前程村
P230921045	芫荽	东南香菜	七台河市勃利县倭肯镇东南村
P230921046	饭豆	奶花豆	七台河市勃利县倭肯镇东南村
P230921047	豌豆	开荒豌豆	七台河市勃利县永恒乡开荒村
P230921048	小豆	开荒红小豆	七台河市勃利县永恒乡开荒村
P230921049	辣椒	青龙山辣椒	七台河市勃利县青山乡青龙山村

样品编号	作物名称	种质名称	采集地点
P230921050	绿豆	太阳升绿豆	七台河市勃利县双河镇太阳升村
P230921051	英菜	通鲜英菜	七台河市勃利县勃利镇通鲜村
P230921052	甜高粱	甜杆	七台河市勃利县勃利镇通鲜村
P230921053	菜豆	太阳升红芸豆	七台河市勃利县双河镇太阳升村
P230921054	菜豆	和平白芸豆	七台河市勃利县勃利镇和平村

七、鸡西市

58.城子河区

城子河区隶属黑龙江省鸡西市，位于市境东北部，东、北两面与鸡东县接壤，南以穆棱河与鸡冠区分界，西与滴道区毗连。全区总面积320平方千米。管辖5个街道办事处、2个乡、18个行政村。有汉、满、蒙古、回、朝鲜、赫哲、鄂伦春、锡伯等10余个民族，少数民族以朝鲜族为主。

在该地区的2个乡镇8个村收集农作物种质资源共计31份，其中果树资源18份，经济作物2份，粮食作物4份，蔬菜资源7份，见表4.58。

表4.58 鸡西市农作物种质资源收集情况

样品编号	作物名称	种质名称	采集地点
P230306009	黄瓜	城子河旱黄瓜	鸡西市城子河区长青乡红卫村
P230306011	黄瓜	城子河水果黄瓜	鸡西市城子河区长青乡红卫村
P230306017	菜豆	城子河一尺青	鸡西市城子河区长青乡正阳村
P230306021	菜豆	亮马掌	鸡西市城子河区长青乡红卫村
P230306024	饭豆	城子河红花饭豆	鸡西市城子河区长青乡红卫村
P230306025	谷子	城子河笨谷子	鸡西市城子河区长青乡正阳村
P230306029	谷子	正阳香谷	鸡西市城子河区长青乡双合屯
P230306031	洋葱	毛葱	鸡西市城子河区长青乡红卫村
P230306032	杏	野生山杏	鸡西市城子河区长青乡正阳村
P230306033	山楂	野生山楂	鸡西市城子河区长青乡正阳村
P230306035	苹果	大秋果	鸡西市城子河区永丰乡新城村
P230306036	李	野生黄李子	鸡西市城子河区永丰乡新城村
P230306037	草莓	野生草莓	鸡西市城子河区永丰乡新城村

样品编号	作物名称	种质名称	采集地点
P230306038	杏	野生山杏	鸡西市城子河区永丰乡新城村
P230306039	桑树	野生桑树	鸡西市城子河区永丰乡城子河村
P230306040	李	干碗李子	鸡西市城子河区永丰乡城子河村
P230306043	山荆子	山丁子	鸡西市城子河区长青乡和平村
P230306044	洋葱	笨毛葱	鸡西市城子河区长青乡和平村
P230306046	草莓	草莓农家种	鸡西市城子河区长青乡和平村
P230306047	葡萄	野生葡萄	鸡西市城子河区长青乡和平村
P230306048	草莓	四季草莓	鸡西市城子河区长青乡和平村
P230306049	花生	和平花生	鸡西市城子河区长青乡和平村
P230306050	葡萄	野生葡萄	鸡西市城子河区长青乡和平村
P230306051	葡萄	野生葡萄	鸡西市城子河区长青乡和平村
P230306052	草莓	野生草莓	鸡西市城子河区长青乡和平村
P230306053	草莓	野生草莓	鸡西市城子河区长青乡和平村
P230306060	李	野生李子	鸡西市城子河区长青乡西沟屯
P230306062	草莓	野生草莓	鸡西市城子河区长青乡城海村
P230306063	葡萄	野生葡萄	鸡西市城子河区长青乡城海村
P230306064	玉米	长青白头霜	鸡西市城子河区长青乡正阳村
P230306065	大葱	永丰大葱	鸡西市城子河区永丰乡城子河村

59.滴道区

滴道区位于鸡西市西北部,距市中心15千米。地理坐标为东经130°31′48″—130°57′0″,北纬45°11′54″—45°28′55″。东与城子河区毗邻,西北、西南分别和林口县、麻山区交界,南与鸡冠区、恒山区和麻山区北缘接壤,北与鸡东县兴农乡相连。东西最大横距31千米,南北最大纵距33千米,辖区总面积614平方千米。

在该地区的2个乡镇9个村收集农作物种质资源共计37份,其中果树资源13份,经济作物6份,粮食作物11份,蔬菜资源7份,见表4.59。

表 4.59　滴道区农作物种质资源收集情况

样品编号	作物名称	种质名称	采集地点
P230304001	烟草	黄金塔	鸡西市滴道区兰岭乡平安村
P230304002	烟草	柳叶尖	鸡西市滴道区兰岭乡平安村
P230304003	苏子	野苏子	鸡西市滴道区兰岭乡平安村
P230304004	苏子	野白苏子	鸡西市滴道区兰岭乡平安村
P230304005	玉米	白头霜硬粒	鸡西市滴道区兰岭乡平安村
P230304006	玉米	白头霜马齿	鸡西市滴道区兰岭乡平安村
P230304007	玉米	平安硬粒	鸡西市滴道区兰岭乡平安村
P230304008	玉米	小粒黄	鸡西市滴道区兰岭乡平安村
P230304010	大葱	河北村农家白皮葱	鸡西市滴道区兰岭乡河北村
P230304015	韭菜	河北新立大马连	鸡西市滴道区兰岭乡河北村
P230304016	韭菜	河北新立青苗韭菜	鸡西市滴道区兰岭乡河北村
P230304017	苏子	河北野苏子	鸡西市滴道区兰岭乡河北村
P230304020	长豇豆	河北村长豇豆角	鸡西市滴道区兰岭乡河北村
P230304023	高粱	笤帚糜子	鸡西市滴道区兰岭乡河北村
P230304024	黍稷	河北村酿酒扫帚糜子	鸡西市滴道区兰岭乡河北村
P230304026	叶用莴苣	平安农家自留生菜	鸡西市滴道区兰岭乡平安村
P230304028	马铃薯	兰岭开锅面土豆	鸡西市滴道区兰岭乡河北村
P230304029	马铃薯	兰岭早脆	鸡西市滴道区兰岭乡河北村
P230304030	马铃薯	康乐麻土豆	鸡西市滴道区兰岭乡平安村
P230304031	草莓	新民小野草莓	鸡西市滴道区滴道河乡新民村
P230304032	草莓	大通沟草莓	鸡西市滴道区滴道河乡大通沟村
P230304033	马铃薯	小通沟红土豆	鸡西市滴道区滴道河乡新兴村
P230304034	苹果	鸡西地方自育苹果	鸡西市滴道区滴道河乡金山村
P230304035	李	鸡西自育早大黄李子	鸡西市滴道区滴道河乡金山村
P230304036	李	鸡西吉胜实生苗李子	鸡西市滴道区滴道河乡金山村
P230304038	梨	金山冻梨王	鸡西市滴道区滴道河乡金山村
P230304039	梨	金山杜梨	鸡西市滴道区滴道河乡金山村
P230304042	梨	金山秋子梨	鸡西市滴道区滴道河乡金山村
P230304043	苹果	滴道老沙果	鸡西市滴道区滴道河乡金山村
P230304047	洋葱	小通沟农家自留毛葱	鸡西市滴道区滴道河乡新兴村
P230304048	洋葱	新立农家自留毛葱	鸡西市滴道区兰岭乡新立村
P230304050	苏子	河北小野苏	鸡西市滴道区兰岭乡河北村

样品编号	作物名称	种质名称	采集地点
P230304052	野生大豆	金铁野生豆	鸡西市滴道区滴道河乡金铁村
P230304134	草莓	沈家沟前山南草莓	鸡西市滴道区滴道河乡王家村
P230304135	草莓	沈家沟前山北草莓	鸡西市滴道区滴道河乡王家村
P230304136	草莓	沈家沟前山南草莓	鸡西市滴道区滴道河乡王家村
P230304137	草莓	沈家沟前山南草莓	鸡西市滴道区滴道河乡王家村

60.恒山区

恒山区地理坐标东经 130° 42′ 6″ —131° 5′ 30″、北纬 44° 58′ 18″ —45° 19′ 48″。东西最大横距 29 千米，南北最大纵距 39 千米，总面积 708 平方千米，占市区总面积的 26.26%。

在该地区的 2 个乡镇 13 个村收集农作物种质资源共计 35 份，其中果树资源 10 份，经济作物 1 份，粮食作物 13 份，牧草绿肥 2 份，蔬菜资源 9 份，见表 4.60。

表 4.60　恒山区农作物种质资源收集情况

样品编号	作物名称	种质名称	采集地点
P230303001	菜豆	红旗绿油豆	鸡西市恒山区红旗乡胜利村
P230303002	洋葱	笨毛葱	鸡西市恒山区红旗乡民主村
P230303003	洋葱	义安小毛葱	鸡西市恒山区红旗乡义安村
P230303004	甘薯	张鲜红地瓜	鸡西市恒山区红旗乡张鲜村
P230303005	大葱	农家小葱	鸡西市恒山区红旗乡义安村
P230303006	马铃薯	黄心土豆	鸡西市恒山区红旗乡胜利村
P230303007	马铃薯	黄尤金	鸡西市恒山区红旗乡民主村
P230303008	马铃薯	薛家土豆	鸡西市恒山区红旗乡薛家村
P230303009	披碱草	披碱草	鸡西市恒山区红旗乡合作村
P230303010	洋葱	毛葱	鸡西市恒山区红旗乡胜利村
P230303011	菜豆	安山豆角	鸡西市恒山区柳毛乡安山村
P230303012	大蒜	紫皮蒜	鸡西市恒山区柳毛乡柳毛村
P230303014	马铃薯	小土豆	鸡西市恒山区红旗乡小恒山村
P230303015	洋葱	小毛葱	鸡西市恒山区红旗乡小恒山村
P230303016	马铃薯	合作土豆	鸡西市恒山区红旗乡合作村
P230303017	谷子	裕丰谷子	鸡西市恒山区柳毛乡裕丰村
P230303018	月见草	月见草	鸡西市恒山区红旗乡合作村

样品编号	作物名称	种质名称	采集地点
P230303019	谷子	小粒谷	鸡西市恒山区红旗乡民主村
P230303024	苹果	民主龙丰	鸡西市恒山区红旗乡民主村
P230303025	苹果	民主早龙丰	鸡西市恒山区红旗乡民主村
P230303026	梨	5号大梨	鸡西市恒山区红旗乡民主村
P230303027	梨	褐皮梨	鸡西市恒山区红旗乡民主村
P230303028	甘薯	农家地瓜	鸡西市恒山区柳毛乡光明村
P230303029	小豆	柳毛红小豆	鸡西市恒山区柳毛乡柳毛村
P230303030	苏子	柳毛苏子	鸡西市恒山区柳毛乡柳毛村
P230303032	马铃薯	麻土豆	鸡西市恒山区红旗乡小恒山村
P230303033	马铃薯	老土豆	鸡西市恒山区红旗乡艳丰村
P230303039	马铃薯	黄尤金	鸡西市恒山区红旗乡张鲜村
P230303041	大蒜	紫皮蒜	鸡西市恒山区红旗乡小恒山村
P230303049	杏	合作山杏	鸡西市恒山区红旗乡合作村
P230303051	李	合作李子	鸡西市恒山区红旗乡合作村
P230303052	草莓	野生草莓	鸡西市恒山区红旗乡合作村
P230303053	李	老笨李子	鸡西市恒山区红旗乡艳东村
P230303054	李	黄李子	鸡西市恒山区红旗乡艳东村
P230303059	李	牛心李子	鸡西市恒山区红旗乡艳东村

61.梨树区

梨树区位于鸡西市区西南部,距市中心城区43千米。地理坐标东经130° 23′ 24″—130° 52′ 24″、北纬44° 57′ 12″—45° 12′ 30″。梨树区西南与穆棱市接壤,边界长37.5千米;西北与麻山区相连,边界长21千米;北部与滴道区毗邻,边界长2千米;东部与恒山区交界,边界长37千米。东西最宽为22.5千米,南北最长为28千米,总面积412平方千米,占市区总面积17.74%。

在该地区的7个村收集农作物种质资源共计35份,其中果树资源4份,经济作物2份,粮食作物17份,蔬菜资源12份,见表4.61。

表 4.61 梨树区农作物种质资源收集情况

样品编号	作物名称	种质名称	采集地点
P230305001	玉米	小粒红	鸡西市梨树区梨树镇河西村
P230305031	马铃薯	河口红眼圈	鸡西市梨树区梨树镇河口村
P230305032	马铃薯	河口黄眼圈	鸡西市梨树区梨树镇河口村
P230305033	马铃薯	河西小麻子	鸡西市梨树区梨树镇河西村
P230305034	马铃薯	河西红眼圈	鸡西市梨树区梨树镇河西村
P230305038	山荆子	野山丁子	鸡西市梨树区梨树镇猴石村
P230305039	李	山李子	鸡西市梨树区梨树镇猴石村
P230305040	杏	山杏	鸡西市梨树区梨树镇猴石村
P230305043	草莓	野生草莓	鸡西市梨树区梨树镇河西村
P230305044	大蒜	红皮蒜	鸡西市梨树区梨树镇河口村
P230305045	小豆	河口红小豆	鸡西市梨树区梨树镇河口村
P230305046	花生	河口花生	鸡西市梨树区梨树镇河口村
P230305047	中国南瓜	河口南瓜	鸡西市梨树区梨树镇河口村
P230305048	洋葱	碱场毛葱	鸡西市梨树区梨树镇碱场村
P230305049	大葱	碱场红皮葱	鸡西市梨树区梨树镇碱场村
P230305050	芫荽	碱场香菜	鸡西市梨树区梨树镇碱场村
P230305051	大蒜	马牙蒜	鸡西市梨树区梨树镇双合村
P230305052	玉米	农家黏玉米	鸡西市梨树区梨树镇双合村
P230305053	苏子	前进苏子	鸡西市梨树区梨树镇前进村
P230305054	菜豆	前进一尺青	鸡西市梨树区梨树镇前进村
P230305055	高粱	前进笤帚糜子	鸡西市梨树区梨树镇前进村
P230305056	玉米	凤山小粒红	鸡西市梨树区梨树镇凤山村
P230305057	玉米	凤山白头霜	鸡西市梨树区梨树镇凤山村
P230305058	菜豆	凤山油豆角	鸡西市梨树区梨树镇凤山村
P230305059	菜豆	凤山早豆角	鸡西市梨树区梨树镇凤山村
P230305060	豌豆	凤山豌豆	鸡西市梨树区梨树镇凤山村
P230305061	谷子	凤山谷子	鸡西市梨树区梨树镇凤山村
P230305062	谷子	碱场谷子	鸡西市梨树区梨树镇碱场村
P230305063	饭豆	河口白花豆	鸡西市梨树区梨树镇河口村
P230305064	马铃薯	猴石麻土豆	鸡西市梨树区梨树镇猴石村
P230305065	马铃薯	紫土豆	鸡西市梨树区梨树镇河口村
P230305066	洋葱	小毛葱	鸡西市梨树区梨树镇河口村

样品编号	作物名称	种质名称	采集地点
P230305067	马铃薯	麻土豆	鸡西市梨树区梨树镇河口村
P230305068	大蒜	独头蒜	鸡西市梨树区梨树镇河口村
P230305069	大蒜	小根蒜	鸡西市梨树区梨树镇河西村

62.麻山区

麻山区地处北纬 45°12′，位于鸡西市西部，东北与滴道区相连，东南与梨树区分界，南与穆棱市接壤，西与林口县比邻，地处长白山余脉老爷岭北端的丘陵地带。总面积 425 平方千米。

在该地区的 10 个村收集农作物种质资源共计 30 份，其中果树资源 7 份，粮食作物 6 份，蔬菜资源 17 份，见表 4.62。

表 4.62　麻山区农作物种质资源收集情况

样品编号	作物名称	种质名称	采集地点
P230307001	菜豆	麻山紫花油豆	鸡西市麻山区麻山镇麻山村
P230307002	菜豆	双岭油豆角	鸡西市麻山区麻山镇双岭村
P230307003	菜豆	双岭花豆角	鸡西市麻山区麻山镇双岭村
P230307004	洋葱	小毛葱	鸡西市麻山区麻山镇后东新村
P230307006	大蒜	狗芽子蒜	鸡西市麻山区麻山镇后东新村
P230307012	洋葱	龙山毛葱	鸡西市麻山区麻山镇龙山村
P230307013	大蒜	紫皮蒜	鸡西市麻山区麻山镇西大坡村
P230307014	洋葱	后东毛葱	鸡西市麻山区麻山镇后东新村
P230307015	洋葱	麻山毛葱	鸡西市麻山区麻山镇麻山村
P230307018	高粱	山河笤帚糜子	鸡西市麻山区麻山镇山河村
P230307019	大蒜	和平大蒜	鸡西市麻山区麻山镇和平村
P230307020	洋葱	吉祥毛葱	鸡西市麻山区麻山镇吉祥村
P230307022	大蒜	吉祥大蒜	鸡西市麻山区麻山镇吉祥村
P230307026	洋葱	灯笼毛葱	鸡西市麻山区麻山镇双岭村
P230307029	黄瓜	棒槌黄瓜	鸡西市麻山区麻山镇龙山村
P230307030	芫荽	镇龙山小叶香菜	鸡西市麻山区麻山镇龙山村
P230307031	菜豆	龙山一尺青豆角	鸡西市麻山区麻山镇龙山村
P230307034	马铃薯	前东脆土豆	鸡西市麻山区麻山镇前东新村
P230307035	马铃薯	共荣面	鸡西市麻山区麻山镇共荣村

样品编号	作物名称	种质名称	采集地点
P230307039	山荆子	山丁子	鸡西市麻山区麻山镇共荣村
P230307040	李	桃型李	鸡西市麻山区麻山镇共荣村
P230307041	杏	卢点杏	鸡西市麻山区麻山镇共荣村
P230307042	杏	大榛仁杏	鸡西市麻山区麻山镇共荣村
P230307043	李	九台晚李	鸡西市麻山区麻山镇共荣村
P230307044	李	干碗李子	鸡西市麻山区麻山镇共荣村
P230307045	山楂	山里红	鸡西市麻山区麻山镇共荣村
P230307046	茴香	大坡茴香	鸡西市麻山区麻山镇西大坡村
P230307048	马铃薯	麻土豆	鸡西市麻山区麻山镇东新村
P230307049	高粱	吉祥笤帚糜子	鸡西市麻山区麻山镇吉祥村
P230307050	玉米	后东白头霜	鸡西市麻山区麻山镇后东新村

63.鸡东县

鸡东县地处鸡西市西部、完达山西南端，与太平岭北端之间的合围部分，东与密山市相连，南与俄罗斯接壤，西与鸡西市恒山区毗邻，北与七台河市、勃利县相邻，介于东经130°41′06″—131°40′55″、北纬44°51′13″—45°41′10″之间。总面积3243平方千米。

在该地区的4个乡镇10个村收集农作物种质资源共计44份，其中果树资源28份，经济作物2份，粮食作物6份，牧草绿肥1份，蔬菜资源7份，见表4.63。

表4.63 鸡东县农作物种质资源收集情况

样品编号	作物名称	种质名称	采集地点
P230321001	玉米	农家种1号	鸡西市鸡东县永和乡林安村
P230321002	玉米	农家种2号	鸡西市鸡东县永和乡林安村
P230321005	甜瓜	香瓜	鸡西市鸡东县永和镇林安村
P230321006	芫荽	香菜	鸡西市鸡东县永和镇林安村
P230321007	菜豆	小鼓豆	鸡西市鸡东县永和镇林安村
P230321008	菜豆	早豆角	鸡西市鸡东县永和镇林安村
P230321009	酸浆	山菇娘	鸡西市鸡东县永和镇林安村
P230321010	烟草	大叶旱烟	鸡西市鸡东县永和镇林安村
P230321012	苏子	野生苏子	鸡西市鸡东县鸡东镇东村

样品编号	作物名称	种质名称	采集地点
P230321013	蓼	蓼朵子	鸡西市鸡东县鸡东镇东村
P230321014	番茄	文革柿子	鸡西市鸡东县永和镇林安村
P230321015	菜豆	紫油豆	鸡西市鸡东县永和镇林安村
P230321016	马铃薯	西南岔老土豆	鸡西市鸡东县西南岔林场村
P230321017	马铃薯	西南岔光土豆	鸡西市鸡东县西南岔林场村
P230321018	草莓	西南岔西草莓	鸡西市鸡东县西南岔林场村
P230321019	草莓	西南岔东草莓	鸡西市鸡东县西南岔林场村
P230321020	草莓	西南岔南草莓	鸡西市鸡东县西南岔林场村
P230321030	山楂	西南岔林场野山里红	鸡西市鸡东县西南岔林场村
P230321031	山楂	大旺山楂	鸡西市鸡东县鸡东镇果树场
P230321033	李	鸡东1号李子	鸡西市鸡东县鸡东镇果树场
P230321034	杏	鸡东宝清2号杏	鸡西市鸡东县鸡东镇果树场
P230321035	杏	西南岔林场农家杏1号	鸡西市鸡东县西南岔林场村
P230321036	李	鸡东晚红李子	鸡西市鸡东县鸡东镇果树场
P230321037	杏	西南岔林场农家杏2号	鸡西市鸡东县西南岔林场村
P230321038	李	长安长李15号	鸡西市鸡东县永和镇长安村
P230321039	杏	果树场山杏	鸡西市鸡东县鸡东镇果树场
P230321040	李	长安牡育216	鸡西市鸡东县永和镇长安村
P230321041	李	永盛晚黄李子	鸡西市鸡东县永和镇永盛村
P230321042	杏	永盛杏	鸡西市鸡东县永和镇永盛村
P230321043	杏	德安榛仁杏	鸡西市鸡东县永和镇德安村
P230321044	苹果	鸡东金红	鸡西市鸡东县鸡东镇果树场
P230321046	苹果	西南岔黄太平	鸡西市鸡东县西南岔林场村
P230321047	苹果	鸡东新疆1号	鸡西市鸡东县鸡东镇果树场
P230321050	苹果	永盛地方小苹果	鸡西市鸡东县永和镇永盛村
P230321054	苹果	永庆黄太平	鸡西市鸡东县永和镇永庆村
P230321056	苹果	果树场龙丰	鸡西市鸡东县鸡东镇果树场
P230321059	苹果	果树场黄太平	鸡西市鸡东县鸡东镇果树场
P230321060	苹果	西南岔林场龙秋	鸡西市鸡东县西南岔林场村
P230321064	苹果	鸡东花红	鸡西市鸡东县鸡东镇果树场
P230321065	苹果	鸡东K9	鸡西市鸡东县鸡东镇果树场
P230321066	苹果	鸡东鸡心果	鸡西市鸡东县鸡东镇果树场

样品编号	作物名称	种质名称	采集地点
P230321067	李	永盛小黄李子	鸡西市鸡东县永和镇永盛村
P230321100	马铃薯	永乐农家旱土豆1号	鸡西市鸡东县永安镇永乐村
P230321101	马铃薯	永乐农家旱土豆2号	鸡西市鸡东县永安镇永乐村

64.密山市

密山市位于黑龙江省东南部，毗邻俄罗斯，与鸡东县、虎林市、七台河市、宝清县接壤。地处东经131°14′—133°08′、北纬45°01′—45°55′之间。市区密山镇距鸡西市87千米，距哈尔滨市636千米，属三江平原第二区。东北与虎林市相邻，北与宝清县接壤，西北与七台河市毗连，西南与鸡东县为邻，东、南两面与俄罗斯隔水相望。国境线长265千米。其中，水界235千米，陆界30千米。总面积7728平方千米。

在该地区的5个乡镇10个村收集农作物种质资源共计31份，其中果树资源9份，经济作物4份，粮食作物11份，蔬菜资源7份，见表4.64。

表4.64 密山市农作物种质资源收集情况

样品编号	作物名称	种质名称	采集地点
P230382001	玉米	青年大粒玉米	鸡西市密山县裴德镇青年村
P230382002	玉米	青年黄玉米	鸡西市密山县裴德镇青年村
P230382003	玉米	青年粗穗玉米	鸡西市密山县裴德镇青年村
P230382004	玉米	青年长玉米	鸡西市密山县裴德镇青年村
P230382005	玉米	密山老来瘪	鸡西市密山县裴德镇青年村
P230382006	玉米	密山白头霜	鸡西市密山县裴德镇青年村
P230382007	玉米	密山小粒红	鸡西市密山县裴德乡青年村
P230382020	谷子	青年村谷子	鸡西市密山县裴德乡青年村
P230382028	草莓	野草莓	鸡西市密山县知一镇知一村
P230382029	马铃薯	富民旱土豆	鸡西市密山县富源乡富民村
P230382030	马铃薯	富源土豆	鸡西市密山县富源乡富源村
P230382031	苏子	密山黄苏子	鸡西市密山县富源乡富民村
P230382032	苏子	密山黑苏子	鸡西市密山县富源乡富民村
P230382033	菜豆	富源大马掌	鸡西市密山县富源乡富民村
P230382035	菜豆	大白片	鸡西市密山县富源乡富民村

样品编号	作物名称	种质名称	采集地点
P230382036	菜豆	家鸟豆	鸡西市密山县富源乡富民村
P230382037	菜豆	富民紫豆	鸡西市密山县富源乡富民村
P230382038	大葱	富源葱	鸡西市密山县富源乡富源村
P230382039	玉米	富源白头霜	鸡西市密山县富源乡金沙村
P230382040	苏子	密山绿苏子	鸡西市密山县富源乡金沙村
P230382041	烟草	太平烟草	鸡西市密山县太平乡民主村
P230382042	大葱	珠山葱	鸡西市密山县富源乡珠山村
P230382043	大葱	核心葱	鸡西市密山县太平乡核心村
P230382050	李	山巴巴蛋李子	鸡西市密山县知一镇归仁村
P230382051	李	澳李14	鸡西市密山县知一镇归仁村
P230382052	李	酥李	鸡西市密山县知一镇归仁村
P230382053	梨	北海道沙梨	鸡西市密山县知一镇归仁村
P230382054	苹果	东光1号苹果	鸡西市密山县知一镇归仁村
P230382055	苹果	新疆15苹果	鸡西市密山县知一镇归仁村
P230382056	苹果	八棱海棠	鸡西市密山县知一镇归仁村
P230382057	梨	1456梨	鸡西市密山县知一镇归仁村

65.虎林市

虎林市位于黑龙江省东部边境。地处北纬45°23′34″—46°36′33″、东经132°11′35″—133°56′32″之间。市境西北以完达山支脉的老龙背、将军岭为界与宝清县接壤。东北至外七里沁河与饶河县交界。西南与密山市毗邻。东南以松阿察河、东部以乌苏里江为界，与俄罗斯隔水相望。市境中俄边境线长264千米。其中，乌苏里江段196千米，松阿察河段68千米，均为水界。市境东西横距120千米，南北纵距130千米，总面积9 334平方千米。

在该地区的5个乡镇8个村收集农作物种质资源共计31份，其中果树资源15份，粮食作物8份，蔬菜资源8份，见表4.65。

表4.65 虎林市农作物种质资源收集情况

样品编号	作物名称	种质名称	采集地点
P230381022	谷子	红粘谷	鸡西市虎林市东诚镇永丰村
P230381024	马铃薯	青河早薯	鸡西市虎林市东城镇青河村

样品编号	作物名称	种质名称	采集地点
P230381025	马铃薯	早熟土豆	鸡西市虎林市东城镇青河村
P230381026	马铃薯	早土豆	鸡西市虎林市虎林镇桦树村
P230381027	草莓	五虎山南坡草莓	鸡西市虎林市虎林镇耕农村
P230381028	草莓	五虎山北坡草莓	鸡西市虎林市虎林镇耕农村
P230381032	马铃薯	八五零土豆	鸡西市虎林市八五零农场
P230381033	马铃薯	八五零红土豆	鸡西市虎林市八五零农场
P230381034	马铃薯	八五零红芽土豆	鸡西市虎林市八五零农场
P230381035	芫荽	新乐香菜	鸡西市虎林市新乐乡新乐村
P230381036	黄瓜	跃进黄瓜	鸡西市虎林市新乐乡双跃村
P230381037	菜豆	青河油豆角	鸡西市虎林市东城镇青河村
P230381038	菠菜	桦树菠菜	鸡西市虎林市虎林镇桦树村
P230381039	谷子	青河谷	鸡西市虎林市东城镇青河村
P230381040	大葱	桦树大白葱	鸡西市虎林市虎林镇桦树村
P230381045	大蒜	跃进大蒜	鸡西市虎林市新乐乡双跃村
P230381046	洋葱	跃进毛葱	鸡西市虎林市新乐乡双跃村
P230381047	洋葱	八五零毛葱	鸡西市虎林市八五零农场
P230381050	梨	跃进梨2号	鸡西市虎林市新乐乡双跃村
P230381051	桃	新民油桃	鸡西市虎林市新乐乡新民村
P230381052	桃	新民毛桃	鸡西市虎林市新乐乡新民村
P230381053	李	麦穗黄李子	鸡西市虎林市新乐乡双跃村
P230381054	苹果	跃进沙果	鸡西市虎林市新乐乡双跃村
P230381055	梨	跃进香水梨	鸡西市虎林市新乐乡双跃村
P230381056	苹果	跃进海棠果	鸡西市虎林市新乐乡双跃村
P230381057	苹果	跃进台九苹果	鸡西市虎林市新乐乡双跃村
P230381058	李	清河李子1号	鸡西市虎林市新乐乡青河村
P230381059	李	清河李子3号	鸡西市虎林市新乐乡青河村
P230381061	苹果	开九苹果	鸡西市虎林市新乐乡双跃村
P230381062	李	跃进李子1号	鸡西市虎林市新乐乡双跃村
P230381063	李	跃进李子2号	鸡西市虎林市新乐乡双跃村

八、大庆市

66.大同区

大同区地处松嫩平原的中西部，大庆市境南部，东北与安达市接壤，东南与肇州县毗邻，西南与肇源县分界，西北与杜尔伯特蒙古族自治县相连。全区总面积2 400平方千米。

在该地区的2个乡镇3个村收集农作物种质资源共计30份，其中经济作物6份，粮食作物11份，蔬菜资源13份，见表4.66。

表4.66　大同区农作物种质资源收集情况

样品编号	作物名称	种质名称	采集地点
P230606002	玉米	庆阳山村玉米2	大庆市大同区八井子乡庆阳山村
P230606008	辣椒	四合村辣椒	大庆市大同区八井子乡四合屯
P230606009	糖高粱	四合村甜秆	大庆市大同区八井子乡四合屯
P230606010	糖高粱	四合村甜秆2	大庆市大同区八井子乡四合屯
P230606012	玉米	四合白玉米	大庆市大同区八井子乡四合屯
P230606014	烟草	四合烟	大庆市大同区八井子乡四合屯
P230606016	菜豆	四合毛毛豆	大庆市大同区八井子乡四合屯
P230606017	高粱	四合帚糜子	大庆市大同区八井子乡四合屯
P230606019	菜豆	四合花儿豆	大庆市大同区八井子乡四合屯
P230606020	菜豆	四合豆角4	大庆市大同区八井子乡四合屯
P230606027	小豆	长林村黑小豆	大庆市大同区林源镇长林村
P230606028	芫荽	长林村香菜	大庆市大同区林源镇长林村
P230606029	芝麻菜	长林村臭菜	大庆市大同区林源镇长林村
P230606033	菜豆	长林村豆角	大庆市大同区林源镇长林村
P230606042	花生	长林村花生	大庆市大同区林源镇长林村
P230606044	大蒜	长林村大蒜	大庆市大同区林源镇长林村
P230606045	谷子	长林村谷子	大庆市大同区林源镇长林村
P230606046	菜豆	长林村豆角（李）	大庆市大同区林源镇长林村
P230606047	高粱	长林村高粱	大庆市大同区林源镇长林村
P230606050	辣椒	长林村辣椒1	大庆市大同区林源镇长林村
P230606051	烟草	长林村烟	大庆市大同区林源镇长林村
P230606056	亚麻	长林村亚麻（李）	大庆市大同区林源镇长林村

样品编号	作物名称	种质名称	采集地点
P230606060	洋葱	长林村毛葱	大庆市大同区林源镇长林村
P230606061	高粱	长林村高粱2（帚用）	大庆市大同区林源镇长林村
P230606063	菜豆	长林村豆角2	大庆市大同区林源镇长林村
P230606065	玉米	长林村玉米1（李）	大庆市大同区林源镇长林村
P230606066	玉米	长林村玉米2	大庆市大同区林源镇长林村
P230606067	玉米	长林村玉米3（李）	大庆市大同区林源镇长林村
P230606069	小豆	长林村红小豆（李）	大庆市大同区林源镇长林村
P230606070	菜豆	长林村黄粒豆角（李）	大庆市大同区林源镇长林村

67.杜尔伯特蒙古族自治县

杜尔伯特蒙古族自治县位于黑龙江省西部，嫩江下游东岸。西邻泰来县，西南与吉林省镇赉县隔江相望，南与肇源县毗邻，东靠大庆市，北与齐齐哈尔市、林甸县接壤。位于北纬45°23′—45°59′、东经123°47′—125°45′。全县总面积6 176平方千米。

在该地区的2个乡镇3个村收集农作物种质资源共计31份，其中经济作物4份，粮食作物16份，蔬菜资源11份，见表4.67。

表4.67 杜尔伯特蒙古族自治县农作物种质资源收集情况

样品编号	作物名称	种质名称	采集地点
P230624001	菜豆	敖林老来少	大庆市杜尔伯特蒙古族自治县敖林西伯乡敖林村
P230624002	菜豆	敖林村豆角	大庆市杜尔伯特蒙古族自治县敖林西伯乡敖林村
P230624003	番茄	敖林村柿子	大庆市杜尔伯特蒙古族自治县敖林西伯乡敖林村
P230624005	马铃薯	敖林村土豆1	大庆市杜尔伯特蒙古族自治县敖林西伯乡敖林村
P230624006	马铃薯	敖林村土豆2	大庆市杜尔伯特蒙古族自治县敖林西伯乡敖林村
P230624012	高粱	敖林村帚高粱	大庆市杜尔伯特蒙古族自治县敖林西伯乡敖林村
P230624014	谷子	敖林村谷子	大庆市杜尔伯特蒙古族自治县敖林西伯乡敖林村
P230624016	芫荽	敖林村香菜	大庆市杜尔伯特蒙古族自治县敖林西伯乡敖林村
P230624017	辣椒	敖林村辣椒	大庆市杜尔伯特蒙古族自治县敖林西伯乡敖林村
P230624019	亚麻	敖林村大麻	大庆市杜尔伯特蒙古族自治县敖林西伯乡敖林村
P230624020	糖高粱	敖林村甜秆	大庆市杜尔伯特蒙古族自治县敖林西伯乡敖林村
P230624024	高粱	山湾村帚高粱	大庆市杜尔伯特蒙古族自治县巴彦查干乡山湾村

样品编号	作物名称	种质名称	采集地点
P230624028	烟草	山湾村旱烟	大庆市杜尔伯特蒙古族自治县巴彦查干乡山湾村
P230624029	黄瓜	山湾村黄瓜	大庆市杜尔伯特蒙古族自治县巴彦查干乡山湾村
P230624030	高粱	山湾村糜子	大庆市杜尔伯特蒙古族自治县巴彦查干乡山湾村
P230624031	辣椒	山湾村辣椒	大庆市杜尔伯特蒙古族自治县巴彦查干乡山湾村
P230624033	菜豆	山湾村豆角	大庆市杜尔伯特蒙古族自治县巴彦查干乡山湾村
P230624035	饭豆	山湾村花芸豆	大庆市杜尔伯特蒙古族自治县巴彦查干乡山湾村
P230624036	绿豆	山湾村绿豆	大庆市杜尔伯特蒙古族自治县巴彦查干乡山湾村
P230624037	小豆	山湾村红小豆	大庆市杜尔伯特蒙古族自治县巴彦查干乡山湾村
P230624038	玉米	山湾硬粒玉米	大庆市杜尔伯特蒙古族自治县巴彦查干乡山湾村
P230624039	玉米	山湾村玉米2	大庆市杜尔伯特蒙古族自治县巴彦查干乡山湾村
P230624040	玉米	山湾红粒玉米	大庆市杜尔伯特蒙古族自治县巴彦查干乡山湾村
P230624041	玉米	山湾村白玉米	大庆市杜尔伯特蒙古族自治县巴彦查干乡山湾村
P230624042	玉米	山湾大粒玉米	大庆市杜尔伯特蒙古族自治县巴彦查干乡山湾村
P230624045	花生	巴彦他拉花生	杜尔伯特蒙古族自治县巴彦查干乡巴彦他拉村
P230624046	玉米	巴彦他拉玉米	杜尔伯特蒙古族自治县巴彦查干乡巴彦他拉村
P230624047	菜豆	他拉村家雀蛋	杜尔伯特蒙古族自治县巴彦查干乡巴彦他拉村
P230624056	酸浆	巴彦菇娘	杜尔伯特蒙古族自治县巴彦查干乡巴彦他拉村
P230624059	大蒜	巴彦他拉村蒜	杜尔伯特蒙古族自治县巴彦查干乡巴彦他拉村
P230624062	黍稷	他拉村糜子	杜尔伯特蒙古族自治县巴彦查干乡巴彦他拉村

68.林甸县

林甸县位于黑龙江省中西部，松嫩平原北部，哈大齐走廊中心地带，南与大庆市安达市毗邻，东与明水县、青冈县接壤，西与齐齐哈尔市隔江相望，西南与杜尔伯特蒙古族自治县，北与富裕县、依安县相连，总面积3503平方千米。

在该地区的2个乡镇4个村收集农作物种质资源共计30份，其中经济作物3份，粮食作物11份，蔬菜资源16份，见表4.68。

表4.68 林甸县农作物种质资源收集情况

样品编号	作物名称	种质名称	采集地点
P230623003	菜豆	雷家屯黑白粒豆角	大庆市林甸县四合乡雷家屯
P230623004	菜豆	雷家屯褐花粒豆角	大庆市林甸县四合乡雷家屯
P230623005	辣椒	雷家屯辣椒1	大庆市林甸县四合乡雷家屯

样品编号	作物名称	种质名称	采集地点
P230623007	糖高粱	雷家屯甜秆	大庆市林甸县四合乡雷家屯
P230623010	烟草	雷家屯旱烟	大庆市林甸县四合乡雷家屯
P230623012	高粱	雷家屯帚高粱	大庆市林甸县四合乡雷家屯
P230623013	菜豆	雷家屯宽红	大庆市林甸县四合乡雷家屯
P230623014	菜豆	雷家屯小向豆	大庆市林甸县四合乡雷家屯
P230623017	番茄	雷家屯大红柿子	大庆市林甸县四合乡雷家屯
P230623022	芫荽	雷家屯香菜	大庆市林甸县四合乡雷家屯
P230623023	绿豆	雷家屯绿豆	大庆市林甸县四合乡雷家屯
P230623028	豌豆	雷家屯豌豆	大庆市林甸县四合乡雷家屯
P230623030	糖高粱	小榆树屯甜秆	大庆市林甸县四合乡小榆树屯
P230623034	辣椒	小榆树屯辣椒	大庆市林甸县四合乡小榆树屯
P230623035	大蒜	新风村大蒜	大庆市林甸县四合乡新风村
P230623041	高粱	小榆树屯帚高粱	大庆市林甸县四合乡小榆树屯
P230623043	扁豆	小榆树屯猪耳豆	大庆市林甸县四合乡小榆树屯
P230623045	辣椒	兴隆村辣椒	大庆市林甸县黎明乡兴隆村
P230623046	洋葱	新风村毛葱	大庆市林甸县四合乡新风村
P230623049	饭豆	小榆树屯黑饭豆	大庆市林甸县四合乡小榆树屯
P230623050	菜豆	小榆树屯豆角	大庆市林甸县四合乡小榆树屯
P230623053	高粱	新风村高粱	大庆市林甸县四合乡新风村
P230623058	菜豆	新风村豆角2	大庆市林甸县四合乡新风村
P230623060	高粱	新风村高粱（帚）	大庆市林甸县四合乡新风村
P230623063	大豆	新风村大豆	大庆市林甸县四合乡新风村
P230623069	菜豆	兴隆村豆角1	大庆市林甸县黎明乡兴隆村
P230623072	豌豆	兴隆村豌豆	大庆市林甸县黎明乡兴隆村
P230623073	玉米	兴隆村玉米1	大庆市林甸县黎明乡兴隆村
P230623076	菜豆	兴隆村豆角3	大庆市林甸县黎明乡兴隆村
P230623077	芫荽	兴隆村香菜	大庆市林甸县黎明乡兴隆村

69.肇源县

肇源县地处黑龙江省西部，松嫩两江左岸，长春、哈尔滨、大庆"金三角"的中心，位于北纬45°23′—45°59′、东经123°47′—125°45′。西北与杜尔伯特蒙古族自治县、大庆市毗邻，北与肇州县，东与绥化市肇东市接壤。西南以松、嫩两江主航道为界与吉林省白城市镇赉县、大安市、前郭尔罗斯蒙古族自治县、扶余市和哈尔滨市双城区隔江相望。辖区面积4119.5平方千米。

在该地区的3个乡镇9个村收集农作物种质资源共计30份，其中经济作物7份，粮食作物5份，蔬菜资源18份，见表4.69。

表 4.69　肇源县农作物种质资源收集情况

样品编号	作物名称	种质名称	采集地点
P230622002	菜豆	东义顺村浅黄粒油豆角	大庆市肇源县义顺乡东义顺村
P230622003	菜豆	东义顺村长粒油豆角	大庆市肇源县义顺乡东义顺村
P230622004	菜豆	东义顺村花粒油豆角	大庆市肇源县义顺乡东义顺村
P230622006	菜豆	东义顺村褐花粒油豆角	大庆市肇源县义顺乡东义顺村
P230622009	饭豆	三合村红芸豆	大庆市肇源县头台镇三合村
P230622014	菜豆	瓦房村豆角	大庆市肇源县头台镇瓦房村
P230622015	芫荽	瓦房村笨香菜	大庆市肇源县头台镇瓦房村
P230622018	高粱	瓦房村帚高粱	大庆市肇源县头台镇瓦房村
P230622020	菜豆	革志村紫角	大庆市肇源县义顺乡革志村
P230622023	菜豆	革志村早豆角	大庆市肇源县义顺乡革志村
P230622024	菜豆	革志村黄菜豆5	大庆市肇源县义顺乡革志村
P230622026	大蒜	革志村大蒜	大庆市肇源县义顺乡革志村
P230622031	黍稷	野糜子	大庆市肇源县古龙镇伍家村
P230622032	糖高粱	伍家村黑甜高粱	大庆市肇源县古龙镇伍家村
P230622033	花生	伍家村花生（四粒红）	大庆市肇源县古龙镇伍家村
P230622034	谷子	伍家村谷子	大庆市肇源县古龙镇伍家村
P230622035	糖高粱	团结村甜高粱	大庆市肇源县头台镇团结村
P230622036	糖高粱	团结村甜高粱	大庆市肇源县头台镇团结村
P230622037	亚麻	团结村大麻	大庆市肇源县头台镇团结村
P230622038	菜豆	河南村灰黑菜豆	大庆市肇源县古龙镇河南村
P230622039	菜豆	河南村花黑豆	大庆市肇源县古龙镇河南村
P230622040	菜豆	肇源县河南村豆角	大庆市肇源县古龙镇河南村
P230622045	菜豆	古龙村花豆	大庆市肇源县古龙镇古龙村
P230622046	菜豆	古龙村深豆	大庆市肇源县古龙镇古龙村
P230622047	芫荽	古龙村香菜	大庆市肇源县古龙镇古龙村
P230622053	辣椒	古龙村辣椒	大庆市肇源县古龙镇古龙村
P230622055	糖高粱	东发村甜高粱	大庆市肇源县义顺乡东发村

样品编号	作物名称	种质名称	采集地点
P230622056	糖高粱	东发村散穗甜高粱	大庆市肇源县义顺乡东发村
P230622058	洋葱	东发村毛葱	大庆市肇源县义顺乡东发村
P230622059	绿豆	东发村绿豆	大庆市肇源县义顺乡东发村

70.肇州县

肇州县位于黑龙江省西南部,松花江之北,松嫩平原腹地,背靠大庆油田,东部与肇东市毗邻,西部与大同区交界,南部与肇源县接壤,北部与安达市相连。辖区面积2445平方千米。

在该地区的5个乡镇5个村收集农作物种质资源共计30份,其中经济作物4份,粮食作物6份,蔬菜资源20份,见表4.70。

表4.70　肇州县农作物种质资源收集情况

样品编号	作物名称	种质名称	采集地点
P230621001	洋葱	刘盼屯毛葱	大庆市肇州县二井乡民兴村刘盼屯
P230621003	菜豆	刘盼屯豆角	大庆市肇州县二井镇民兴村刘盼屯
P230621004	菜豆	刘盼屯红斑点豆角	大庆市肇州县二井镇民兴村刘盼屯
P230621005	辣椒	刘盼屯本地辣椒	大庆市肇州县二井镇民兴村刘盼屯
P230621006	长豇豆	刘盼屯细豆	大庆市肇州县二井镇民兴村刘盼屯
P230621007	高粱	刘盼屯帚高粱	大庆市肇州县二井镇民兴村刘盼屯
P230621009	饭豆	刘盼屯红芸豆	大庆市肇州县二井镇民兴村刘盼屯
P230621010	烟草	刘盼屯红旱烟	大庆市肇州县二井镇民兴村刘盼屯
P230621012	大蒜	刘盼屯大蒜	大庆市肇州县二井乡民兴村刘盼屯
P230621013	菜豆	平安三屯老来少豆角李	大庆市肇州县丰乐镇平安村三屯
P230621014	菜豆	平安三屯花皮豆角	大庆市肇州县丰乐镇平安村三屯
P230621017	酸浆	平安三屯紫姑娘	大庆市肇州县丰乐镇平安村三屯
P230621018	菜豆	平安三屯油豆角	大庆市肇州县丰乐镇平安村三屯
P230621019	菜豆	平安三屯菜豆五	大庆市肇州县丰乐镇平安村三屯
P230621020	菜豆	平安三屯花粒油豆角	大庆市肇州县丰乐镇平安村三屯
P230621021	菜豆	平安三屯紫白粒油豆角	大庆市肇州县丰乐镇平安村三屯
P230621022	菜豆	平安三屯奶白花4	大庆市肇州县丰乐镇平安村三屯
P230621023	菜豆	平安三屯黑白粒油豆角	大庆市肇州县丰乐镇平安村三屯
P230621024	菜豆	平安三屯黄粒油豆角	大庆市肇州县丰乐镇平安村三屯

样品编号	作物名称	种质名称	采集地点
P230621025	饭豆	平安三屯黑芸豆 3	大庆市肇州县丰乐镇平安村三屯
P230621026	饭豆	平安三屯小白芸豆	大庆市肇州县丰乐镇平安村三屯
P230621027	菜豆	平安三屯奶花油豆角	大庆市肇州县丰乐镇平安村三屯
P230621028	菜豆	平安三屯兔子翻白眼	大庆市肇州县丰乐镇平安村三屯
P230621029	糖高粱	平安三屯甜高粱	大庆市肇州县丰乐镇平安村三屯
P230621031	长豇豆	平安三屯十八豆	大庆市肇州县丰乐镇平安村三屯
P230621032	亚麻	平安三屯线麻	大庆市肇州县丰乐镇平安村三屯
P230621037	菜豆	灰豆	大庆市肇州县肇州镇农贸市场
P230621038	向日葵	肇州大毛嗑	大庆市肇州县肇州镇农贸市场
P230621039	谷子	开荒屯托古红谷	大庆市肇州县托古乡宜林开荒屯
P230621040	谷子	开荒屯托古谷子	大庆市肇州县托古乡宜林开荒屯

九、绥化市

71.安达市

安达市地处黑龙江省西南部松嫩平原腹地，位于东经 124°53′—125°55′、北纬 46°01′—47°01′之间。南距省城哈尔滨 120 千米，北至鹤城齐齐哈尔 160 千米，与世界石油名城大庆毗邻接壤，周围与青冈、兰西、肇东、肇州、林甸 5 个市县为邻，位于哈大齐经济带的黄金地段，是哈大齐工业走廊的重要节点城市，是黑龙江省优先发展城市之一。全市总面积 3586 平方千米。

在该地区的 2 个乡镇 5 个村收集农作物种质资源共计 31 份，其中经济作物 4 份，粮食作物 14 份，蔬菜资源 13 份，见表 4.71。

表 4.71 安达市农作物种质资源收集情况

样品编号	作物名称	种质名称	采集地点
P231281001	玉米	镇政府黄金塔	绥化市安达市羊草镇政府
P231281003	高粱	永富村帚高粱	绥化市安达市羊草镇永富村
P231281007	菜豆	永富村黑珍珠	绥化市安达市羊草镇永富村
P231281009	糖高粱	东升村甜秆	绥化市安达市羊草镇东升村
P231281010	菜豆	东升村豆角	绥化市安达市羊草镇东升村
P231281012	亚麻	东升村亚麻	绥化市安达市羊草镇东升村

样品编号	作物名称	种质名称	采集地点
P231281014	小豆	吉利村红小豆	绥化市安达市羊草镇吉利村
P231281015	玉米	吉利村玉米1	绥化市安达市羊草镇吉利村
P231281016	玉米	吉利村硬粒玉米	绥化市安达市羊草镇吉利村
P231281018	烟草	吉利村卷烟	绥化市安达市羊草镇吉利村
P231281019	高粱	吉利村帚高粱1	绥化市安达市羊草镇吉利村
P231281024	亚麻	吉利村大麻	绥化市安达市羊草镇吉利村
P231281025	谷子	吉利村谷子	绥化市安达市羊草镇吉利村
P231281026	小豆	吉利村红小豆2	绥化市安达市羊草镇吉利村
P231281029	辣椒	新兴村青椒1	绥化市安达市老虎岗镇新兴村
P231281035	菜豆	新兴村麻紫豆	绥化市安达市老虎岗镇新兴村
P231281036	菜豆	新兴村白粒豆角	绥化市安达市老虎岗镇新兴村
P231281039	辣椒	新兴村辣椒1	绥化市安达市老虎岗镇新兴村
P231281041	芫荽	新兴村香菜1	绥化市安达市老虎岗镇新兴村
P231281046	高粱	新兴村高粱	绥化市安达市老虎岗镇新兴村
P231281047	长豇豆	新兴村豇豆角	绥化市安达市老虎岗镇新兴村
P231281050	辣椒	新兴村大辣椒	绥化市安达市老虎岗镇新兴村
P231281051	番茄	新兴村黄陀蔓	绥化市安达市老虎岗镇新兴村
P231281053	谷子	新兴村谷子	绥化市安达市老虎岗镇新兴村
P231281055	菜豆	新兴村黄麻紫豆	绥化市安达市老虎岗镇新兴村
P231281059	菜豆	新兴村花粒豆角	绥化市安达市老虎岗镇新兴村
P231281061	辣椒	新兴村辣妹子	绥化市安达市老虎岗镇新兴村
P231281062	玉米	新兴村小粒玉米	绥化市安达市老虎岗镇新兴村
P231281064	玉米	新兴村硬粒玉米	绥化市安达市老虎岗镇新兴村
P231281065	玉米	新兴村玉米4	绥化市安达市老虎岗镇新兴村
P231281067	玉米	新兴村大粒玉米	绥化市安达市老虎岗镇新兴村

72.海伦市

海伦市位于黑龙江省中部,距省会哈尔滨市225千米。境内南起北纬46°58′,北至北纬47°52′,西起东经126°14′,东至东经127°45′,东部隔克音河与绥棱县为界,西部隔通肯河与青冈、明水、拜泉县相望,北部与北安市接壤,南部与绥化市、望奎县为邻。全境从东北到西南较长,150千米;南北较短,78千米,总面积为 4 667 平方千米。

在该地区的 4 个乡镇 5 个村收集农作物种质资源共计 33 份，其中经济作物 4 份，粮食作物 13 份，蔬菜资源 16 份，见表 4.72。

表 4.72　海伦市农作物种质资源收集情况

样品编号	作物名称	种质名称	采集地点
P231283006	叶用莴苣	生菜	绥化市海伦市向荣镇向荣村
P231283014	菜豆	豆角 3	绥化市海伦市向荣镇向荣村
P231283019	玉米	向荣村黏玉米	绥化市海伦市向荣镇向荣村
P231283023	芫荽	向荣村香菜	绥化市海伦市向荣镇向荣村
P231283024	菜豆	向荣村花粒豆角	绥化市海伦市向荣镇向荣村
P231283027	番茄	向荣村黄尖柿子	绥化市海伦市向荣镇向荣村
P231283029	番茄	向荣村红毛柿子	绥化市海伦市向荣镇向荣村
P231283030	菜豆	向荣村褐粒豆角	绥化市海伦市向荣镇向荣村
P231283032	芫荽	长荣村香菜 1 张	绥化市海伦市东林镇长荣村
P231283034	辣椒	长荣村辣椒张	绥化市海伦市东林镇长荣村
P231283045	高粱	长荣村帚高粱张	绥化市海伦市东林镇长荣村
P231283047	豌豆	长荣村豌豆张	绥化市海伦市东林镇长荣村
P231283051	玉米	长荣村火玉米张	绥化市海伦市东林镇长荣村
P231283052	糖高粱	长荣村细甜秆张	绥化市海伦市东林镇长荣村
P231283053	长豇豆	长荣村豇豆张	绥化市海伦市东林镇长荣村
P231283060	向日葵	长荣村葵花郭	绥化市海伦市东林镇长荣村
P231283062	菜豆	长荣村豆角郭	绥化市海伦市东林镇长荣村
P231283066	烟草	长荣村旱烟郭	绥化市海伦市东林镇长荣村
P231283067	小豆	长荣村红小豆赵	绥化市海伦市东林镇长荣村
P231283072	高粱	长荣村帚高粱赵	绥化市海伦市东林镇长荣村
P231283073	芫荽	长荣村大叶香菜赵	绥化市海伦市东林镇长荣村
P231283079	番茄	长荣村紫柿子谷	绥化市海伦市东林镇长荣村
P231283080	玉米	长荣村火玉米谷	绥化市海伦市东林镇长荣村
P231283081	饭豆	南众村饭豆	绥化市海伦市海北镇南众村
P231283082	菜豆	南众村老牛腿	绥化市海伦市海北镇南众村
P231283083	酸浆	南众菇娘	绥化市海伦市海北镇南众村
P231283084	野生大豆	南众村野生豆	绥化市海伦市海北镇南众村
P231283090	菜豆	向荣黑儿豆赵	绥化市海伦市向荣镇向荣村

样品编号	作物名称	种质名称	采集地点
P231283093	饭豆	市场长粒奶白花饭豆	绥化市海伦市向荣镇向荣村
P231283098	芝麻	大峡谷山芝麻	绥化市海伦市红光农场大峡谷
P231283103	饭豆	市场花饭豆	绥化市海伦市向荣镇农贸市场
P231283104	饭豆	市场黑饭豆	绥化市海伦市向荣镇农贸市场
P231283105	饭豆	市场大粒花饭豆	绥化市海伦市向荣镇农贸市场

73.兰西县

兰西县地处松嫩平原腹地,因地处呼兰河西岸而得名。地理坐标为东经126°16′,北纬46°15′。南接省会哈尔滨,西倚哈大齐工业走廊,东临市府绥化,全县总面积2 499平方千米。

在该地区的3个乡镇6个村收集农作物种质资源共计30份,其中经济作物3份,粮食作物12份,蔬菜资源15份,见表4.73。

表4.73 兰西县农作物种质资源收集情况

样品编号	作物名称	种质名称	采集地点
P231222001	饭豆	麻酥豆	绥化市兰西县康荣镇岳家窝堡
P231222002	小豆	岳家窝堡红小豆	绥化市兰西县康荣镇岳家窝堡
P231222004	饭豆	岳家窝堡奶花豆	绥化市兰西县康荣镇岳家窝堡
P231222005	小豆	岳家窝堡小黑豆	绥化市兰西县康荣镇岳家窝堡
P231222006	辣椒	岳家窝堡辣椒	绥化市兰西县康荣镇岳家窝堡
P231222007	菜豆	大姜家窝堡黄粒豆角	绥化市兰西县康荣镇大姜家窝堡
P231222008	菜豆	大姜家窝堡豆角	绥化市兰西县康荣镇大姜家窝堡
P231222009	菜豆	大姜家窝堡粉粒豆角	绥化市兰西县康荣镇大姜家窝堡
P231222010	饭豆	大姜家窝堡饭豆	绥化市兰西县康荣镇大姜家窝堡
P231222012	糖高粱	大姜家窝堡甜秆	绥化市兰西县康荣镇大姜家窝堡
P231222015	糖高粱	东黄崖子甜高粱2	绥化市兰西县兰西镇东黄崖子村
P231222016	菜豆	东黄崖子兔子翻白眼	绥化市兰西县兰西镇东黄崖子村
P231222018	饭豆	东黄崖子红芸豆	绥化市兰西县兰西镇东黄崖子村
P231222021	绿豆	东黄崖子绿豆	绥化市兰西县兰西镇东黄崖子村
P231222022	菜豆	东黄崖子黄籽豆角	绥化市兰西县兰西镇东黄崖子村
P231222024	菜豆	东黄崖子黑籽豆角	绥化市兰西县兰西镇东黄崖子村
P231222027	菜豆	东黄崖褐籽豆角	绥化市兰西县兰西镇东黄崖子村

样品编号	作物名称	种质名称	采集地点
P231222029	高粱	车甫黏高粱	绥化市兰西县兰西镇车甫村
P231222031	饭豆	车甫红打豆子	绥化市兰西县兰西镇车甫村
P231222032	饭豆	车甫花打豆子	绥化市兰西县兰西镇车甫村
P231222033	番茄	车甫柿子	绥化市兰西县兰西镇车甫村
P231222034	芫荽	车甫香菜	绥化市兰西县兰西镇车甫村
P231222035	叶用莴苣	车甫生菜	绥化市兰西县兰西镇车甫村
P231222036	高粱	东黄崖子帚高粱	绥化市兰西县兰西镇东黄崖子村
P231222037	糖高粱	东黄崖子紧穗甜秆	绥化市兰西县兰西镇东黄崖子村
P231222040	高粱	榆林帚高粱	绥化市兰西县榆林镇张四木材厂
P231222042	菜豆	林荣花籽豆角	绥化市兰西县榆林镇林荣村
P231222043	菜豆	林荣褐籽豆角	绥化市兰西县榆林镇林荣村
P231222044	菜豆	林荣无名豆角	绥化市兰西县榆林镇林荣村
P231222046	辣椒	大姜家窝堡辣椒	绥化市兰西县康荣镇大姜家窝堡

74.明水县

明水县位于黑龙江省西南部，地处松嫩平原西北部、小兴安岭西南麓、通肯河流域，地理坐标为东经125°15′—126°30′、北纬47°—47°20′之间；东隔通肯河与海伦市相望，南与青冈县为邻，西与林甸县相连，北与拜泉县、西北与依安县相接。东西长86千米，南北宽31.6千米。土地面积2 308平方千米。

在该地区的3个乡镇5个村收集农作物种质资源共计30份，其中经济作物7份，粮食作物5份，蔬菜资源18份，见表4.74。

表4.74 明水县农作物种质资源收集情况

样品编号	作物名称	种质名称	采集地点
P231225001	糖高粱	双合村甜秆	绥化市明水县双兴乡双合村
P231225002	辣椒	双合村辣椒	绥化市明水县双兴乡双合村
P231225003	饭豆	双合饭豆	绥化市明水县双兴乡双合村
P231225004	菜豆	双合豆角	绥化市明水县双兴乡双合村
P231225005	菜豆	高家屯花粒豆角	绥化市明水县双兴乡高家屯
P231225006	菜豆	高家屯红粒豆角	绥化市明水县双兴乡高家屯
P231225007	菜豆	高家屯大粒豆角	绥化市明水县双兴乡高家屯

样品编号	作物名称	种质名称	采集地点
P231225008	菜豆	高家屯杂豆角	绥化市明水县双兴乡高家屯
P231225009	饭豆	高家屯芸豆	绥化市明水县双兴乡高家屯
P231225010	高粱	高家屯糜子	绥化市明水县双兴乡高家屯
P231225011	亚麻	山麻	绥化市明水县双兴乡双合村
P231225012	菜豆	双合村灰豆角	绥化市明水县双兴乡双合村
P231225014	糖高粱	高家屯甜秆	绥化市明水县双兴乡高家屯
P231225016	辣椒	太平辣椒	绥化市明水县通达镇太平村
P231225017	糖高粱	太平甜秆1	绥化市明水县通达镇太平村
P231225018	高粱	太平帚高粱	绥化市明水县通达镇太平村
P231225019	糖高粱	太平甜秆2	绥化市明水县通达镇太平村
P231225020	烟草	太平旱烟	绥化市明水县通达镇太平村
P231225022	番茄	太平西红柿	绥化市明水县通达镇太平村
P231225023	饭豆	太平奶白花芸豆	绥化市明水县通达镇太平村
P231225024	辣椒	胜利辣椒	绥化市明水县育林乡胜利村
P231225025	叶用莴苣	胜利生菜	绥化市明水县育林乡胜利村
P231225026	芝麻菜	胜利臭菜	绥化市明水县育林乡胜利村
P231225027	菜豆	示范村花粒豆角	绥化市明水县育林乡示范村
P231225028	菜豆	示范村褐花粒豆角	绥化市明水县育林乡示范村
P231225030	糖高粱	示范村甜秆	绥化市明水县育林乡示范村
P231225031	菜豆	太平豆角2	绥化市明水县通达镇太平村
P231225032	芫荽	胜利香菜	绥化市明水县育林乡胜利村
P231225033	酸浆	太平山菇娘	绥化市明水县通达镇太平村
P231225034	大蒜	太平村大蒜	绥化市明水县通达镇太平村

75.青冈县

青冈县位于黑龙江省中南部，松嫩平原腹地。南邻省城哈尔滨市 120 千米，西接油城大庆市 90 千米，东与海伦市、望奎县隔通肯河相望，北连黑河市。青冈县行政区划总面积 2 685 平方千米。

在该地区的 2 个乡镇 5 个村收集农作物种质资源共计 30 份，其中经济作物 4 份，粮食作物 4 份，蔬菜资源 22 份，见表 4.75。

表 4.75 青冈县农作物种质资源收集情况

样品编号	作物名称	种质名称	采集地点
P231223001	菜豆	二排四豆角	绥化市青冈县中和镇二排四村
P231223002	菜豆	二排四村豆角 2	绥化市青冈县中和镇二排四村
P231223003	菜豆	二排四黑籽豆角	绥化市青冈县中和镇二排四村
P231223004	向日葵	葵花	绥化市青冈县中和镇二排四村
P231223005	辣椒	二排四辣椒	绥化市青冈县中和镇二排四村
P231223006	酸浆	红菇娘	绥化市青冈县中和镇二排四村
P231223010	菜豆	八家王豆角	绥化市青冈县中和镇八家王村
P231223011	菜豆	八家王架豆角	绥化市青冈县中和镇八家王村
P231223012	糖高粱	八家王甜高粱	绥化市青冈县中和镇八家王村
P231223014	番茄	八家王黄柿子	绥化市青冈县中和镇八家王村
P231223015	番茄	八家王柿子	绥化市青冈县中和镇八家王村
P231223019	菜豆	新合灰豆角	绥化市青冈县建设乡新合村
P231223020	番茄	新合柿子	绥化市青冈县建设乡新合村
P231223022	饭豆	奶白花	绥化市青冈县建设乡新合村
P231223023	芫荽	新合香菜	绥化市青冈县建设乡新合村
P231223026	高粱	新胜帚高粱	绥化市青冈县建设乡新胜村
P231223027	菜豆	大马掌	绥化市青冈县建设乡新胜村
P231223028	黄瓜	新胜黄瓜	绥化市青冈县建设乡新胜村
P231223029	番茄	新胜柿子	绥化市青冈县建设乡新胜村
P231223030	苏子	新胜苏子	绥化市青冈县建设乡新胜村
P231223031	番茄	新合柿子 1	绥化市青冈县建设乡新合村
P231223032	小豆	双丰黑小豆	绥化市青冈县建设乡双丰村
P231223034	南瓜	双丰南瓜	绥化市青冈县建设乡双丰村
P231223036	烟草	双丰村烤烟	绥化市青冈县建设乡双丰村
P231223037	辣椒	双丰长辣椒	绥化市青冈县建设乡双丰村
P231223039	黄瓜	双丰黄瓜	绥化市青冈县建设乡双丰村
P231223041	高粱	双丰帚高粱	绥化市青冈县建设乡双丰村
P231223043	辣椒	双丰村辣妹子	绥化市青冈县建设乡双丰村
P231223044	洋葱	双丰村毛葱	绥化市青冈县建设乡双丰村
P231223045	大蒜	双丰村大蒜	绥化市青冈县建设乡双丰村

76.庆安县

庆安县位于黑龙江省中部的松嫩平原与小兴安岭余脉的交汇地带，属呼兰河流域中上游。东与伊春市铁力市隔安邦河、伊吉密河相望，东南与哈尔滨市通河县相邻，东北与伊春市接壤，南与哈尔滨市巴彦县、木兰县毗邻，西与绥化市为邻，北与绥化市绥棱县相连。西距省会哈尔滨170千米，东距伊春178千米，北距黑河470千米，距鹤岗280千米，总面积5 469平方千米。

在该地区的3个乡镇6个村收集农作物种质资源共计30份，其中经济作物5份，粮食作物5份，蔬菜资源20份，见表4.76。

表4.76　庆安县农作物种质资源收集情况

样品编号	作物名称	种质名称	采集地点
P231224002	玉米	太平村爆裂玉米	绥化市庆安县平安镇太平村
P231224003	酸浆	太平村菇娘	绥化市庆安县平安镇太平村
P231224005	饭豆	太平村黑饭豆	绥化市庆安县平安镇太平村
P231224006	饭豆	太平村白饭豆	绥化市庆安县平安镇太平村
P231224007	长豇豆	太平村十八豆	绥化市庆安县平安镇太平村
P231224008	南瓜	太平村倭瓜	绥化市庆安县平安镇太平村
P231224010	菜豆	太平村黑油豆	绥化市庆安县平安镇太平村
P231224011	菜豆	太平村黑白花粒豆角	绥化市庆安县平安镇太平村
P231224012	菜豆	太平村白花粒豆角	绥化市庆安县平安镇太平村
P231224013	菜豆	太平村高产豆角	绥化市庆安县平安镇太平村
P231224014	番茄	太平村皮球柿子	绥化市庆安县平安镇太平村
P231224015	芫荽	太平村香菜	绥化市庆安县平安镇太平村
P231224017	黄瓜	太平村黄瓜2	绥化市庆安县平安镇太平村
P231224019	芫荽	勤兴村香菜	绥化市庆安县勤劳镇勤兴村
P231224023	黄瓜	勤兴村黄瓜2	绥化市庆安县勤劳镇勤兴村
P231224026	南瓜	勤兴村南瓜	绥化市庆安县勤劳镇勤兴村
P231224027	大葱	勤兴村大葱	绥化市庆安县勤劳镇勤兴村
P231224028	番茄	勤兴村柿子	绥化市庆安县勤劳镇勤兴村
P231224033	野生大豆	柳河林场野生豆	绥化市庆安县柳河镇柳河林场
P231224036	亚麻	柳河林场线麻	绥化市庆安县柳河镇柳河林场
P231224037	亚麻	新岗村线麻	绥化市庆安县柳河镇新岗村
P231224039	糖高粱	新岗村甜秆高粱	绥化市庆安县柳河镇新岗村

样品编号	作物名称	种质名称	采集地点
P231224040	苏子	新岗村苏子	绥化市庆安县柳河镇新岗村
P231224042	糖高粱	新升村甜秆高粱	绥化市庆安县柳河镇新升村
P231224043	高粱	新升村帚高粱	绥化市庆安县柳河镇新升村
P231224044	番茄	新强村大黄柿子	绥化市庆安县柳河镇新强村
P231224046	芫荽	新强村小叶香菜	绥化市庆安县柳河镇新强村
P231224054	菜豆	新强村一挂鞭豆角	绥化市庆安县柳河镇新强村
P231224055	菜豆	新强村红线豆角	绥化市庆安县柳河镇新强村
P231224062	大蒜	新强村大蒜	绥化市庆安县柳河镇新强村

77.绥棱县

绥棱县位于黑龙江省中部，小兴安岭南端西麓，绥化市东北部。距绥化市70千米，距哈尔滨180千米。地理坐标为东经127°30′44″—127°43′00″，北纬47°30′24″—47°43′40″。东临伊春市，东南与庆安县接壤，南部和西南连接北林区，西部和西北与北安市、海伦市相连，东北及北部与北安市和逊克县相邻。全县总面积4312平方千米。

在该地区的5个乡镇7个村收集农作物种质资源共计30份，其中果树资源1份，粮食作物8份，蔬菜资源21份，见表4.77。

表4.77　绥棱县农作物种质资源收集情况

样品编号	作物名称	种质名称	采集地点
P231226001	玉米	天华农场玉米	绥化市绥棱县四海店镇天华农场
P231226005	野生大豆	四平山野生豆	绥化市绥棱县五四林场四平山
P231226010	核桃	向阳村山核桃	绥化市绥棱县四海店镇向阳村
P231226013	大蒜	上集村大蒜	绥化市绥棱县上集镇上集村
P231226022	野生大豆	四平山野生豆2	绥化市绥棱县五四林场四平山
P231226025	菜豆	四井村白花粒豆角	绥化市绥棱县克音河乡四井村
P231226026	菜豆	四井村粉花粒豆角	绥化市绥棱县克音河乡四井村
P231226028	长豇豆	四井村豇豆	绥化市绥棱县克音河乡四井村
P231226031	番茄	四井村柿子	绥化市绥棱县克音河乡四井村
P231226032	番茄	大黄柿子	绥化市绥棱县克音河乡四井村
P231226034	菜豆	中兴村花粒菜豆	绥化市绥棱县克音河乡中兴村

样品编号	作物名称	种质名称	采集地点
P231226035	菜豆	中兴村家雀蛋菜豆	绥化市绥棱县克音河乡中兴村
P231226036	饭豆	中兴村奶白花饭豆	绥化市绥棱县克音河乡中兴村
P231226037	饭豆	中兴村饭豆	绥化市绥棱县克音河乡中兴村
P231226039	菜豆	长青村花粒豆角	绥化市绥棱县阁山镇长青村
P231226040	小豆	长青村红小豆	绥化市绥棱县阁山镇长青村
P231226041	菜豆	长青村早油豆	绥化市绥棱县阁山镇长青村
P231226042	玉米	长青村毛苞米	绥化市绥棱县阁山镇长青村
P231226043	酸浆	长青村菇娘	绥化市绥棱县阁山镇长青村
P231226045	辣椒	长青村小辣椒	绥化市绥棱县阁山镇长青村
P231226046	辣椒	长青村大辣椒	绥化市绥棱县阁山镇长青村
P231226048	黄瓜	长青村大黄瓜	绥化市绥棱县阁山镇长青村
P231226049	黄瓜	长青村黄瓜	绥化市绥棱县阁山镇长青村
P231226052	大葱	长青村大葱	绥化市绥棱县阁山镇长青村
P231226056	菜豆	长青村大粒豆角	绥化市绥棱县阁山镇长青村
P231226057	番茄	长青村红柿子	绥化市绥棱县阁山镇长青村
P231226063	番茄	长青村甜柿子	绥化市绥棱县阁山镇长青村
P231226065	番茄	长青村柿子	绥化市绥棱县阁山镇长青村
P231226066	菜豆	长青村黑白粒豆角	绥化市绥棱县阁山镇长青村
P231226068	饭豆	长青村暗黑饭豆	绥化市绥棱县阁山镇长青村

78.望奎县

望奎县位于黑龙江省中部，松嫩平原腹地。地理位置在东经 126°10′23″—126°59′00″，北纬 46°32′07″—47°08′24″之间。地处小兴安岭南边缘与松嫩平原的过渡地带，县境近似纺锤状菱形，三面濒河，东、南沿克音河、诺敏河、呼兰河 3 条流域与绥化市邻接，西南向隅与兰西县以河为界，西倚通肯河与青冈县毗连，北端陆路与海伦市接壤。县境：南北长 65.8 千米，东西阔 62.5 千米，总面积 2 314 平方千米。

在该地区的 4 个乡镇 6 个村收集农作物种质资源共计 30 份，其中经济作物 3 份，粮食作物 14 份，蔬菜资源 13 份，见表 4.78。

表4.78　望奎县农作物种质资源收集情况

样品编号	作物名称	种质名称	采集地点
P231221002	饭豆	正白后黑饭豆	绥化市望奎县灵山乡正白后二村
P231221004	菜豆	正白后二村红家鸟蛋	绥化市望奎县灵山乡正白后二村
P231221005	菜豆	正白后二村勾勾黄	绥化市望奎县灵山乡正白后二村
P231221007	芫荽	正白后二村大叶香菜	绥化市望奎县灵山乡正白后二村
P231221008	番茄	正白后二村大绿柿子	绥化市望奎县灵山乡正白后二村
P231221010	高粱	正白后二村帚高粱	绥化市望奎县灵山乡正白后二村
P231221011	高粱	正白后二村黏高粱	绥化市望奎县灵山乡正白后二村
P231221012	饭豆	厢红七村奶白花	绥化市望奎县后三乡厢红七村
P231221013	小豆	厢红七村红小豆	绥化市望奎县后三乡厢红七村
P231221015	辣椒	厢红七辣椒	绥化市望奎县后三乡厢红七村
P231221016	酸浆	厢红七红菇娘	绥化市望奎县后三乡厢红七村
P231221020	番茄	厢红七红柿子	绥化市望奎县后三乡厢红七村
P231221022	洋葱	厢红七村毛葱	绥化市望奎县后三乡厢红七村
P231221023	大蒜	厢红七村大蒜	绥化市望奎县后三乡厢红七村
P231221024	花生	正白后三村花生	绥化市望奎县灵山乡正白后三村
P231221025	饭豆	双台屯饭豆	绥化市望奎县海丰镇双台屯
P231221027	高粱	双台屯高粱	绥化市望奎县海丰镇双台村
P231221028	野生大豆	双台屯野生大豆1	绥化市望奎县海丰镇双台村
P231221032	马铃薯	孔家屯土豆	绥化市望奎县先锋镇孔家屯
P231221033	烟草	孔家屯旱烟	绥化市望奎县先锋孔家屯
P231221034	饭豆	孔家屯饭豆	绥化市望奎县先锋镇孔家屯
P231221035	小豆	孔家屯小豆	绥化市望奎县先锋镇孔家屯
P231221036	马铃薯	正白后二村土豆	绥化市望奎县灵山乡正白后二村
P231221037	黄瓜	孔家屯黄瓜	绥化市望奎县先锋镇孔家屯
P231221038	高粱	孔家屯帚高粱	绥化市望奎县先锋镇孔家屯
P231221039	糖高粱	孔家屯甜秆	绥化市望奎县先锋镇孔家屯
P231221040	小豆	孔家屯红小豆	绥化市望奎县先锋镇孔家屯
P231221041	大葱	孔家屯大葱	绥化市望奎县先锋镇孔家屯
P231221042	菜豆	正白后二村油豆角	绥化市望奎县灵山乡正白后二村
P231221043	菜豆	孔家屯油豆角	绥化市望奎县先锋镇孔家屯

79.肇东市

肇东市位于黑龙江省西南部，松嫩平原中部，位于为东经125°22′—126°22′、北纬45°10′—46°20′之间。南距哈尔滨53千米，北距大庆74千米，总面积4 332平方千米。

在该地区的3个乡镇7个村收集农作物种质资源共计37份，其中经济作物10份，粮食作物15份，蔬菜资源12份，见表4.79。

表4.79 肇东市农作物种质资源收集情况

样品编号	作物名称	种质名称	采集地点
P231282002	糖高粱	甜高粱	绥化市肇东市太平乡太平村
P231282003	糖高粱	太平村甜高粱	绥化市肇东市太平乡太平村
P231282004	高粱	笤帚糜子	绥化市肇东市太平乡太平村
P231282006	菜豆	太平村豆角	绥化市肇东市太平乡太平村
P231282007	长豇豆	太平村豆角刘	绥化市肇东市太平乡太平村
P231282010	玉米	黑玉米	绥化市肇东市太平乡太平村
P231282013	辣椒	太平村红辣椒	绥化市肇东市太平乡太平村
P231282014	酸浆	太平村红菇娘	绥化市肇东市太平乡太平村
P231282015	糖高粱	同合村甜秆	绥化市肇东市太平乡同合村
P231282020	谷子	同合村谷子	绥化市肇东市太平乡同合村
P231282021	谷子	同合谷子	绥化市肇东市太平乡同合村
P231282022	谷子	野生谷子	绥化市肇东市太平乡同合村
P231282023	绿豆	同合村绿豆	绥化市肇东市太平乡同合村
P231282024	长豇豆	十八豆	绥化市肇东市太平乡同合村
P231282031	烟草	白家屯烤烟	绥化市肇东市安民乡白家屯
P231282033	小豆	胜安红小豆	绥化市肇东市安民乡胜安村
P231282034	亚麻	胜安麻	绥化市肇东市安民乡胜安村
P231282035	高粱	胜安帚高粱	绥化市肇东市安民乡胜安村
P231282037	烟草	大红花	绥化市肇东市安民乡胜安村
P231282038	糖高粱	盖家店甜秆	绥化市肇东市安民乡盖家店
P231282041	菜豆	早熟白	绥化市肇东市安民乡盖家店
P231282042	糖高粱	红壳甜	绥化市肇东市安民乡盖家店
P231282043	菜豆	兔子翻白眼	绥化市肇东市安民乡盖家店
P231282045	高粱	东双山帚高粱	绥化市肇东市跃进乡东双山村
P231282048	亚麻	东双山麻	绥化市肇东市跃进乡东双山村

样品编号	作物名称	种质名称	采集地点
P231282050	绿豆	于家洼子绿豆	绥化市肇东市跃进乡于家洼子屯
P231282051	绿豆	于家洼子小绿豆	绥化市肇东市跃进乡于家洼子屯
P231282052	小豆	于家洼子黑小豆	绥化市肇东市跃进乡于家洼子屯
P231282053	小豆	于家洼子红小豆	绥化市肇东市跃进乡于家洼子屯
P231282054	小豆	于家洼子屯黑小豆	绥化市肇东市跃进乡于家洼子屯
P231282059	扁豆	老母猪耳豆	绥化市肇东市跃进乡于家洼子屯
P231282073	番茄	于家洼子皮球柿子	绥化市肇东市跃进乡于家洼子屯
P231282077	辣椒	于家洼子辣椒	绥化市肇东市跃进乡于家洼子屯
P231282078	向日葵	于家洼子葵花	绥化市肇东市跃进乡于家洼子屯
P231282079	芫荽	于家洼子香菜	绥化市肇东市跃进乡于家洼子屯
P231282080	大蒜	盖家店大蒜	绥化市肇东市安民乡盖家店
P231282081	大蒜	同合村大蒜	绥化市肇东市太平乡同合村

十、黑河市

80.爱辉区

爱辉区地处黑龙江省东北部，地处中高纬度，位于北纬49°24′—50°58′，东经125°29′—127°40′之间，爱辉区边境线184.3千米，与俄罗斯布拉戈维申斯克市隔江相望，爱辉区总面积14 446平方千米。

在该地区的8个乡镇16个村收集农作物种质资源共计31份，其中经济作物1份，粮食作物26份，蔬菜资源4份，见表4.80。

表4.80　爱辉区农作物种质资源收集情况

样品编号	作物名称	种质名称	采集地点
P231102002	玉米	爱辉区火苞米-1	黑河市爱辉区西峰山乡哈青村
P231102007	番茄	爱辉区小柿子	黑河市爱辉区西峰山乡哈青村
P231102010	野生大豆	爱辉区野生大豆-5	黑河市爱辉区西峰山乡哈青村
P231102018	玉米	爱辉区火苞米-2	黑河市爱辉区西峰山乡新山村
P231102019	普通菜豆	爱辉区紫花芸豆	黑河市爱辉区西峰山乡新青村
P231102020	野生大豆	爱辉区野生大豆-6	黑河市爱辉区西峰山乡新青村
P231102028	野生大豆	爱辉区半野生大豆-2	黑河市爱辉区爱辉镇黄旗营子村

样品编号	作物名称	种质名称	采集地点
P231102044	菜豆	爱辉区豆角	黑河市爱辉区二站乡二站村
P231102030	野生大豆	爱辉区爱辉野生大豆-1	黑河市爱辉区爱辉镇爱辉村
P231102032	野生大豆	爱辉区半野生大豆-1	黑河市爱辉区爱辉镇爱辉村
P231102033	野生大豆	爱辉区爱辉野生大豆-2	黑河市爱辉区爱辉镇北新村
P231102034	野生大豆	爱辉区野生大豆-3	黑河市爱辉区爱辉镇前欢洞村
P231102046	小豆	爱辉区红小豆	黑河市爱辉区二站乡三站村
P231102047	普通菜豆	爱辉区芸豆	黑河市爱辉区二站乡二站村
P231102048	玉米	爱辉区小火硬玉米-1	黑河市爱辉区二站乡二站村
P231102050	马铃薯	土豆	黑河市爱辉区二站乡二站村
P231102052	普通菜豆	爱辉区黑芸豆-2	黑河市爱辉区二站乡二站村
P231102054	菜豆	爱辉区油豆角	黑河市爱辉区二站乡二站村
P231102055	普通菜豆	爱辉区白芸豆	黑河市爱辉区二站乡二站村
P231102056	玉米	爱辉区小火玉米-2	黑河市爱辉区二站乡二站村
P231102057	马铃薯	土豆	黑河市爱辉区二站乡二站村
P231102060	酸浆	爱辉区红菇娘	黑河市爱辉区幸福乡幸福村
P231102061	野生大豆	爱辉区半野生大豆-5	黑河爱辉区上马厂镇三道湾子村
P231102064	大麻	爱辉区线麻	黑河爱辉区上马厂镇三道湾子村
P231102065	野生大豆	爱辉区半野生大豆-6	黑河爱辉区上马厂镇三道湾子村
P231102068	野生大豆	爱辉区野生大豆-4	黑河市爱辉区罕达汽镇九道沟村
P231102069	野生大豆	爱辉区半野生大豆-3	黑河市爱辉区罕达汽镇罕达汽村
P231102070	玉米	爱辉区小火玉米-3	黑河市爱辉区罕达汽镇猪肚河村
P231102073	野生大豆	爱辉区半野生大豆-4	黑河市爱辉区罕达汽镇猪肚河村
P231102079	普通菜豆	爱辉区黑芸豆-1	黑河市爱辉区坤河乡坤河村
P231102081	野生大豆	爱辉区野生大豆-7	黑河市爱辉区西岗子镇松树沟村

81.北安市

北安市地处东经 126° 16′—127° 53′、北纬 47° 35′—48° 33′ 之间，全市总面积 7 149 平方千米，位于哈尔滨、齐齐哈尔和黑河三角地带中心，东与逊克县、绥棱县接壤，西与克东县、拜泉县毗邻，南隔通肯河与海伦市相望，北与五大连池市交界，其位置东靠林海，西接粮仓，南通省会，北达边疆，是北疆边陲重镇黑河市的南大门和连接内地的大通道和中转站。

在该地区的 4 个乡镇 10 个村收集农作物种质资源共计 31 份，其中经济作物 4 份，粮食作物 13 份，蔬菜资源 14 份，见表 4.81。

表 4.81　北安市农作物种质资源收集情况

样品编号	作物名称	种质名称	采集地点
P231181003	玉米	北安八趟子	黑河市北安市城郊乡建民村
P231181007	野生大豆	北安野生大豆-1	黑河市北安市城郊乡北兴村
P231181008	野生大豆	北安野生大豆-2	黑河市北安市城郊乡新华村
P231181009	小豆	北安黑小豆	黑河市北安市城郊乡新华村
P231181013	菜豆	北安一点红	黑河市北安市城郊乡新华村
P231181014	黄瓜	北安黄瓜-1	黑河市北安市城郊乡新华村
P231181020	番茄	北安绿柿子	黑河市北安市赵光镇北河村
P231181022	番茄	北安大红柿子	黑河市北安市赵光镇北河村
P231181026	芫荽	北安香菜	黑河市北安市赵光镇北河村
P231181029	菜豆	北安油豆角	黑河市北安市赵光镇北河村
P231181030	菠菜	北安压霜菠菜	黑河市北安市赵光镇北河村
P231181034	绿豆	北安绿豆	黑河市北安市赵光镇北河村
P231181035	辣椒	北安小辣椒	黑河市北安市赵光镇北河村
P231181036	南瓜	北安老倭瓜子	黑河市北安市赵光镇北河村
P231181037	烟草	北安烟草	黑河市北安市赵光镇北河村
P231181038	南瓜	北安白倭瓜子	黑河市北安市赵光镇北河村
P231181040	野生大豆	北安野生大豆-3	黑河市北安市赵光镇北河村
P231181043	苏子	北安苏子	黑河市北安市城郊乡园艺村
P231181051	普通菜豆	北安饭豆-1	黑河市北安市二井乡建立屯
P231181053	高粱	北安糜子-1	黑河市北安市二井乡建立屯
P231181057	小豆	北安红小豆	黑河市北安市石泉镇团结村
P231181058	普通菜豆	北安饭豆-2	黑河市北安市石泉镇团结村
P231181060	黄瓜	北安黄瓜-2	黑河市北安市石泉镇团结村
P231181062	芫荽	北安小叶香菜	黑河市北安市石泉镇团结村
P231181063	大葱	北安大葱	黑河市北安市石泉镇石泉村
P231181064	普通菜豆	北安菜豆	黑河市北安市石泉镇石泉村
P231181066	大麻	北安大麻	黑河市北安市石泉镇石泉村
P231181067	烟草	北安黄烟	黑河市北安市石泉镇石泉村
P231181073	叶用莴苣	北安生菜	黑河市北安市石泉镇长胜村
P231181074	豇豆	北安长粒黑豆	黑河市北安市石泉镇长胜村
P231181080	高粱	北安糜子-2	黑河市北安市石泉镇石昌村

82.嫩江市

嫩江市位于黑龙江省西北部,地跨东经124°44′30″—126°49′30″,北纬48°42′35″—51°00′05″。北依伊勒呼里山,与呼玛县交界;东接小兴安岭,与爱辉区、孙吴县、五大连池市毗邻;西邻嫩江,与内蒙古自治区莫力达瓦达斡尔族自治旗、鄂伦春自治旗隔江相望;南连松嫩平原,与讷河市接壤。总面积15 211.43平方千米。

在该地区的9个乡镇12个村收集农作物种质资源共计31份,其中经济作物4份,粮食作物21份,蔬菜资源6份,见表4.82。

表4.82 嫩江市农作物种质资源收集情况

样品编号	作物名称	种质名称	采集地点
P231183001	烟草	嫩江烟叶	黑河市嫩江市临江乡马鞍山村
P231183002	高粱	嫩江笤帚糜子-1	黑河市嫩江市临江乡马鞍山村
P231183009	普通菜豆	嫩江白花芸豆	黑河市嫩江市前进乡前进村
P231183012	菜豆	嫩江油豆角	黑河市嫩江市前进乡前进村
P231183013	苏子	嫩江苏子	黑河市嫩江市前进乡前进村
P231183018	谷子	嫩江谷子	黑河市嫩江市前进乡祯祥村
P231183019	番茄	嫩江柿子	黑河市嫩江市前进乡祯祥村
P231183020	高粱	嫩江笤帚糜子-2	黑河市嫩江市前进乡祯祥村
P231183021	黍稷	嫩江糜子	黑河市嫩江市前进乡祯祥村
P231183025	小豆	嫩江红小豆	黑河市嫩江市前进乡祯祥村
P231183026	普通菜豆	嫩江奶白花-1	黑河市嫩江市前进乡祯祥村
P231183027	南瓜	嫩江角瓜	黑河市嫩江市前进乡祯祥村
P231183028	苏子	嫩江山苏子	黑河市嫩江市前进乡前进村
P231183030	玉米	嫩江八趟子	黑河市嫩江市嫩江乡城郊村
P231183031	大豆	嫩江红皮大豆	黑河市嫩江市嫩江乡城郊村
P231183032	谷子	嫩江笨谷子	黑河市嫩江市嫩江乡城郊村
P231183034	大豆	嫩江双青豆	黑河市嫩江市嫩江乡城郊村
P231183039	大豆	嫩江珍珠粒	黑河市嫩江市嫩江乡东晓村
P231183040	普通菜豆	嫩江奶白花-2	黑河市嫩江市嫩江乡东晓村
P231183041	普通菜豆	嫩江紫花芸豆	黑河市嫩江市嫩江乡东晓村
P231183053	野生大豆	嫩江野生大豆-1	黑河市嫩江市临江乡前马鞍山村
P231183065	普通菜豆	嫩江奶白花-3	黑河市嫩江市白云乡金桥村

样品编号	作物名称	种质名称	采集地点
P231183066	玉米	嫩江黏玉米	黑河市嫩江市白云乡金桥村
P231183067	辣椒	嫩江红辣椒	黑河市嫩江市白云乡金桥村
P231183068	大葱	嫩江老牛腿	黑河市嫩江市白云乡金桥村
P231183069	洋葱	金桥小毛葱	黑河市嫩江市白云乡金桥村
P231183070	黍稷	嫩江黏糜子	黑河市嫩江市塔河乡塔河村
P231183072	玉米	嫩江火玉米	黑河市嫩江市塔西乡塔西村
P231183077	野生大豆	嫩江野生大豆-2	黑河市嫩江市科洛乡石头沟村
P231183087	甜高粱	嫩江甜杆	黑河市嫩江市长江乡长江村
P231183093	小豆	嫩江黑小豆	黑河市嫩江市霍龙门乡红岩村

83.孙吴县

孙吴县位于东经126°40′—128°、北纬48°59′—49°42′，地处黑龙江省北部、黑河市中部，小兴安岭北麓，北邻黑河市爱辉区，南接五大连池市，西连嫩江市，东与逊克县毗邻，是黑河市的重要交通枢纽。边境线长35千米，与俄罗斯阿穆尔州的康斯坦丁诺夫卡区隔黑龙江相望。全县总面积4318.9平方千米。距省城哈尔滨市500千米，距黑河市爱辉区110千米，是黑河市三个口岸市县之一。

在该地区的5个乡镇10个村收集农作物种质资源共计31份，其中经济作物4份，粮食作物13份，蔬菜资源14份，见表4.83。

表4.83 孙吴县农作物种质资源收集情况

样品编号	作物名称	种质名称	采集地点
P231124001	玉米	60天还家	黑河市孙吴县腰屯乡红光村
P231124002	南瓜	孙吴南瓜	黑河市孙吴县腰屯乡红光村
P231124003	苏子	孙吴苏子-1	黑河市孙吴县腰屯乡红光村
P231124004	普通菜豆	黑小豆	黑河市孙吴县腰屯乡腰屯村
P231124005	高粱	孙吴扫帚糜子-1	黑河市孙吴县腰屯乡腰屯村
P231124007	谷子	腰屯谷子	黑河市孙吴县腰屯乡腰屯村
P231124008	烟草	红光黄烟	黑河市孙吴县腰屯乡腰屯村
P231124009	豌豆	孙吴豌豆	黑河市孙吴县腰屯乡腰屯村
P231124011	大葱	孙吴大葱	黑河市孙吴县清溪乡永清村
P231124014	高粱	孙吴扫帚糜子-2	黑河市孙吴县辰清乡燎原村

样品编号	作物名称	种质名称	采集地点
P231124015	芫荽	孙吴芫荽-1	黑河市孙吴县腰屯乡良种场村
P231124016	糖高粱	甜高粱	黑河市孙吴县腰屯乡良种场村
P231124017	茴香	孙吴茴香	黑河市孙吴县腰屯乡良种场村
P231124018	普通菜豆	白芸豆	黑河市孙吴县腰屯乡良种场村
P231124020	叶用莴苣	红根生菜	黑河市孙吴县腰屯乡良种场村
P231124021	辣椒	孙吴辣椒	黑河市孙吴县腰屯乡东卧牛河村
P231124022	谷子	孙吴谷子-1	黑河市孙吴县腰屯乡吴家堡村
P231124023	谷子	黄金谷	黑河市孙吴县腰屯乡吴家堡村
P231124027	豌豆	孙吴野豌豆	黑河市孙吴县卧牛河乡卧牛河村
P231124028	黄瓜	孙吴黄瓜-1	黑河市孙吴县卧牛河乡卧牛河村
P231124029	芫荽	孙吴芫荽-2	黑河市孙吴县卧牛河乡卧牛河村
P231124030	大蒜	大蒜	黑河市孙吴县卧牛河乡卧牛河村
P231124031	洋葱	洋葱	黑河市孙吴县卧牛河乡卧牛河村
P231124033	大蒜	大蒜	黑河市孙吴县沿江乡东屯村
P231124034	谷子	孙吴谷子-2	黑河市孙吴县沿江乡东屯村
P231124035	黄瓜	孙吴黄瓜-2	黑河市孙吴县沿江乡东屯村
P231124036	玉米	火玉米	黑河市孙吴县沿江乡东屯村
P231124037	高粱	糯高粱	黑河市孙吴县沿江乡小桦树林村
P231124038	黄瓜	孙吴黄瓜-3	黑河市孙吴县沿江乡小桦树林村
P231124039	洋葱	洋葱	黑河市孙吴县沿江乡小桦树林村
P231124042	苏子	孙吴苏子-2	黑河市孙吴县沿江乡小桦树林村

84.五大连池市

五大连池市位于黑龙江省北部,黑河市南部,小兴安岭与松嫩平原的过渡地带。东邻逊克县,西与克山县,讷河市毗连,南接北安市、克东县、北与孙吴县接壤,西北与嫩江市隔河相望,五大连池风景名胜区镶嵌在市域西部。地理坐标是东经125°37′—127°42′,北纬48°16′—49°12′。东西长142千米,南北宽104千米。市域总面积8 745平方千米。

在该地区的8个乡镇13个村收集农作物种质资源共计31份,其中经济作物2份,粮食作物16份,蔬菜资源13份,见表4.84。

表 4.84 五大连池市农作物种质资源收集情况

样品编号	作物名称	种质名称	采集地点
P231182001	番茄	五大连池柿子-1	黑河市五大连池市太平乡太平村
P231182002	菜豆	五大连池油豆角	黑河市五大连池市太平乡太平村
P231182006	玉米	五大连池小金黄	黑河市五大连池市和平镇利民村
P231182007	玉米	五大连池长黄八趟子	黑河市五大连池市和平镇利民村
P231182008	玉米	五大连池短黄八趟子	黑河市五大连池市和平镇利民村
P231182010	大葱	五大连池小葱-1	黑河市五大连池市双泉镇双泉村
P231182011	马铃薯	五大连池土豆	黑河市五大连池市双泉镇双泉村
P231182013	叶用莴苣	五大连池生菜	黑河市五大连池市双泉镇双泉村
P231182016	洋葱	毛葱	黑河市五大连池市双泉镇双泉村
P231182017	谷子	五大连池谷子	黑河市五大连池市双泉镇宝泉村
P231182018	大豆	五大连池黑豆	黑河市五大连池市新发镇和民村
P231182019	普通菜豆	五大连池黑小豆	黑河市五大连池市新发镇和民村
P231182020	普通菜豆	五大连池芸豆	黑河市五大连池市新发镇和民村
P231182023	辣椒	五大连池小辣椒	黑河市五大连池市新发镇新发村
P231182024	普通菜豆	五大连池大白豆	黑河市五大连池市新发镇新发村
P231182026	芫荽	五大连池香菜-1	黑河市五大连池市建设乡建国村
P231182027	普通菜豆	五大连池饭豆	黑河市五大连池市建设乡建国村
P231182028	南瓜	五大连池倭瓜-1	黑河市五大连池市建设乡富民村
P231182029	番茄	五大连池柿子-2	黑河市五大连池市建设乡富民村
P231182031	野生大豆	五大连池野生大豆	黑河市五大连池市兴隆镇四合村
P231182032	芫荽	五大连池香菜-2	黑河市五大连池市兴隆镇四合村
P231182033	番茄	五大连池柿子-3	黑河市五大连池市兴隆镇四合村
P231182037	高粱	五大连池笤帚糜子-1	黑河市五大连池市兴隆镇兴隆
P231182038	谷子	五大连池红谷子	黑河市五大连池市兴安乡钟山村
P231182039	高粱	五大连池笤帚糜子-2	黑河五大连池市兴安乡钟山村
P231182042	普通菜豆	五大连池大奶圆	黑河市五大连池市龙镇自富村
P231182044	南瓜	五大连池倭瓜-2	黑河市五大连池市龙镇龙镇村
P231182045	大葱	五大连池小葱-2	黑河市五大连池市龙镇龙镇村
P231182046	豇豆	五大连池十八豆	黑河市五大连池市龙镇龙镇村
P231182049	苏子	五大连池野生苏子	黑河市五大连池市建设乡建国村
P231182050	糖高粱	五大连池甜杆	黑河市五大连池市兴隆镇兴隆村

85.逊克县

逊克县位于黑龙江省北部，黑河市东部，地处小兴安岭中段北麓，黑龙江中游，距黑河市区 150 千米。逊克县区域范围为东经 127° 24′ —129° 17′，北纬 47° 58′ —49° 36′，东与嘉荫县毗邻，南与伊春市、绥棱县、北安市毗邻，西与五大连池市、孙吴县毗邻，北与俄罗斯阿穆尔州米哈伊洛夫区隔江相望，边境线长达 135 千米，总面积 17344 平方千米。

在该地区的 5 个乡镇 11 个村收集农作物种质资源共计 31 份，其中经济作物 3 份，粮食作物 19 份，蔬菜资源 9 份，见表 4.85。

表 4.85 逊克县农作物种质资源收集情况

样品编号	作物名称	种质名称	采集地点
P231123002	野生大豆	逊克向阳野生豆	黑河市逊克县干岔子乡向阳村
P231123008	酸浆	逊克俄罗斯红菇娘	黑河市逊克县干岔子乡明星村
P231123009	小豆	逊克胜利红小豆	黑河市逊克县干岔子乡胜利村
P231123011	玉米	逊克老白头双	黑河市逊克县干岔子乡干岔子村
P231123012	玉米	逊克小粒黄	黑河市逊克县干岔子乡干岔子村
P231123013	玉米	逊克粘白玉米	黑河市逊克县干岔子乡干岔子村
P231123014	大葱	逊克东升大葱	黑河市逊克县干岔子乡东升村
P231123016	谷子	逊克车陆谷子	黑河市逊克县车陆乡车陆村
P231123017	苏子	逊克车陆苏子	黑河市逊克县车陆乡车陆村
P231123018	高粱	逊克扫帚糜子	黑河市逊克县车陆乡卫东村
P231123019	普通菜豆	逊克卫东紫白芸豆	黑河市逊克县车陆乡卫东村
P231123023	小豆	逊克卫东红小豆	黑河市逊克县车陆乡卫东村
P231123024	普通菜豆	逊克车陆奶花芸豆	黑河市逊克县车陆乡车陆村
P231123025	小豆	逊克车陆红小豆	黑河市逊克县车陆乡车陆村
P231123026	普通菜豆	逊克车陆小黑芸	黑河市逊克县车陆乡车陆村
P231123032	马铃薯	新建土豆	黑河市逊克县新兴乡新建村
P231123033	辣椒	逊克卫东辣椒	黑河市逊克县车陆乡卫东村
P231123034	辣椒	逊克常胜辣椒	黑河市逊克县奇克镇常胜村
P231123036	野生大豆	逊克东升野生大豆	黑河市逊克县干岔子乡东升村
P231123037	野生大豆	逊克大平台野生大豆	黑河市逊克县克林镇大平台
P231123038	野生大豆	逊克前进野生大豆	黑河市逊克县奇克镇前进村
P231123039	大葱	逊克车陆大葱	黑河市逊克县车陆乡车陆村

样品编号	作物名称	种质名称	采集地点
P231123040	辣椒	逊克车陆小辣椒	黑河市逊克县车陆乡车陆村
P231123042	小豆	逊克前进红小豆	黑河市逊克县奇克镇前进村
P231123043	普通菜豆	逊克前进花腰子	黑河市逊克县奇克镇前进村
P231123044	洋葱	前进毛葱	黑河市逊克县奇克镇前进村
P231123045	大蒜	前进笨大蒜	黑河市逊克县奇克镇前进村
P231123046	谷子	逊克前进笨谷子	黑河市逊克县奇克镇前进村
P231123048	大葱	逊克前进葱	黑河市逊克县奇克镇前进村
P231123049	苏子	逊克前进白苏子	黑河市逊克县奇克镇前进村
P231123050	苏子	逊克前进黑苏子	黑河市逊克县奇克镇前进村

十一、 鹤岗市

86.东山区

东山区城区部分位于鹤岗市东部，东与宝泉岭农垦分局、萝北县为邻，西北与伊春市接壤，南接汤原县。二乡一镇环绕鹤岗市区。总面积 4575 平方千米。区域地理坐标为东经 129° 40′ —130° 41′、北纬 47° 4′ —48° 19′。

在该地区的 3 个乡镇 3 个村收集农作物种质资源共计 30 份，其中果树资源 6 份，粮食作物 13 份，蔬菜资源 11 份，见表 4.86。

表 4.86　东山区农作物种质资源收集情况

样品编号	作物名称	种质名称	采集地点
P230406002	韭菜	东山韭菜	鹤岗市东山区蔬园乡新发村
P230406003	菠菜	大叶菠菜	鹤岗市东山区蔬园乡新发村
P230406004	酸浆	东山家菇娘	鹤岗市东山区蔬园乡新发村
P230406005	菜豆	新发家雀蛋	鹤岗市东山区蔬园乡新发村
P230406006	蒲公英	东山婆婆丁	鹤岗市东山区蔬园乡新发村
P230406007	多花菜豆	大白看豆	鹤岗市东山区蔬园乡新发村
P230406008	多花菜豆	花看豆	鹤岗市东山区蔬园乡新发村
P230406010	紫苏	东山苏子	鹤岗市东山区蔬园乡新发村
P230406011	龙葵	新发龙葵	鹤岗市东山区蔬园乡新发村
P230406013	小豆	东山红小豆	鹤岗市东山区蔬园乡新发村

样品编号	作物名称	种质名称	采集地点
P230406015	野生大豆	新发野大豆	鹤岗市东山区蔬园乡新发村
P230406016	菜豆	新发黑芸豆	鹤岗市东山区蔬园乡新发村
P230406020	马铃薯	早大白	鹤岗市东山区东方红乡获胜村
P230406023	菜豆	获胜红油豆	鹤岗市东山区东方红乡获胜村
P230406024	菜豆	获胜家雀蛋	鹤岗市东山区东方红乡获胜村
P230406026	高粱	东山甜秆	鹤岗市东山区三街社区
P230406027	葱	三街大葱	鹤岗市东山区三街社区
P230406028	谷子	三街谷子	鹤岗市东山区三街社区
P230406029	马铃薯	红麻土豆	鹤岗市东山区东方红乡东兴村
P230406030	高粱	东兴糜子	鹤岗市东山区东方红乡东兴村
P230406031	小豆	大红袍	鹤岗市东山区东方红乡东兴村
P230406033	野生大豆	东山野大豆	鹤岗市东山区三街社区
P230406034	野生大豆	东山野大豆1号	鹤岗市东山区三街社区
P230406035	野生大豆	东山野大豆2号	鹤岗市东山区蔬园乡新发村
P230406055	樱桃	东山巧樱桃	鹤岗市东山区
P230406056	李	东山桃李	鹤岗市东山区
P230406057	山荆子	东山小红果	鹤岗市东山区
P230406058	山荆子	东山山丁子1号	鹤岗市东山区
P230406059	山荆子	东山山丁子2号	鹤岗市东山区
P230406060	山荆子	东山山丁子3号	鹤岗市东山区

87.兴安区

兴安区隶属于黑龙江省鹤岗市，位于鹤岗市西南部，北部与东山区蔬园乡毗邻，南与新华农场、新华镇接壤，西部与青石山交界，东部与南山区相连。介于东经129°40′—130°57′，北纬47°4′—47°6′之间，东西最大横距11千米，南北最大纵距20千米，总面积260平方千米。政府所在地距市中心16千米，南距佳木斯机场70千米，北距名山国际口岸90千米。

在该地区收集农作物种质资源共计30份，其中果树资源6份，粮食作物6份，蔬菜资源18份，见表4.87。

表 4.87 兴安区农作物种质资源收集情况

样品编号	作物名称	种质名称	采集地点
P230405002	韭菜	老韭菜	鹤岗市兴安区红旗乡长胜村
P230405003	番茄	兴安柿子	鹤岗市兴安区红旗乡长胜村
P230405004	芫荽	长胜香菜	鹤岗市兴安区红旗乡长胜村
P230405005	菜豆	兴安豆角	鹤岗市兴安区红旗乡长胜村
P230405006	菜豆	红旗豆角	鹤岗市兴安区红旗乡长胜村
P230405007	南瓜	兴安倭瓜	鹤岗市兴安区红旗乡长胜村
P230405009	酸浆	兴安家菇娘	鹤岗市兴安区红旗乡长胜村
P230405010	多花菜豆	兴安花看豆	鹤岗市兴安区红旗乡长胜村
P230405011	菜豆	长胜豆角	鹤岗市兴安区红旗乡长胜村
P230405012	酸浆	长胜山菇娘	鹤岗市兴安区红旗乡长胜村
P230405013	芫荽	兴安紫秆香菜	鹤岗市兴安区红旗乡长胜村
P230405014	葱	兴安大葱	鹤岗市兴安区红旗乡长胜村
P230405015	蒲公英	兴安蒲公英	鹤岗市兴安区红旗乡长胜村
P230405017	辣椒	兴安辣椒	鹤岗市兴安区红旗乡长胜村
P230405018	辣椒	长胜辣椒	鹤岗市兴安区红旗乡长胜村
P230405020	番茄	灯笼果柿子	鹤岗市兴安区红旗乡长胜村
P230405021	黄瓜	兴安老黄瓜	鹤岗市兴安区红旗乡长胜村
P230405022	龙葵	兴安龙葵	鹤岗市兴安区红旗乡长胜村
P230405024	番茄	兴安黄柿子	鹤岗市兴安区红旗乡长胜村
P230405026	小豆	兴安红小豆	鹤岗市兴安区红旗乡长胜村
P230405027	野生大豆	长胜野大豆	鹤岗市兴安区红旗乡长胜村
P230405028	马铃薯	黑土豆	鹤岗市兴安区红旗乡长胜村
P230405029	高粱	兴安糜子	鹤岗市兴安区红旗乡长胜村
P230405030	野生大豆	兴安野大豆	鹤岗市兴安区红旗乡长胜村
P230405055	樱桃	兴安樱桃	鹤岗市兴安区
P230405056	李	兴安红李子	鹤岗市兴安区
P230405057	山荆子	兴安山丁子	鹤岗市兴安区
P230405058	山荆子	兴安大红果	鹤岗市兴安区
P230405059	山荆子	兴安小山丁子	鹤岗市兴安区
P230405060	山荆子	兴安大红果	鹤岗市兴安区

88.兴山区

兴山区位于黑龙江省鹤岗市区的东北部，介于北纬47°21′—47°25′、东经130°16′—130°21′之间。东与东山区相连，南与向阳区接壤，西与蔬园乡分界，北与宝泉岭垦区毗邻。总面积26平方千米。

在该地区的2个乡镇2个村收集农作物种质资源共计30份，其中果树资源7份，粮食作物9份，蔬菜资源14份，见表4.88。

表4.88 兴山区农作物种质资源收集情况

样品编号	作物名称	种质名称	采集地点
P230407003	酸浆	跃进山菇娘	鹤岗市兴山区团结镇跃进村
P230407005	菜豆	杂豆王	鹤岗市兴山区兴山镇红旗村
P230407006	芫荽	红旗老香菜	鹤岗市兴山区兴山镇红旗村
P230407007	芫荽	兴山老香菜	鹤岗市兴山区兴山镇红旗村
P230407008	普通菜豆	花饭豆	鹤岗市兴山区兴山镇红旗村
P230407009	小豆	兴山红小豆	鹤岗市兴山区兴山镇红旗村
P230407011	普通菜豆	黑饭豆	鹤岗市兴山区兴山镇红旗村
P230407012	菜豆	红旗油豆	鹤岗市兴山区兴山镇红旗村
P230407014	洋葱	红旗毛葱	鹤岗市兴山区兴山镇红旗村
P230407016	马铃薯	红旗土豆	鹤岗市兴山区兴山镇红旗村
P230407017	辣椒	红辣椒	鹤岗市兴山区兴山镇红旗村
P230407020	菜豆	红旗花油豆	鹤岗市兴山区兴山镇红旗村
P230407021	多花菜豆	红旗白阄豆	鹤岗市兴山区兴山镇红旗村
P230407022	南瓜	兴山面倭瓜	鹤岗市兴山区团结镇跃进村
P230407023	辣椒	朝天辣	鹤岗市兴山区团结镇跃进村
P230407024	葱	红皮大葱	鹤岗市兴山区团结镇跃进村
P230407025	菜豆	一挂鞭豆角	鹤岗市兴山区团结镇跃进村
P230407026	酸浆	团结山菇娘	鹤岗市兴山区团结镇跃进村
P230407027	南瓜	跃进红籽倭瓜	鹤岗市兴山区团结镇跃进村
P230407028	野生大豆	兴山野大豆	鹤岗市兴山区团结镇跃进村
P230407029	野生大豆	兴山野大豆1号	鹤岗市兴山区团结镇跃进村
P230407030	野生大豆	兴山野大豆2号	鹤岗市兴山区团结镇跃进村
P230407031	野生大豆	兴山野大豆3号	鹤岗市兴山区团结镇跃进村
P230407055	樱桃	兴山樱桃	鹤岗市兴山区
P230407056	李	兴山红李	鹤岗市兴山区

样品编号	作物名称	种质名称	采集地点
P230407057	山荆子	兴山红果	鹤岗市兴山区
P230407058	山荆子	兴山大果	鹤岗市兴山区
P230407059	山荆子	兴山山丁子1号	鹤岗市兴山区
P230407060	山荆子	兴山山丁子2号	鹤岗市兴山区
P230407061	山荆子	兴山山丁子3号	鹤岗市兴山区

89.萝北县

萝北县位于鹤岗市之东，北以黑龙江主航道为界，与俄罗斯相望，国境线长145.6千米，西北与嘉荫县相连，南与汤原县、桦川县为邻，东南与绥滨县毗连。东起肇兴乡大江通岛，西至鹤北镇梧桐河东岸，南起苇场乡松花江北岸，北至太平沟乡嘉荫河南沿，南北长131千米，东西宽108千米，辖区总面积6784平方千米，其中县属面积2 167平方千米。

在该地区的2个乡镇2个村收集农作物种质资源共计30份，其中果树资源1份，经济作物4份，粮食作物22份，蔬菜资源3份，见表4.89。

表4.89 萝北县农作物种质资源收集情况

样品编号	作物名称	种质名称	采集地点
P230421001	水稻	胭脂稻	鹤岗市萝北县凤翔镇东菜村
P230421002	水稻	小町米	鹤岗市萝北县凤翔镇东菜村
P230421004	水稻	初香粳5号	鹤岗市萝北县凤翔镇东菜村
P230421005	野生大豆	云山河野生大豆	鹤岗市萝北县鹤北镇云山河村
P230421006	野生大豆	名山野生大豆	鹤岗市萝北县名山镇名山村
P230421007	海棠	萝北山楂海棠	鹤岗市萝北县鹤北镇云山河村
P230421008	苏子	云山河苏子	鹤岗市萝北县鹤北镇云山河村
P230421011	糖高粱	萝北糖高粱	鹤岗市萝北县凤翔镇东菜村
P230421012	菜豆	萝北长圆棍菜豆	鹤岗市萝北县鹤北镇云山河村
P230421014	普通菜豆	团结芸豆	鹤岗市萝北县团结乡东风村
P230421015	普通菜豆	萝北白芸豆	鹤岗市萝北县团结乡东风村
P230421017	菜豆	萝北黑腰菜豆	鹤岗市萝北县鹤北镇云山河村
P230421018	大豆	青仁乌	鹤岗市萝北县团结乡龙滨村
P230421020	水稻	萝北长毛稻	鹤岗市萝北县凤翔镇东菜村

样品编号	作物名称	种质名称	采集地点
P230421021	高粱	东菜帚高粱	鹤岗市萝北县凤翔镇东菜村
P230421022	大豆	小粒黄	鹤岗市萝北县团结乡龙滨村
P230421024	苏子	红卫苏子	鹤岗市萝北县团结乡红卫村
P230421025	高粱	红卫高粱	鹤岗市萝北县团结乡红卫村
P230421026	大豆	绿大豆	鹤岗市萝北县团结乡红卫村
P230421027	大豆	萝北黑大豆	鹤岗市萝北县团结乡红卫村
P230421028	普通菜豆	萝北红白芸豆	鹤岗市萝北县团结乡红旗村
P230421029	普通菜豆	萝北大红芸豆	鹤岗市萝北县团结乡红旗村
P230421030	苏子	团结苏子	鹤岗市萝北县团结乡工农兵村
P230421031	小豆	萝北红小豆	鹤岗市萝北县团结乡工农兵村
P230421032	普通菜豆	萝北黑芸豆	鹤岗市萝北县团结乡工农兵村
P230421033	高粱	团结高粱	鹤岗市萝北县团结乡工农兵村
P230421039	小豆	东风红	鹤岗市萝北县团结乡东风村
P230421042	菜豆	圆粒黑	鹤岗市萝北县团结乡红旗村
P230421050	野生大豆	萝北直立野生大豆	鹤岗市萝北县鹤北镇泉胜村
P230421051	水稻	萝北香稻	鹤岗市萝北县凤翔镇东菜村

90.绥滨县

绥滨县地处黑龙江省东北部松花江下游与黑龙江交汇的三角地带,三面环水,中间绿洲。北以黑龙江主航道为界与俄罗斯隔江相望,东、南依松花江与同江市、富锦市带水相连,西与萝北县接壤,坐标东经 131° 8′—132° 31′、北纬47° 11′ 55"—47° 45′23"。东西长 117.4 千米,南北宽 46 千米,全县总面积 3344 平方千米。

在该地区的 6 个乡镇 12 个村收集农作物种质资源共计 30 份,其中果树资源 1 份,经济作物 5 份,粮食作物 16 份,蔬菜资源 8 份,见表 4.90。

表 4.90 绥滨县农作物种质资源收集情况

样品编号	作物名称	种质名称	采集地点
P230422001	南瓜	绥滨绿皮南瓜	鹤岗市绥滨县北岗乡永昌村
P230422002	野生大豆	北岗野生大豆	鹤岗市绥滨县北岗乡建丰村
P230422003	糖高粱	绥滨黑粒糖高粱	鹤岗市绥滨县北岗乡建丰村

样品编号	作物名称	种质名称	采集地点
P230422004	南瓜	丑南瓜	鹤岗市绥滨县北岗乡永生村
P230422006	菜豆	绥滨圆咕噜滚菜豆	鹤岗市绥滨县北岗乡永生村
P230422008	大豆	绥滨黑大豆	鹤岗市绥滨县福兴乡福兴村
P230422009	菜豆	绥滨褐粒菜豆	鹤岗市绥滨县福兴乡福兴村
P230422012	菜豆	福兴豆角	鹤岗市绥滨县福兴乡福兴村
P230422014	菜豆	绥滨花斑菜豆	鹤岗市绥滨县福兴乡福兴村
P230422015	野生大豆	北山野生大豆	鹤岗市绥滨县北山乡莲花村
P230422016	水稻	绥滨红稻	鹤岗市绥滨县北岗乡永昌村
P230422017	水稻	绥滨黑稻	鹤岗市绥滨县北岗乡永昌村
P230422018	水稻	绥滨胭脂稻	鹤岗市绥滨县北岗乡建丰村
P230422019	海棠	绥滨山楂海棠	鹤岗市绥滨县福兴乡同仁村
P230422021	谷子	绥滨棒状谷	鹤岗市绥滨县福兴乡福兴村
P230422024	苏子	同仁苏子	鹤岗市绥滨县福兴乡同仁村
P230422025	普通菜豆	绥滨花脸芸豆	鹤岗市绥滨县富强乡奋斗村
P230422026	水稻	黑稻 H9	鹤岗市绥滨县连生乡义和村
P230422027	大豆	绥滨小粒豆	鹤岗市绥滨县富强乡奋斗村
P230422029	小豆	奋斗红小豆	鹤岗市绥滨县富强乡奋斗村
P230422030	普通菜豆	绥滨奶花白	鹤岗市绥滨县福兴乡福兴村
P230422032	普通菜豆	绥滨红芸豆	鹤岗市绥滨县福兴乡福兴村
P230422034	苏子	庆华紫苏	鹤岗市绥滨县富强乡庆华村
P230422035	苏子	富山苏子	鹤岗市绥滨县忠仁乡富山村
P230422037	普通菜豆	绥滨黑芸豆	鹤岗市绥滨县富强乡向阳村
P230422039	大豆	五道岗黑大豆	鹤岗市绥滨县富强乡五道岗村
P230422041	长豇豆	绥滨长豇豆	鹤岗市绥滨县富强乡五道岗村
P230422043	糖高粱	福兴糖高粱	鹤岗市绥滨县福兴乡福兴村
P230422044	菜豆	绥滨早菜豆	鹤岗市绥滨县富强乡五道岗村
P230422048	绿豆	五道岗绿豆	鹤岗市绥滨县富强乡五道岗村

十二、双鸭山市

91.宝山区

宝山区（东经 131°16′—131°42′、北纬 46°21′—46°37′之间）的地

形呈展翅飞舞的蝴蝶形状。左侧南与岭东区、西北与四方台区、正北与集贤县接壤，右侧西与集贤县、东北与友谊县、东与宝清县接壤，"蝴蝶的头"向西南，左与岭东区接壤，右与宝清县相连，总面积750平方千米。

在该地区的7个乡镇10个村收集农作物种质资源共计30份，其中经济作物1份，粮食作物19份，蔬菜资源10份，见表4.91。

表4.91　宝山区农作物种质资源收集情况

样品编号	作物名称	种质名称	采集地点
P230506001	菜豆	宝山高豆角	双鸭山市宝山区七星镇 X132 县道
P230506002	普通菜豆	宝山黑饭豆	双鸭山市宝山区七星镇 X132 县道
P230506003	辣椒	宝山红辣椒	双鸭山市宝山区宝农路保卫村
P230506006	菜豆	宝山蹲豆角	双鸭山市宝山区友谊农场八分场场部
P230506007	辣椒	宝山羊角椒	双鸭山市宝山区宝农路宝山村
P230506008	野生大豆	宝山保卫野生豆	双鸭山市宝山区宝农路保卫村
P230506009	野生大豆	宝山村野生豆	双鸭山市宝山区宝农路宝山村
P230506011	菜豆	宝山红皮豆角	双鸭山市宝山区东保卫矿东保卫街道
P230506012	大豆	宝山菜用大豆	双鸭山市宝山区七星镇 X132 县道
P230506013	普通菜豆	宝山黑小豆	双鸭山市宝山区东保卫矿东保卫街道
P230506016	普通菜豆	宝山红芸豆	双鸭山市宝山区跃进街道双七大街
P230506018	普通菜豆	宝山红花芸豆	双鸭山市宝山区七星镇 X132 县道
P230506019	高粱	宝山伞高粱	双鸭山市宝山区七星镇 X132 县道
P230506021	菜豆	宝山扁豆角	双鸭山市宝山区东保卫矿东保卫街道
P230506022	菜豆	宝山早豆角	双鸭山市宝山区东保卫矿东保卫街道
P230506023	野生大豆	宝山东保卫野生豆	双鸭山市宝山区东保卫矿东保卫街道
P230506026	谷子	宝山无芒谷子	双鸭山市宝山区上游街道宝林路
P230506027	糖高粱	宝山糖高粱	双鸭山市宝山区上游街道东宝路
P230506029	叶用莴苣	宝山紫生菜	双鸭山市宝山区友谊农场八分场场部
P230506033	豇豆	宝山花斑豇豆	双鸭山市宝山区友谊农场八分场场部
P230506034	高粱	宝山矮高粱	双鸭山市宝山区友谊农场八分场场部
P230506037	大豆	宝山双色大豆	双鸭山市宝山区友谊农场八分场四队
P230506038	谷子	宝山农家谷子	双鸭山市宝山区友谊农场八分场四队
P230506039	菠菜	宝山紫菠菜	双鸭山市宝山区友谊农场八分场四队
P230506043	多花菜豆	宝山红花看豆	双鸭山市宝山区友谊农场八分场四队
P230506049	菜豆	宝山紫红皮豆角	双鸭山市宝山区新安街道东平社区

样品编号	作物名称	种质名称	采集地点
P230506050	普通菜豆	宝山花芸豆	双鸭山市宝山区新安街道东平社区
P230506051	普通菜豆	宝山黑浆豆	双鸭山市宝山区新安街道东平社区
P230506052	马铃薯	俄罗斯红土豆	双鸭山市宝山区七星镇X132县道
P230506053	普通菜豆	宝山芸豆	双鸭山市宝山区跃进街道双七大街

92.岭东区

岭东区位于双鸭山市政府驻地以南9千米处,总面积802平方千米,东北与双鸭山农场接壤,西北与集贤县相连,南与桦南、宝清交界,北与尖山区毗邻。

在该地区的5个乡镇9个村收集农作物种质资源共计30份,其中粮食作物13份,蔬菜资源17份,见表4.92。

表 4.92 岭东区农作物种质资源收集情况

样品编号	作物名称	种质名称	采集地点
P230503001	大豆	岭东黑色大豆	双鸭山市岭东区长胜乡立新村
P230503002	芫荽	岭东农家香菜	双鸭山市岭东区长胜乡立新村
P230503005	谷子	岭东棒谷子	双鸭山市岭东区长胜乡立新村
P230503006	野生大豆	岭东上游野生豆	双鸭山市岭东区青山路上游村
P230503010	黄瓜	岭东白皮黄瓜	双鸭山市岭东区东矿路东兴村
P230503011	菜豆	岭东紫花扁豆角	双鸭山市岭东区长胜乡东风村
P230503012	野生大豆	岭东长胜乡野生豆	双鸭山市岭东区长胜乡立新村
P230503013	谷子	岭东农家谷子	双鸭山市岭东区南山街道青山村
P230503016	菜豆	岭东白花圆豆角	双鸭山市岭东区长胜乡立新村
P230503017	高粱	岭东散穗高粱	双鸭山市岭东区南山街道富强村
P230503018	辣椒	岭东大牛角椒	双鸭山市岭东区南山街道青山村
P230503019	普通菜豆	岭东芸豆	双鸭山市岭东区东矿路东升村
P230503020	菜豆	岭东油豆角	双鸭山市岭东区南山街道富强村
P230503021	黍稷	岭东扫帚糜子	双鸭山市岭东区长胜乡宏强村
P230503022	黄瓜	岭东白皮旱黄瓜	双鸭山市岭东区长胜乡立新村
P230503023	普通菜豆	岭东美人痣芸豆	双鸭山市岭东区长胜乡立新村
P230503024	菜豆	岭东老油豆	双鸭山市岭东区南山街道富强村
P230503026	菜豆	岭东紫茎油豆	双鸭山市岭东区东矿路东升村
P230503027	辣椒	岭东大辣椒	双鸭山市岭东区南山街道富强村

样品编号	作物名称	种质名称	采集地点
P230503028	黄瓜	岭东麻皮旱黄瓜	双鸭山市岭东区中山街道团山村
P230503029	高粱	岭东高秆高粱	双鸭山市岭东区中山街道团山村
P230503030	玉米	岭东农家玉米	双鸭山市岭东区中山街道团山村
P230503031	菜豆	岭东紫花扁油豆	双鸭山市岭东区中山街道团山村
P230503033	谷子	岭东小棒谷子	双鸭山市岭东区东矿路东升村
P230503034	辣椒	岭东小辣椒	双鸭山市岭东区中山街道团山村
P230503035	菜豆	岭东小几豆	双鸭山市岭东区中山街道团山村
P230503036	辣椒	岭东农家小辣椒	双鸭山市岭东区中山街道团山村
P230503038	普通菜豆	岭东红花芸豆	双鸭山市岭东区东矿路东升村
P230503039	黄瓜	岭东水黄瓜	双鸭山市岭东区长胜乡立新村
P230503041	辣椒	岭东农家红辣椒	双鸭山市岭东区南山街道青山村

93.四方台区

四方台区地处双鸭山市东南部，距市中心 15 千米。东与集贤县、升昌镇接壤、西与尖山区相连，南与宝山区交界，北与红兴隆农管局二九一农场毗邻。总面积 224 平方千米。

在该地区的 4 个乡镇 10 个村收集农作物种质资源共计 30 份，其中粮食作物 12 份，蔬菜资源 18 份，见表 4.93。

表 4.93　四方台区农作物种质资源收集情况

样品编号	作物名称	种质名称	采集地点
P230505001	高粱	四方台矮高粱	双鸭山市四方台区太保镇七村
P230505003	谷子	四方台纺锤谷子	双鸭山市四方台区太保镇七村
P230505004	菜豆	四方台紫蔓豆角	双鸭山市四方台区东荣街道春江路
P230505006	芫荽	四方台农家香菜	双鸭山市四方台区振兴中路四新村
P230505007	番茄	四方台大黄柿子	双鸭山市四方台区太保镇七村
P230505008	高粱	四方台散穗高粱	双鸭山市四方台区东荣街道春江路
P230505010	番茄	四方台小黄柿子	双鸭山市四方台区振兴中路四新村
P230505011	番茄	四方台红柿子	双鸭山市四方台区太保镇七村
P230505013	番茄	四方台小红柿子	双鸭山市四方台区振兴中路四新村
P230505014	野生大豆	四方台村野生豆	双鸭山市四方台区振兴中路四方台村
P230505015	菜豆	四方台白花油豆	双鸭山市四方台区太保镇开源村

样品编号	作物名称	种质名称	采集地点
P230505016	黄瓜	四方台黄皮旱黄瓜	双鸭山市四方台区振兴中路小北沟村
P230505020	菜豆	四方台老油豆	双鸭山市四方台区广源社区 11 委
P230505021	菜豆	四方台小几豆	双鸭山市四方台区广源社区 11 委
P230505023	谷子	四方台棒谷子	双鸭山市四方台区广源社区 11 委
P230505024	野生大豆	小北沟野生豆	双鸭山市四方台区振兴中路小北沟村
P230505025	菜豆	四方台黑浆豆角	双鸭山市四方台区广源社区 23 委 2 组
P230505026	菜豆	四方台绿豆角	双鸭山市四方台区广源社区 23 委 2 组
P230505027	菜豆	四方台粉花油豆	双鸭山市四方台区振兴中路四新村
P230505028	菜豆	四方台青刀豆	双鸭山市四方台区太保镇七村
P230505029	普通菜豆	四方台黑芸豆	双鸭山市四方台区广源社区 11 委
P230505031	普通菜豆	四方台黑饭豆	双鸭山市四方台区振兴中路四新村
P230505032	菜豆	四方台小油豆	双鸭山市四方台区东荣街道春江路
P230505033	马铃薯	麻土豆	双鸭山市四方台区东荣街道春江路
P230505034	高粱	四方台高秆高粱	双鸭山市四方台区太保镇四合村
P230505035	豇豆	四方台黑豇豆	双鸭山市四方台区太保镇小南村
P230505036	菜豆	四方台一棵树油豆	双鸭山市四方台区太保镇小南村
P230505037	菜豆	四方台紫花豆角	双鸭山市四方台区太保镇小南村
P230505038	玉米	四方台黏玉米	双鸭山市四方台区太保镇四合村
P230505039	番茄	四方台多棱红柿子	双鸭山市四方台区振兴中路四新村

94.集贤县

集贤县位于黑龙江省东北部，南倚完达山麓，北托三江沃野、松花江下游南岸。地理坐标为北纬 46° 29′ 5″ —47° 4′ 3″、东经 130° 39′ 30″ —132° 14′ 50″。东南与宝清县毗邻，东北与富锦市相连，南与双鸭山市区接界，西南与桦南县接壤，西、西北与桦川县相接。行政区域东西长 73 千米，南北宽 42 千米，全县总面积 2 227.5 平方千米。

在该地区的 4 个乡镇 16 个村收集农作物种质资源共计 30 份，其中粮食作物 21 份，蔬菜资源 9 份，见表 4.94。

表 4.94　集贤县农作物种质资源收集情况

样品编号	作物名称	种质名称	采集地点
P230521001	水稻	集贤苗稻	双鸭山市集贤县福利镇先锋村
P230521002	大豆	集贤黑大豆	双鸭山市集贤县福利镇先锋村
P230521005	大豆	集贤四粒黄	双鸭山市集贤县福利镇安邦村
P230521006	玉米	集贤火玉米	双鸭山市集贤县福利镇安邦村
P230521009	高粱	集贤歪脖张	双鸭山市集贤县福利镇安邦村
P230521010	南瓜	集贤红贝贝	双鸭山市集贤县兴安乡保盛村
P230521011	菜豆	集贤龙眼油豆	双鸭山市集贤县集贤镇德胜村
P230521013	菜豆	集贤大油豆	双鸭山市集贤县集贤镇太安村
P230521021	高粱	集贤高粱	双鸭山市集贤县福利镇安邦村
P230521022	高粱	集贤糜子	双鸭山市集贤县太平镇太山村
P230521023	大豆	集贤小粒黄	双鸭山市集贤县兴安乡宏德村
P230521024	大豆	集贤绿大豆	双鸭山市集贤县集贤镇长安村
P230521026	玉米	集贤早熟玉米	双鸭山市集贤县兴安乡光明村
P230521028	玉米	集贤白轴玉米	双鸭山市集贤县集贤镇德胜村
P230521030	南瓜	集贤黄南瓜	双鸭山市集贤县集贤镇丰收村
P230521032	南瓜	集贤白瓜子	双鸭山市集贤县太平镇太山村
P230521033	大豆	集贤小白眉	双鸭山市集贤县集贤镇红光村
P230521034	玉米	集贤分枝玉米	双鸭山市集贤县集贤镇红光村
P230521037	大豆	集贤铁荚青	双鸭山市集贤县太平镇太安村
P230521038	南瓜	集贤红南瓜	双鸭山市集贤县福利镇东兴村
P230521039	南瓜	集贤奶油南瓜	双鸭山市集贤县福利镇安邦村
P230521040	玉米	集贤金顶子	双鸭山市集贤县兴安乡保盛村
P230521043	大豆	集贤猪眼豆	双鸭山市集贤县兴安乡和平村
P230521044	玉米	集贤白黏玉米	双鸭山市集贤县太平镇太合村
P230521046	水稻	集贤黄米水稻	双鸭山市集贤县兴安乡和平村
P230521048	大豆	集贤大粒黄	双鸭山市集贤县太平镇太利村
P230521049	菜豆	集贤山区油豆	双鸭山市集贤县集贤镇德胜村
P230521052	普通菜豆	集贤黑芸豆	双鸭山市集贤县太平镇太利村
P230521054	辣椒	集贤小辣椒	双鸭山市集贤县兴安乡保盛村
P230521055	水稻	集贤早稻	双鸭山市集贤县集贤镇长安村

95.友谊县

友谊县位于黑龙江省东北部。介于东经131° 28′—132° 15′北纬46° 31′—46° 59′之间。东、北与富锦市为邻，南与宝清县隔七星河相望，西南与双鸭山市接壤，西与集贤县毗连。东西长61千米，南北宽50千米，边界线长度315千米，总面积1696平方千米。

在该地区的4个乡镇16个村收集农作物种质资源共计30份，其中经济作物1份，粮食作物23份，蔬菜资源6份，见表4.95。

表4.95 友谊县农作物种质资源收集情况

样品编号	作物名称	种质名称	采集地点
P230522002	南瓜	友谊红贝贝	双鸭山市友谊县建设乡北新发村
P230522003	南瓜	友谊红南瓜	双鸭山市友谊县庆丰乡富裕村
P230522008	大豆	友谊白豆	双鸭山市友谊县东建乡东建村
P230522009	水稻	友谊优质稻	双鸭山市友谊县东建乡东建村
P230522011	大豆	友谊黑大豆	双鸭山市友谊县东建乡富强村
P230522012	玉米	友谊黄黏玉米	双鸭山市友谊县东建乡富强村
P230522013	大豆	友谊大粒黄	双鸭山市友谊县东建乡兴发村
P230522014	玉米	友谊白头霜	双鸭山市友谊县庆丰乡庆丰村
P230522018	菜豆	友谊宽油豆	双鸭山市友谊县庆丰乡新兴村
P230522019	菜豆	友谊大白饭豆	双鸭山市友谊县庆丰乡新兴村
P230522020	南瓜	友谊奶油南瓜	双鸭山市友谊县东建乡兴发村
P230522021	谷子	友谊谷子	双鸭山市友谊县新镇乡东邻村
P230522022	菜豆	友谊花皮豆	双鸭山市友谊县建设乡建设村
P230522024	玉米	友谊马牙子	双鸭山市友谊县建设乡福前村
P230522025	大豆	友谊青皮豆	双鸭山市友谊县庆丰乡胜利村
P230522026	大豆	友谊小粒黄	双鸭山市友谊县建设乡富民村
P230522027	玉米	友谊旱玉米	双鸭山市友谊县新镇乡双林村
P230522029	大豆	友谊紫花豆	双鸭山市友谊县庆丰乡新兴村
P230522030	大豆	友谊绿大豆	双鸭山市友谊县建设乡建设村
P230522031	大豆	友谊枣豆	双鸭山市友谊县新镇乡长林村
P230522032	水稻	友谊绿珠	双鸭山市友谊县建设乡北新发村
P230522033	玉米	友谊火苞米	双鸭山市友谊县新镇乡长林村
P230522035	大豆	友谊小金黄	双鸭山市友谊县新镇乡双林村

样品编号	作物名称	种质名称	采集地点
P230522036	玉米	友谊小粒黄	双鸭山市友谊县庆丰乡富裕村
P230522037	水稻	友谊红尖粘	双鸭山市友谊县新镇乡双林村
P230522039	糖高粱	友谊甜秆高粱	双鸭山市友谊县新镇乡东邻村
P230522040	普通菜豆	友谊大红豆	双鸭山市友谊县新镇乡新发村
P230522041	普通菜豆	友谊黑饭豆	双鸭山市友谊县东建乡发家村
P230522042	普通菜豆	友谊小奶豆	双鸭山市友谊县建设乡福前村
P230522051	普通菜豆	友谊紫花豆	双鸭山市友谊县东建乡发家村

96.宝清县

宝清县位于黑龙江省东北部，三江平原腹地。地貌特征可概括为"四山一水四分田，半分芦苇半草原"。地处东经 131° 12′ —133° 30′ 、北纬 45° 45′ —46° 55′ 。行政区域面积 10 001.27 平方千米。

在该地区的 8 个乡镇 12 个村收集农作物种质资源共计 30 份，其中经济作物 1 份，粮食作物 16 份，蔬菜资源 13 份，见表 4.96。

表 4.96　宝清县农作物种质资源收集情况

样品编号	作物名称	种质名称	采集地点
P230523001	野生大豆	宝清万金山野生豆	双鸭山市宝清县万金山乡一道街
P230523002	野生大豆	宝清尖山子野生豆	双鸭山市宝清县尖山子乡 Y412 乡道
P230523003	普通菜豆	宝清英间红	双鸭山市宝清县青原镇平安街
P230523005	小豆	宝清民间红小豆	双鸭山市宝清县青原镇兴东村
P230523007	普通菜豆	宝清黑芸豆	双鸭山市宝清县青原镇平安街
P230523008	野生大豆	宝清夹信子野生豆	双鸭山市宝清县夹信子乡夹信子村
P230523009	普通菜豆	宝清红芸豆	双鸭山市宝清县夹信子乡靠山村
P230523010	普通菜豆	宝清白芸豆	双鸭山市宝清县夹信子镇夹信子村
P230523011	多花菜豆	宝清红花看豆	双鸭山市宝清县青原镇兴东村
P230523012	多花菜豆	宝清白花看豆	双鸭山市宝清县夹信子乡夹信子村
P230523014	高粱	宝清散穗高粱	双鸭山市宝清县青原镇兴东村
P230523016	菜豆	宝清油豆角	双鸭山市宝清县朝阳乡友谊路
P230523017	菜豆	宝清粉花油豆	双鸭山市宝清县夹信子乡夹信子村
P230523018	黄瓜	宝清白皮旱黄瓜	双鸭山市宝清县朝阳乡巾帼路
P230523019	辣椒	宝清牛角椒	双鸭山市宝清县夹信子乡靠山村

样品编号	作物名称	种质名称	采集地点
P230523020	菜豆	宝清大绿油豆	双鸭山市宝清县朝阳乡红日村
P230523022	菜豆	宝清笨豆角	双鸭山市宝清县朝阳乡红日村
P230523023	糖高粱	宝清糖高粱	双鸭山市宝清县小城子镇太平村
P230523024	高粱	宝清长秆高粱	双鸭山市宝清县小城子镇太平村
P230523025	野生大豆	宝清八五二野生豆	双鸭山宝清县八五二农场七分场七队
P230523026	谷子	宝清棒谷子	双鸭山市宝清县小城子镇太平村
P230523027	番茄	宝清大红柿子	双鸭山市宝清县朝阳乡红日村
P230523029	番茄	宝清小黄柿子	双鸭山市宝清县朝阳乡巾帼路
P230523030	番茄	宝清常绿柿子	双鸭山市宝清县朝阳乡红日村
P230523031	番茄	宝清圆绿柿子	双鸭山市宝清县朝阳乡红日村
P230523032	番茄	宝清小红柿子	双鸭山市宝清县朝阳乡红日村
P230523036	菜豆	宝清青刀豆	双鸭山市宝清县夹信子乡靠山村
P230523037	菜豆	宝清圆咕噜豆角	双鸭山市宝清县朝阳乡巾帼路
P230523039	谷子	宝清纺锤谷子	双鸭山市宝清县朝阳乡巾帼路
P230523041	大豆	宝清绿大豆	双鸭山市宝清县朝阳乡巾帼路

97.饶河县

饶河县位于黑龙江省东北边陲、乌苏里江中下游,与俄罗斯隔江相望,边境线长达128千米。地理坐标为北纬46°30′44″—47°34′26″、东经133°07′26″—134°20′16″之间。南部与完达山脉相环抱,北部与三江平原相依托。饶河县域面积6 765平方千米。

在该地区的9个乡镇10个村收集农作物种质资源共计30份,其中经济作物1份,粮食作物11份,蔬菜资源18份,见表4.97。

表4.97 饶河县农作物种质资源收集情况

样品编号	作物名称	种质名称	采集地点
P230524001	菜豆	饶河白花油豆	双鸭山市饶河县西丰镇西丰村
P230524002	番茄	饶河小黄柿子	双鸭山市饶河县西丰镇西丰村
P230524003	番茄	饶河粉红柿子	双鸭山市饶河县西林子乡沙河村
P230524004	番茄	饶河矮柿子	双鸭山市饶河县山里乡山里村
P230524005	大豆	饶河金黄豆	双鸭山市饶河县永乐乡石场林场

样品编号	作物名称	种质名称	采集地点
P230524007	野生大豆	饶河镇野生豆	双鸭山市饶河县饶河镇2队
P230524009	南瓜	饶河窝瓜	双鸭山市饶河县西丰镇西丰村
P230524010	番茄	饶河大八楞	双鸭山市饶河县芦源林场芦源村
P230524011	菠菜	饶河农家菠菜	双鸭山市饶河县西丰镇西丰村
P230524012	玉米	饶河白头霜	双鸭山市饶河县芦源林场芦源村
P230524013	玉米	饶河农家玉米	双鸭山市饶河县芦源林场芦源村
P230524014	玉米	饶河小金黄玉米	双鸭山市饶河县芦源林场芦源村
P230524020	茼蒿	饶河农家茼蒿	双鸭山市饶河县西丰镇西丰村
P230524021	茴香	饶河小茴香	双鸭山市饶河县西丰镇西丰村
P230524022	玉米	饶河红棒玉米	双鸭山市饶河县芦源林场芦源村
P230524023	菜豆	饶河紫花豆角	双鸭山市饶河县西林子乡沙河村
P230524025	野生大豆	饶河青山野生豆	双鸭山市饶河县大通河乡青山村
P230524029	美洲南瓜	饶河西葫芦	双鸭山市饶河县山里乡山里村
P230524030	小豆	饶河农家红小豆	双鸭山市饶河县西丰镇西丰村
P230524031	普通菜豆	饶河黑小豆	双鸭山市饶河县西丰镇西丰村
P230524032	芫荽	饶河香菜	双鸭山市饶河县山里乡山里村
P230524034	菜豆	饶河大绿豆角	双鸭山市饶河县西林子乡三人班村
P230524036	菜豆	饶河紫花小油豆	双鸭山市饶河县山里乡山里村
P230524037	菜豆	饶河紫花油豆	双鸭山市饶河县大佳何乡大佳何村
P230524038	菜豆	饶河青刀豆	双鸭山市饶河县山里乡山里村
P230524040	普通菜豆	饶河黑饭豆	双鸭山市饶河县大佳何乡大佳何村
P230524041	小豆	饶河红小豆	双鸭山市饶河县小佳何乡新村
P230524045	番茄	饶河粉红尖柿子	双鸭山市饶河县大佳何乡大佳何村
P230524046	番茄	饶河贼不偷	双鸭山市饶河县西林子乡三人班村
P230524047	苏子	饶河农家苏子	双鸭山市饶河县大佳何乡大佳何村

十三、大兴安岭地区

98.呼玛县

呼玛县位于黑龙江北部，地处大兴安岭东麓黑龙江之滨，北纬50°49′20″—52°53′59″、东经125°03′20″—127°01′30″，东部和北部为黑龙江环绕，黑龙江主航道为国境线，北与塔河县相连，西为新林区、松岭区接壤，南与黑河市、嫩江市毗邻。南北长 230 千米、东西宽 135 千米，总面积 14 335 平方千米。

在该地区的 7 个乡镇 17 个村收集农作物种质资源共计 34 份，其中果树资源 4 份，经济作物 4 份，粮食作物 12 份，牧草绿肥 13 份，见表 4.98。

表 4.98　呼玛县农作物种质资源收集情况

样品编号	作物名称	种质名称	采集地点
P232721002	洋葱	呼玛郊区毛葱	大兴安岭地区呼玛县呼玛乡城郊村
P232721008	野生大豆	呼玛野生大豆-1	大兴安岭地区呼玛县呼玛乡西山口村
P232721009	番茄	俄罗斯柿子	大兴安岭地区呼玛县呼玛乡红卫村
P232721010	菜豆	呼玛白花油豆角	大兴安岭地区呼玛县呼玛乡红卫村
P232721012	豌豆	台湾豆	大兴安岭地区呼玛县呼玛乡红卫村
P232721013	洋葱	呼玛毛葱	大兴安岭地区呼玛县呼玛乡红卫村
P232721015	叶用莴苣	呼玛生菜	大兴安岭地区呼玛县呼玛乡红卫村
P232721018	小豆	呼玛红小豆	大兴安岭地区呼玛县呼玛镇红卫村
P232721020	南瓜	呼玛绿皮南瓜	大兴安岭地区呼玛县呼玛镇红卫村
P232721022	酸浆	呼玛黄菇娘	大兴安岭地区呼玛县呼玛镇红边村
P232721023	马铃薯	红土豆	大兴安岭地区呼玛县呼玛镇荣边村
P232721025	玉米	呼玛火玉米	大兴安岭地区呼玛县呼玛镇三村
P232721029	烟草	呼玛烟草	大兴安岭地区呼玛县呼玛镇二村
P232721030	玉米	呼玛白粒笨玉米	大兴安岭地区呼玛县白银纳乡更新村
P232721031	高粱	呼玛扫帚糜子	大兴安岭地区呼玛县白银纳乡更新村
P232721037	野生大豆	呼玛兴华野生大豆	大兴安岭地区呼玛县兴华乡新立村
P232721038	野豌豆	呼玛野豌豆	大兴安呼玛县韩家园镇韩家园林业局
P232721039	野生大豆	韩家园野生大豆	大兴安呼玛县韩家园镇韩家园林业局
P232721040	韭菜	呼玛野韭菜	大兴安呼玛县韩家园镇韩家园林业局
P232721041	草莓	野草莓	大兴安呼玛县韩家园镇韩家园林业局
P232721043	辣椒	呼玛长辣椒	大兴安岭地区呼玛县兴华乡新立村
P232721044	韭菜	呼玛野韭菜-2	大兴安岭地区呼玛县鸥浦乡三合村
P232721045	菜豆	呼玛油豆角-2	大兴安岭地区呼玛县兴华乡新立村
P232721046	大麻	呼玛野生大麻-1	大兴安岭地区呼玛县兴华乡新山村
P232721048	野生大豆	白银纳野生大豆	大兴安岭地区呼玛县白银纳乡玻璃沟村
P232721049	草莓	野草莓	大兴安岭地区呼玛县鸥浦乡三合村
P232721050	野生大豆	呼玛欧浦野生大豆	大兴安岭地区呼玛县鸥浦乡三合村

样品编号	作物名称	种质名称	采集地点
P232721051	大麻	呼玛野生大麻-2	大兴安岭地区呼玛县鸥浦乡三合村
P232721052	菊芋	三合姜不辣	大兴安岭地区呼玛县鸥浦乡三合村
P232721053	茴香	呼玛茴香	大兴安岭地区呼玛县鸥浦乡三合村
P232721055	野生大豆	呼玛三合野生大豆	大兴安岭地区呼玛县鸥浦乡三合村
P232721058	大麻	呼玛野生大麻-3	大兴安岭地区呼玛县鸥浦乡欧浦村
P232721066	草莓	野草莓	大兴安岭地区呼玛县金山乡前进村
P232721069	草莓	野草莓	大兴安岭地区呼玛县兴华乡画山风景区

99.塔河县

塔河县位于黑龙江省北部、伊勒呼里山北麓，地处东经123°19′—125°48′、北纬52°09′—52°23′，东邻呼玛县，西接漠河市，南靠新林区、呼中区，北以黑龙江主航道中心线为界与俄罗斯隔江相望，边境线长173千米，是大兴安岭地区辐射半径最大、运输半径最小的中心腹部城市。总面积14 420平方千米。

在该地区的4个乡镇13个村收集农作物种质资源共计36份，其中果树资源3份，经济作物4份，粮食作物20份，蔬菜资源9份，见表4.99。

表4.99 塔河县农作物种质资源收集情况

样品编号	作物名称	种质名称	采集地点
P232727001	普通菜豆	十八站花喜鹊芸豆	大兴安岭地区塔河县十八站乡汉族村
P232727002	多花菜豆	塔河伊丽莎白芸豆	大兴安岭地区塔河县十八站乡汉族村
P232727006	野生大豆	塔河永庆野生大豆-1	大兴安岭地区塔河县十八站乡永庆检查站
P232727009	野生大豆	塔河野生大豆-2	大兴安岭地区塔河县塔南镇塔南社区
P232727011	黄瓜	塔河老黄瓜	大兴安岭地区塔河县依西肯乡依西村
P232727012	普通菜豆	塔河依西肯红芸豆	大兴安岭地区塔河县依西肯乡依西肯村
P232727013	玉米	塔河笨苞米	大兴安岭地区塔河县依西肯乡依西肯村
P232727016	玉米	塔河火玉米	大兴安岭地区塔河县依西肯乡依西肯村
P232727022	野生大豆	塔河瓦干野生大豆-3	大兴安岭地区塔河县依西肯乡瓦干村
P232727025	野生大豆	塔河瓦干野生大豆-4	大兴安岭地区塔河县依西肯乡瓦干村
P232727030	野生大豆	塔河塔丰野生大豆-5	大兴安岭地区塔河县依西肯乡塔丰林场
P232727032	野生大豆	塔河塔丰野生大豆-6	大兴安岭地区塔河县依西肯乡塔丰林场
P232727033	野生大豆	塔河塔丰野生大豆-7	大兴安岭地区塔河县依西肯乡塔丰林场

样品编号	作物名称	种质名称	采集地点
P232727034	大麻	塔河野生大麻	大兴安岭地区塔河县依西肯乡瓦干村
P232727035	野生大豆	塔河野生大豆-8	大兴安岭地区塔河县十八站乡鄂族新村
P232727036	野生大豆	塔河野生大豆-9	大兴安岭地区塔河县十八站乡兴建村
P232727037	大麻	塔河野生大麻-2	大兴安岭地区塔河县十八站乡兴建村
P232727038	大蒜	大蒜	大兴安岭地区塔河县十八站乡兴建村
P232727039	菜豆	塔河十八站油豆角	大兴安岭地区塔河县十八站乡兴建村
P232727040	菊芋	姜不辣	大兴安岭地区塔河县十八站乡城郊村
P232727042	普通菜豆	塔河白圆芸豆	大兴安岭地区塔河县十八站乡新建社区
P232727043	菊芋	姜不辣-3	大兴安岭地区塔河县十八站乡汉族村
P232727044	野生大豆	塔河创业野生大豆	大兴安岭地区塔河县十八站乡创业村
P232727045	草莓	野草莓	大兴安岭地区塔河县十八站乡创业村
P232727046	辣椒	塔河兴建红辣椒	大兴安岭地区塔河县十八站乡兴建村
P232727048	野生大豆	塔河兴建野生大豆	大兴安岭地区塔河县十八站乡兴建村
P232727049	辣椒	塔河兴建红辣椒-2	大兴安岭地区塔河县十八站乡兴建村
P232727050	菊芋	姜不辣-2	大兴安岭地区塔河县十八站乡兴建村
P232727052	草莓	野草莓	大兴安岭地区塔河县十八站乡兴建村
P232727053	野生大豆	塔河兴建半野生大豆	大兴安岭地区塔河县十八站乡兴建村
P232727054	芫荽	塔河兴建香菜	大兴安岭地区塔河县十八站乡兴建村
P232727055	烟草	塔河黄烟	大兴安岭塔河县十八站林业局古驿社区
P232727056	苏子	塔河苏子	塔河县十八站乡十八站林业局古驿社区
P232727057	草莓	野草莓	塔河县十八站乡十八站林业局古驿社区
P232727060	野生大豆	塔河野生大豆-13	大兴安岭地区塔河县开库康乡开库康村
P232727062	野生大豆	塔河野生大豆-14	大兴安岭地区塔河县开库康乡开库康村

100.漠河市

漠河市位于黑龙江省西北部，大兴安岭山脉北麓，地处东经121°12′—127°00′、北纬50°11′—53°33′。漠河市西与内蒙古自治区额尔古纳市为邻，南与内蒙古自治区根河市和大兴安岭地区所属呼中区交界，东与塔河县接壤，北隔黑龙江与俄罗斯外贝加尔边疆区（原赤塔州）和阿穆尔州相望，边境线长242千米，总面积18 427平方千米。

在该地区的3个乡镇10个村收集农作物种质资源共计35份，其中经济作物

1份，粮食作物20份，牧草绿肥1份，蔬菜资源13份，见表4.100。

表4.100　漠河市农作物种质资源收集情况

样品编号	作物名称	种质名称	采集地点
P232723002	普通菜豆	漠河黑芸豆	大兴安岭地区漠河市北极乡北极村
P232723005	马铃薯	土豆	大兴安岭地区漠河市北极乡北极村
P232723011	辣椒	朝天椒（辣妹子）	大兴安岭地区漠河市西林吉镇黑山村
P232723015	野生大豆	野生大豆-1	大兴安岭地区漠河市西林吉镇黑山村
P232723023	酸浆	漠河大紫菇娘	大兴安岭地区漠河市北极乡北极村
P232723024	野生大豆	北极村野生大豆-2	大兴安岭地区漠河市北极乡北极村
P232723025	野生大豆	北极半野生野生大豆	大兴安岭地区漠河市北极乡北极村
P232723026	野豌豆	漠河野豌豆	大兴安岭地区漠河市北极乡北极村
P232723027	大豆	漠河当地大豆	大兴安岭地区漠河市北极乡北极村
P232723028	大豆	漠河抹食豆	大兴安岭地区漠河市北极乡北极村
P232723029	野生大豆	北极村野生大豆-4	大兴安岭地区漠河市北极乡北极村
P232723030	野西瓜	漠河冬瓜	大兴安岭地区漠河市北极乡北极村
P232723036	野生大豆	北红村野生大豆-5	大兴安岭地区漠河市北极乡北红村
P232723037	菜豆	漠河北红油扁豆	大兴安岭地区漠河市北极乡北红村
P232723038	普通菜豆	漠河饭豆	大兴安岭地区漠河市北极乡北红村
P232723040	菜豆	漠河北红油豆角	大兴安岭地区漠河市北极乡北红村
P232723041	菊芋	姜不辣-1	大兴安岭地区漠河市北极乡北红村
P232723042	辣椒	漠河北红小辣椒	大兴安岭地区漠河市北极乡北红村
P232723043	野生大豆	北红野生大豆-6	大兴安岭地区漠河市北极乡北红村
P232723044	菜豆	漠河长兔子腿	大兴安岭地区漠河市北极乡北红村
P232723047	菊芋	姜不辣2	大兴安岭地区漠河市北极乡北极村
P232723048	玉米	漠河笨玉米	大兴安岭地区漠河市北极乡北极村
P232723049	小豆	漠河北极红小豆	大兴安岭地区漠河市北极乡北极村
P232723050	野生大豆	洛古河野生大豆-7	大兴安岭地区漠河市北极乡洛古河村
P232723051	野生大豆	漠河洛古河野生大豆	大兴安岭地区漠河市北极乡洛古河村
P232723053	野生大豆	北极村半野生大豆	大兴安岭地区漠河市北极乡北极村
P232723058	菜豆	漠河紫花油豆	大兴安岭漠河市西林吉镇二十二区
P232723061	菜豆	漠河紫家雀蛋	大兴安岭漠河市西林吉镇二十二区
P232723062	菊芋	地环	大兴安岭地区漠河市西林吉镇十区
P232723063	菊芋	姜不辣3	大兴安岭漠河市西林吉镇二十二区
P232723064	野生大豆	二十二站野生大豆-10	大兴安岭漠河市兴安镇二十五站村

样品编号	作物名称	种质名称	采集地点
P232723065	野生大豆	漠河野生大豆-11	大兴安岭地区漠河市兴安镇兴安林场
P232723066	尾穗苋	漠河西甜谷	大兴安岭地区漠河市兴安镇兴安林场
P232723068	野生大豆	漠河野生大豆-12	大兴安岭地区漠河市兴安镇兴安村
P232723069	向日葵	漠河北极向日葵	大兴安岭漠河市西林吉镇三十三区

第五章 资源系统调查县收集的种质资源

一、巴彦县

巴彦县自然条件复杂，自然植被种类繁多。植物资源分布面广，品种多、资源茂盛。年平均气温 2.6℃，由西南向东北逐减。一年有 5 个月平均温度在零度以下，7 月份以后逐月上升，8 月份以后逐月下降。7 月份平均温度 22.4℃，最高温度一般在 30℃左右。

在该地区的 6 个乡镇 16 个村收集农作物种质资源共计 80 份，其中粮食作物 7 份，蔬菜 73 份，见表 5.1。

表 5.1 巴彦县农作物种质资源收集情况

样品编号	作物名称	品种名称	采集地点
2022231429	菜豆	五一村十八豆	巴彦县松花江乡五一村
2022231401	菜豆	沿江村旱豆角	巴彦县巴彦港镇沿江村
2022231402	豇豆	沿江村豇豆	巴彦县巴彦港镇沿江村
2022231404	芫荽	沿江村大叶香菜	巴彦县巴彦港镇沿江村
2022231405	菜豆	沿江村晚豆角	巴彦县巴彦港镇沿江村
2022231406	菠菜	沿江村大叶菠菜	巴彦县巴彦港镇沿江村
2022231407	菜豆	沿江村黄金钩	巴彦县巴彦港镇沿江村
2022231408	菜豆	沿江村油豆角	巴彦县巴彦港镇沿江村
2022231409	菜豆	沿江村豆角	巴彦县巴彦港镇沿江村
2022231411	黄瓜	沿江村旱黄瓜	巴彦县巴彦港镇沿江村
2022231412	辣椒	沿江村小辣椒	巴彦县巴彦港镇沿江村
2022231413	芫荽	沿江村香菜	巴彦县巴彦港镇沿江村
2022231414	茴香	沿江村茴香	巴彦县巴彦港镇沿江村
2022231415	蒲公英	沿江村蒲公英	巴彦县巴彦港镇沿江村

样品编号	作物名称	品种名称	采集地点
2022231416	辣椒	五星村小辣椒	巴彦县巴彦港镇五星村
2022231417	辣椒	五星村羊角椒	巴彦县巴彦港镇五星村
2022231418	菜豆	金星村紫花油豆	巴彦县巴彦港镇金星满族村
2022231419	芫荽	金星村大叶香菜	巴彦县巴彦港镇金星满族村
2022231421	番茄	五四村黄柿子	巴彦县松花江乡五四村
2022231422	番茄	五四村贼不偷	巴彦县松花江乡五四村
2022231423	番茄	五四村大黄柿子	巴彦县松花江乡五四村
2022231424	黄瓜	五四村大黄瓜	巴彦县松花江乡五四村
2022231425	南瓜	五一村谢花面	巴彦县松花江乡五一村
2022231426	南瓜	五一村倭瓜	巴彦县松花江乡五一村
2022231427	菜豆	五一村白芸豆	巴彦县松花江乡五一村
2022231428	黄瓜	五一村老黄瓜	巴彦县松花江乡五一村
2022231430	番茄	五一村柿子	巴彦县松花江乡五一村
2022231431	西瓜	五一村西瓜	巴彦县松花江乡五一村
2022231432	菜豆	太平川村红芸豆	巴彦县松花江乡太平川村
2022231433	辣椒	太平川村小辣椒	巴彦县松花江乡太平川村
2022231434	菜豆	五岳村芸豆	巴彦县富江乡五岳村
2022231435	酸浆	五岳村山菇娘	巴彦县富江乡五岳村
2022231437	菜豆	振发村豆角	巴彦县富江乡振发村
2022231438	菜豆	振发村五月鲜豆角	巴彦县富江乡振发村
2022231439	高粱	振发村笤帚	巴彦县富江乡振发村
2022231440	高粱	振发村甜高粱	巴彦县富江乡振发村
2022231441	芫荽	振发村香菜	巴彦县富江乡振发村
2022231442	菠菜	振发村菠菜	巴彦县富江乡振发村
2022231443	番茄	振发村黄柿子	巴彦县富江乡振发村
2022231444	辣椒	振发村大辣椒	巴彦县富江乡振发村
2022231445	番茄	振发村紫柿子	巴彦县富江乡振发村
2022231446	茼蒿	振发村茼蒿	巴彦县富江乡振发村
2022231447	南瓜	振发村大香蕉倭瓜	巴彦县富江乡振发村
2022231448	美洲南瓜	振发村角瓜	巴彦县富江乡振发村
2022231449	南瓜	振发村丑窝瓜	巴彦县富江乡振发村
2022231450	黄瓜	振发村老黄瓜	巴彦县富江乡振发村

样品编号	作物名称	品种名称	采集地点
2022231451	菜豆	振发村黄金钩	巴彦县富江乡振发村
2022231452	莴苣	振发村生菜	巴彦县富江乡振发村
2022231453	芝麻菜	振发村臭菜	巴彦县富江乡振发村
2022231454	芫荽	新合村香菜	巴彦县富江乡新合村
2022231455	菠菜	新合村压霜菠菜	巴彦县富江乡新合村
2022231456	菠菜	新合村菠菜	巴彦县富江乡新合村
2022231457	大白菜	新合村白菜	巴彦县富江乡新合村
2022231458	谷子	新立村笨谷子	巴彦县丰乐乡新立村
2022231459	小豆	新立村红小豆	巴彦县丰乐乡新立村
2022231461	豇豆	春生村豇豆角	巴彦县丰乐乡春生村
2022231462	菜豆	春生村家雀蛋	巴彦县丰乐乡春生村
2022231463	菜豆	春生村豆角	巴彦县丰乐乡春生村
2022231464	菜豆	富强村早豆角	巴彦县丰乐乡富强村
2022231465	菜豆	富强村豆角	巴彦县丰乐乡富强村
2022231466	菜豆	富强村老式黄金钩	巴彦县丰乐乡富强村
2022231467	菜豆	永常村老钩钩黄	巴彦县松花江乡永常村
2022231468	菜豆	永常村豆角	巴彦县松花江乡永常村
2022231469	菜豆	永常村鼓粒黄豆角	巴彦县松花江乡永常村
2022231470	菜豆	永常村花饭豆	巴彦县松花江乡永常村
2022231471	菜豆	永常村饭豆	巴彦县松花江乡永常村
2022231472	菜豆	振兴村豆角	巴彦县松花江乡振兴村
2022231473	小豆	振兴村小豆	巴彦县松花江乡振兴村
2022231474	菜豆	振兴村老豆角	巴彦县松花江乡振兴村
2022231475	菜豆	振兴村面豆角	巴彦县松花江乡振兴村
2022231476	菜豆	江北村豆角	巴彦县松花江乡江北村
2022231477	菜豆	江北村家雀蛋	巴彦县松花江乡江北村
2022231478	菜豆	江北村菜豆角	巴彦县松花江乡江北村
2022231479	菜豆	民胜村金黄豆	巴彦县松花江乡民胜村
2022231480	菜豆	民胜村蹲蹲豆	巴彦县松花江乡民胜村
2022231481	菜豆	民胜村奶花豆	巴彦县松花江乡民胜村
2022231482	菜豆	五一村胖嘴芸豆	巴彦县松花江乡五一村
2022231483	菜豆	五一村黄粒豆角	巴彦县松花江乡五一村

样品编号	作物名称	品种名称	采集地点
2022231484	菜豆	五一村白圆挤豆	巴彦县松花江乡五一村
2022231485	菜豆	五一村紫粒豆角	巴彦县松花江乡五一村

二、方正县

方正县气候属于寒温带大陆性季风气候，春季风大雨小，夏季炎热雨多，秋季凉爽干旱，冬季漫长、寒冷、干燥。方正县降水丰富，平均年降水量为 579.7 毫米，属中纬度地区，太阳可照时数平均每年为 4 446 小时。大田作物生育期，5 ～9 月，总日照时数为 1 178 小时，日照百分率为 54%，平均每天 8 小时。

在该地区的 6 个乡镇 8 个村收集农作物种质资源共计 81 份，其中经济作物 1 份，粮食作物 16 份，蔬菜 64 份，见表 5.2。

表 5.2　方正县农作物种质资源收集情况

样品编号	作物名称	品种名称	采集地点
2021233001	菠菜	菠菜	方正县会发镇会发村
2021233002	菜豆	平原豆角	方正县松南乡红星村
2021233003	茴香	团结小茴香	方正县德善乡德善村
2021233004	长豇豆	豇豆角	方正县大罗密镇兴隆村
2021233005	南瓜	谢花面	方正县松南乡红星村
2021233006	茴香	茴香	方正县大罗密镇兴隆村
2021233007	菠菜	菠菜	方正县得莫利镇伊汉通村
2021233008	紫苏	苏子	方正县大罗密镇兴隆村
2021233009	茴香	小茴香	方正县得莫利镇伊汉通村
2021233010	黄瓜	老黄瓜	方正县会发镇永丰村
2021233011	辣椒	辣椒	方正县得莫利镇伊汉通村
2021233012	大豆	黑豆	方正县得莫利镇伊汉通村
2021233013	叶用莴苣	生菜	方正县宝兴乡长龙村
2021233014	菜豆	豆角	方正县松南乡红星村
2021233015	玉米	玉米	方正县得莫利镇伊汉通村
2021233016	芝麻	黑麻籽	方正县宝兴乡长龙村
2021233017	芫荽	香菜	方正县大罗密镇兴隆村

样品编号	作物名称	品种名称	采集地点
2021233018	大葱	大葱	方正县会发镇会发村
2021233019	菜豆	豆角	方正县大罗密镇兴隆村
2021233020	叶用莴苣	生菜	方正县会发镇会发村
2022233001	菜豆	豆角	方正县得莫利镇伊汉通村
2022233002	大葱	葱	方正县德善乡德善村
2022233003	番茄	番茄	方正县大罗密镇兴隆村
2022233004	大豆	黑吉豆	方正县会发镇会发村
2022233005	黍稷	糜子	方正县德善乡德善村
2022233006	小豆	赤小豆	方正县德善乡德善村
2022233007	南瓜	南瓜	方正县得莫利镇伊汉通村
2022233008	大豆	大白豆	方正县松南乡红星村
2022233009	大豆	绿豆	方正县得莫利镇伊汉通村
2022233010	大豆	大豆	方正县松南乡红星村
2022233011	大豆	黑豆	方正县宝兴乡长龙村
2022233012	小豆	红小豆	方正县松南乡红星村
2022233013	大葱	葱	方正县松南乡红星村
2022233014	玉米	玉蜀黍	方正县宝兴乡长龙村
2022233015	茴香	茴香	方正县德善乡德善村
2022233016	茴香	茴香	方正县德善乡德善村
2022233017	黄瓜	黄瓜	方正县德善乡德善村
2022233018	辣椒	辣椒	方正县松南乡红星村
2022233019	南瓜	南瓜	方正县宝兴乡长龙村
2022233020	菜豆	豆角	方正县松南乡红星村
2022233021	豇豆	豇豆	方正县松南乡红星村
2022233022	茴香	茴香	方正县大罗密镇兴隆村
2022233023	番茄	番茄	方正县会发镇永丰村
2022233024	黄瓜	黄瓜	方正县松南乡红星村
2022233025	紫苏	紫苏	方正县松南乡红星村
2022233026	南瓜	南瓜	方正县德善乡德善村
2022233027	叶用莴苣	莴苣	方正县德善乡德善村
2022233028	黄瓜	黄瓜	方正县宝兴乡永兴村
2022233029	菜豆	菜豆	方正县松南乡红星村

样品编号	作物名称	品种名称	采集地点
2022233030	南瓜	南瓜	方正县松南乡红星村
2022233031	菜豆	菜豆	方正县宝兴乡永兴村
2022233032	黄瓜	黄瓜	方正县会发镇会发村
2022233033	玉米	玉米	方正县德善乡德善村
2022233034	菜豆	菜豆	方正县宝兴乡长龙村
2022233035	饭豆	饭豆	方正县宝兴乡长龙村
2022233036	玉米	玉米	方正县德善乡德善村
2022233037	菜豆	菜豆	方正县大罗密镇兴隆村
2022233038	茼蒿	茼蒿	方正县宝兴乡永兴村
2022233039	菜豆	菜豆	方正县松南乡红星村
2022233040	玉米	玉米	方正县宝兴乡永兴村
2022233041	叶用莴苣	生菜	方正县会发镇会发村
2022233042	菜豆	豆角	方正县宝兴乡永兴村
2022233043	结球甘蓝	甘蓝	方正县宝兴乡永兴村
2022233044	番茄	柿子	方正县宝兴乡长龙村
2022233045	韭菜	韭菜	方正县会发镇会发村
2022233046	菜豆	豆角	方正县会发镇会发村
2022233047	大豆	黑小豆	方正县会发镇永丰村
2022233048	菜豆	豆角	方正县宝兴乡长龙村
2022233049	黄瓜	老黄瓜	方正县宝兴乡长龙村
2022233050	韭菜	韭菜	方正县大罗密镇兴隆村
2022233051	叶用莴苣	生菜	方正县德善乡德善村
2022233052	黄瓜	黄瓜	方正县会发镇会发村
2022233053	菜豆	豆角	方正县会发镇永丰村
2022233054	茄子	茄子	方正县松南乡红星村
2022233055	叶用莴苣	生菜	方正县宝兴乡永兴村
2022233056	菠菜	菠菜	方正县会发镇会发村
2022233057	菜豆	豆角	方正县会发镇永丰村
2022233058	丝瓜	丝瓜	方正县会发镇永丰村
2022233059	菜豆	豆角	方正县得莫利镇伊汉通村
2022233060	菜豆	豆角	方正县会发镇永丰村
2022233061	菜豆	豆角	

三、呼兰区

呼兰区全年日照时数4 040小时，受阴雨天气影响日照时数2 732小时左右，占应照时数的62%；平均每天实照7小时30分左右，有丰富的自然资源。

在该地区的8个乡镇13个村收集农作物种质资源共计80份，其中粮食作物36份，蔬菜44份，见表5.3。

表5.3　呼兰区农作物种质资源收集情况

样品编号	作物名称	品种名称	采集地点
2022234141	菜豆	康金新农香蕉豆角	呼兰区康金街道新农村
2022234142	辣椒	康金新农羊角椒	呼兰区康金街道新农村
2022234143	高粱	康金新农帚高粱	呼兰区康金街道新农村
2022234144	饭豆	康金新农长花粒饭豆	呼兰区康金街道新农村
2022234145	饭豆	康金新农红饭豆	呼兰区康金街道新农村
2022234146	菜豆	康金新农将军红	呼兰区康金街道新农村
2022234147	菜豆	康金新农大八叉	呼兰区康金街道新农村
2022234148	芫荽	康金新农大叶香菜	呼兰区康金街道新农村
2022234149	菜豆	赵楼村黄几豆	呼兰区大用镇赵楼村
2022234150	菜豆	赵楼村一点红	呼兰区大用镇赵楼村
2022234152	菜豆	赵楼村黄弯钩	呼兰区大用镇赵楼村
2022234153	长豇豆	赵楼村十八豆	呼兰区大用镇赵楼村
2022234155	小豆	赵楼村红小豆	呼兰区大用镇赵楼村
2022234158	菠菜	赵楼村菠菜	呼兰区大用镇赵楼村
2022234159	饭豆	赵楼村大白芸豆	呼兰区大用镇赵楼村
2022234160	饭豆	赵楼村红芸豆	呼兰区大用镇赵楼村
2022234161	绿豆	赵楼村小绿豆	呼兰区大用镇赵楼村
2022234162	菜豆	赵楼村绿几豆	呼兰区大用镇赵楼村
2022234163	高粱	赵楼村帚高粱	呼兰区大用镇赵楼村
2022234164	饭豆	赵楼村花饭豆	呼兰区大用镇赵楼村
2022234165	小豆	赵楼村黑小豆	呼兰区大用镇赵楼村
2022234167	番茄	富强村大头梨	呼兰区兰河街道富强村
2022234168	辣椒	双井村红羊角	呼兰区双井街道双井村
2022234169	高粱	双井村帚高粱	呼兰区双井街道双井村
2022234170	菜豆	双井村大马掌	呼兰区双井街道双井村

样品编号	作物名称	品种名称	采集地点
2022234174	菜豆	外郎村花粒豆角	呼兰区双井街道外郎村
2022234175	菜豆	外郎村扁粒豆角	呼兰区双井街道外郎村
2022234176	菜豆	外郎村异翻白眼	呼兰区双井街道外郎村
2022234177	小豆	外郎村黑小豆	呼兰区双井街道外郎村
2022234178	饭豆	外郎村红芸豆	呼兰区双井街道外郎村
2022234179	高粱	外郎村长苗帚高粱	呼兰区双井街道外郎村
2022234180	菜豆	外郎村扁大粒	呼兰区双井街道外郎村
2022234183	长豇豆	外郎村红籽十八豆	呼兰区双井街道外郎村
2022234185	长豇豆	外郎村黑籽十八豆	呼兰区双井街道外郎村
2022234188	酸浆	外郎村红菇娘	呼兰区双井街道外郎村
2022234189	高粱	外郎村帚高粱	呼兰区双井街道外郎村
2022234191	饭豆	杨林村红芸豆	呼兰区杨林乡杨林村
2022234192	小豆	杨林村黑豆	呼兰区杨林乡杨林村
2022234194	菜豆	佟井村扁粒豆角	呼兰区杨林乡佟井村
2022234195	高粱	佟井村帚高粱	呼兰区杨林乡佟井村
2022234199	辣椒	佟井村辣椒	呼兰区杨林乡佟井村
2022234200	长豇豆	佟井村十八豆	呼兰区杨林乡佟井村
2022234201	菜豆	佟井村兔子翻白眼	呼兰区杨林乡佟井村
2022234202	菜豆	佟井村蓝花粒豆角	呼兰区杨林乡佟井村
2022234203	芫荽	杨林村香菜	呼兰区杨林乡杨林村
2022234204	饭豆	杨林村红打豆	呼兰区杨林乡杨林村
2022234206	豌豆	杨林村豌豆	呼兰区杨林乡杨林村
2022234208	叶用莴苣	杨林村生菜	呼兰区杨林乡杨林村
2022234210	小豆	杨林村黑小豆	呼兰区杨林乡杨林村
2022234213	饭豆	元宝村堆饭豆	呼兰区二八镇元宝村
2022234215	菜豆	元宝村小粒豆角	呼兰区二八镇元宝村
2022234216	豌豆	元宝村豌豆	呼兰区二八镇元宝村
2022234217	芝麻菜	元宝村臭菜	呼兰区二八镇元宝村
2022234223	菜豆	大桥屯白花粒	呼兰区杨林乡渥集村大桥屯
2022234224	芝麻菜	大桥屯大叶臭菜	呼兰区杨林乡渥集村大桥屯
2022234225	高粱	大桥屯帚高粱	呼兰区杨林乡渥集村大桥屯
2022234226	饭豆	大桥屯红芸豆	呼兰区杨林乡渥集村大桥屯

続表

样品编号	作物名称	品种名称	采集地点
2022234227	饭豆	大桥屯堆饭豆	呼兰区杨林乡渥集村大桥屯
2022234228	菜豆	外郎村长粒豆角	呼兰区双井街道外郎村
2022234229	菜豆	佟井村蓝粒豆角	呼兰区杨林乡佟井村
2022234230	菜豆	佟井村灰粒豆角	呼兰区杨林乡佟井村
2022234231	玉米	富强村蓝暴裂玉米	呼兰区兰河街道富强村
2022234232	玉米	富强村黄暴裂玉米	呼兰区兰河街道富强村
2022234233	高粱	历家帚高粱	呼兰区白奎镇历家
2022234234	饭豆	历家黑饭豆	呼兰区白奎镇历家
2022234235	饭豆	历家一窝丰	呼兰区白奎镇历家
2022234236	饭豆	历家红饭豆	呼兰区白奎镇历家
2022234237	小豆	历家红小豆	呼兰区白奎镇历家
2022234238	菜豆	历家灰豆角	呼兰区白奎镇历家
2022234239	菜豆	历家五月先	呼兰白奎镇历家
2022234243	饭豆	姜家黑饭豆	呼兰区白奎镇姜家
2022234246	玉米	姜家毛苞米	呼兰区白奎镇姜家
2022234248	菜豆	姜家兔子翻白眼	呼兰区白奎镇姜家
2022234249	菜豆	姜家香蕉豆角	呼兰区白奎镇姜家
2022234250	高粱	姜家笤帚糜子	呼兰区白奎镇姜家
2022234252	辣椒	姜家小辣椒	呼兰区白奎镇姜家
2022234254	叶用莴苣	姜家生菜	呼兰区白奎镇姜家
2022234266	菜豆	永平村绿金钩	呼兰区石人镇永平村
2022234270	菜豆	兰阳村豆角	呼兰区康金街道兰阳村
2022234272	菜豆	历家将军红	呼兰区白奎镇历家

四、双城区

双城区属中温带大陆性季风气候。特点是：春季风多，少雨干旱；夏季高温多雨；秋季凉爽早霜；冬季严寒少雪。年均气温 4.4℃，年均降水量 481 毫米，有效积温 2 700~2 900 ℃。

在该地区的 11 个乡镇 37 个村收集农作物种质资源共计 80 份，其中粮食作物 7 份，蔬菜 73 份，见表 5.4。

表 5.4 双城区农作物种质资源收集情况

样品编号	作物名称	品种名称	采集地点
2022231001	酸浆	公正村大黄菇娘	双城区公正乡公正村
2022231002	冬瓜	公正村长黄冬瓜	双城区公正乡公正村
2022231004	酸浆	公正村山里红菇娘	双城区公正乡公正村
2022231005	芫荽	康宁村大叶香菜	双城区公正乡康宁村
2022231006	南瓜	康宁村黑皮面南瓜	双城区公正乡康宁村
2022231007	黄瓜	康宁村旱黄瓜	双城区公正乡康宁村
2022231008	莴苣	康宁村大叶生菜	双城区公正乡康宁村
2022231009	番茄	康宁村柿子	双城区公正乡康宁村
2022231010	冬瓜	国兴村迷你小冬瓜	双城区公正乡国兴村
2022231011	茄子	国兴村茄子	双城区公正乡国兴村
2022231012	芝麻菜	国兴村臭菜	双城区公正乡国兴村
2022231013	茄子	国兴村毛茄子	双城区公正乡国兴村
2022231014	苦瓜	国兴村苦瓜	双城区公正乡国兴村
2022231015	黄瓜	国兴村旱黄瓜	双城区公正乡国兴村
2022231016	番茄	国兴村花皮球柿子	双城区公正乡国兴村
2022231017	高粱	兴跃村帚高粱	双城区农丰镇兴跃村
2022231018	高粱	兴跃村甜秆	双城区农丰镇兴跃村
2022231019	苏子	兴跃村绿叶苏子	双城区农丰镇兴跃村
2022231021	酸浆	仁利村野生红菇娘	双城区农丰镇仁利村
2022231022	芫荽	仁利村大叶香菜	双城区农丰镇仁利村
2022231027	辣椒	创立屯小辣椒	双城区西官镇创立屯
2022231028	萝卜	创立屯水萝卜	双城区西官镇创立屯
2022231031	黄瓜	增胜村旱黄瓜	双城区西官镇增胜村
2022231032	南瓜	增胜村红灯笼倭瓜	双城区西官镇增胜村
2022231034	苏子	创勤村山苏子	双城区西官镇创勤村
2022231039	甜瓜	梁家屯羊角蜜香瓜	双城区万隆镇梁家屯
2022231040	芫荽	梁家屯中叶香菜	双城区万隆镇梁家屯
2022231041	甜瓜	梁家屯蛤蟆皮香瓜	双城区万隆镇梁家屯
2022231042	茄子	梁家屯紫把茄子	双城区万隆镇梁家屯
2022231043	黄瓜	梁家屯旱黄瓜	双城区万隆镇梁家屯
2022231044	辣椒	梁家屯小辣椒	双城区万隆镇梁家屯
2022231046	莴苣	繁荣村高棵生菜	双城区万隆镇繁荣村

样品编号	作物名称	品种名称	采集地点
2022231047	芝麻菜	繁荣村臭菜	双城区万隆镇繁荣村
2022231048	芫荽	繁荣村旱香菜	双城区万隆镇繁荣村
2022231050	苦瓜	民强村苦瓜	双城区临江镇民强村
2022231051	甜瓜	民强村香瓜	双城区临江镇民强村
2022231053	高粱	新富屯甜高粱	双城区临江镇新富屯
2022231054	芝麻菜	新富屯臭菜	双城区临江镇新富屯
2022231055	苦瓜	新富屯苦瓜	双城区临江镇新富屯
2022231057	南瓜	杨瓦盆丑倭瓜	双城区临江镇杨瓦盆
2022231058	高粱	白土村甜高粱	双城区韩甸白土村
2022231059	黄瓜	白土村粗黄瓜	双城区韩甸白土村
2022231061	芝麻菜	红跃村臭菜	双城区韩甸红跃村
2022231062	南瓜	红跃村绿皮倭瓜	双城区韩甸红跃村
2022231063	番茄	红跃村柿子	双城区韩甸红跃村
2022231064	莴苣	红跃村生菜	双城区韩甸红跃村
2022231066	高粱	田家村甜高粱	双城区韩甸田家村二道岗屯
2022231072	菠菜	新华村冬菠菜	双城新兴镇新华村
2022231074	美洲南瓜	西丰村西葫芦	双城区五家镇西丰村
2022231076	南瓜	解放村蛋黄倭瓜	双城区五家镇解放村
2022231077	辣椒	解放村小辣椒	双城区五家镇解放村
2022231079	南瓜	解放村丑倭瓜	双城区五家镇解放村
2022231080	南瓜	民安村绿长倭瓜	双城区五家镇民安村
2022231083	番茄	民安村柿子	双城区五家镇民安村
2022231086	秋葵	裕民村绿秋葵	双城区同心满族乡裕民村
2022231091	高粱	兴跃村帚高粱	双城区同心满族乡同旺村
2022231092	辣椒	爱社村辣椒	双城区希勤满族乡爱社村
2022231093	高粱	爱社村甜秆	双城区希勤满族乡爱社村
2022231095	黄瓜	希勤村黄瓜	双城区希勤满族乡希勤村
2022231096	芫荽	希勤村香菜	双城区希勤满族乡希勤村
2022231099	秋葵	临河村秋葵	双城区金城乡临河村
2022231101	番茄	临河村柿子	双城区金城乡临河村
2022231102	辣椒	临河村辣椒	双城区金城乡临河村
2022231103	茴香	沿河村茴香	双城区金城乡沿河村

样品编号	作物名称	品种名称	采集地点
2022231104	芫荽	沿河村香菜	双城区金城乡沿河村
2022231106	丝瓜	金城村丝瓜	双城区金城乡金城村
2022231108	辣椒	金城村尖椒	双城区金城乡金城村
2022231109	芫荽	石家村香菜	双城区兰陵镇石家村
2022231112	莴苣	广益村大叶生菜	双城区兰陵镇广益村
2022231120	南瓜	永泰粉质南瓜	双城区幸福永泰村
2022231123	辣椒	久前村螺丝椒	双城区幸福久前村
2022231133	番茄	庆北彩番茄	双城区青岭庆北村
2022231134	美洲南瓜	兴民面角瓜	双城区青岭兴民村
2022231135	南瓜	益利小南瓜	双城区青岭益利村
2022231136	辣椒	正善小辣椒	双城区单城正善村
2022231137	番茄	政利红番茄	双城区单城政利村
2022231138	番茄	政利绿皮番茄	双城区单城政利村
2022231140	芫荽	政利香菜	双城区单城政利村
2022231141	茄子	政利油茄子	双城区单城政利村
2022231142	芫荽	政德大叶香菜	双城区单城政德村

五、五常市

五常市属中纬度温带大陆性季风气候，夏短冬长，寒暑悬殊。初春来临，祖国南方已绿满枝头，这里依然白雪皑皑，直至5月初，大地始出现初春气息。五常市平均气温3~4 ℃，7月气温较高，平均为23 ℃左右。

在该地区的18个乡镇32个村收集农作物种质资源共计80份，其中经济作物1份，粮食作物3份，蔬菜76份，见表5.5。

表5.5　五常市农作物种质资源收集情况

样品编号	作物名称	品种名称	采集地点
2022231253	豌豆	长山豌豆	五常市长山乡长山村
2022231275	豌豆	勇进豌豆	五常市民意乡勇进村
2022231347	豌豆	灯塔村豌豆	五常市安家镇灯塔村
2022231203	黄瓜	营城子黄瓜子	五常市营城子乡营城子村
2022231204	芫荽	营城子香菜	五常市营城子乡营城子村

样品编号	作物名称	品种名称	采集地点
2022231206	莴苣	计家村生菜	五常市营城子乡计家村
2022231210	苏子	兰旗村苏子	五常市背荫河镇兰旗村
2022231213	黄瓜	政富村黄瓜	五常市牛家满族镇政富村
2022231216	番茄	政富村大柿子	五常市牛家满族镇政富村
2022231218	黄瓜	老营水果黄瓜	五常市拉林满族镇南老营村
2022231219	番茄	老营贼不偷	五常市拉林满族镇南老营村
2022231220	番茄	老营大黄柿子	五常市拉林满族镇东门村
2022231221	苏子	后兰苏子	五常市红旗满族乡后兰村
2022231222	南瓜	后兰丑倭瓜	五常市红旗满族乡后兰村
2022231223	南瓜	前大村落花面	五常市红旗满族乡前大村
2022231224	美洲南瓜	前大村角瓜	五常市红旗满族乡前大村
2022231225	辣椒	前大村小辣椒	五常市红旗满族乡前大村
2022231226	茄子	前大村鹰嘴茄子	五常市红旗满族乡前大村
2022231227	芫荽	前大村香菜	五常市红旗满族乡前大村
2022231229	番茄	前大村灯泡柿子	五常市红旗满族乡前大村
2022231230	苏子	东利村大苏子	五常市红旗满族乡东利村
2022231231	南瓜	东利村长倭瓜	五常市红旗满族乡东利村
2022231232	辣椒	东利村辣妹子	五常市红旗满族乡东利村
2022231234	芫荽	胜远大叶香菜	五常市小山子镇胜远村
2022231235	黄瓜	胜远大黄瓜	五常市小山子镇胜远村
2022231236	黄瓜	胜利水黄瓜	五常市小山子镇胜利村
2022231238	苏子	和平苏子	五常市长山乡和平村
2022231243	番茄	长山大红柿子	五常市长山乡长山村
2022231244	莴苣	长山紫生菜	五常市长山乡长山村
2022231245	菠菜	长山光头菠菜	五常市长山乡长山村
2022231246	芝麻菜	长山大叶臭菜	五常市长山乡长山村
2022231247	菠菜	长山秋根菠菜	五常市长山乡长山村
2022231248	芫荽	长山香菜	五常市长山乡长山村
2022231250	酸浆	长山小黄菇娘	五常市长山乡长山村
2022231251	辣椒	长山长辣椒	五常市长山乡长山村
2022231252	苦苣	长山苦苣	五常市长山乡长山村
2022231254	茄子	长山中长茄子	五常市长山乡长山村

样品编号	作物名称	品种名称	采集地点
2022231255	秋葵	长山黄秋葵	五常市长山乡长山村
2022231259	南瓜	长山白粉窝瓜	五常市长山乡长山村
2022231261	美洲南瓜	长山叶三角瓜	五常市长山乡长山村
2022231262	茄子	兴旺茄子	五常市山河镇兴旺村
2022231263	苏子	兴旺绿苏子	五常市山河镇兴旺村
2022231265	辣椒	兴旺小辣椒	五常市山河镇兴旺村
2022231266	芫荽	山河村香菜	五常市山河镇山河村
2022231267	黄瓜	山河黄瓜	五常市山河镇山河村
2022231268	菠菜	东铁夏菠菜	五常市山河镇东铁村
2022231269	菠菜	东铁冬菠菜	五常市山河镇东铁村
2022231270	菠菜	东铁甜菜菠菜	五常市山河镇东铁村
2022231271	萝卜	东铁小白萝卜	五常市山河镇东铁村
2022231280	番茄	草庙村西红柿	五常市民意乡草庙村
2022231281	茄子	草庙村茄子	五常市民意乡草庙村
2022231282	南瓜	草庙村南瓜	五常市民意乡草庙村
2022231284	番茄	前进小红柿子	五常市民意乡前进村
2022231285	黄瓜	前进大黄瓜	五常市民意乡前进村
2022231287	美洲南瓜	叶三角瓜	五常市向阳镇保山村
2022231288	黄瓜	保山黄瓜	五常市向阳镇保山村
2022231293	黄瓜	本地旱黄瓜	五常市沙河子镇石头河村
2022231306	芫荽	团山香菜	五常市兴盛乡团山村
2022231312	番茄	群利紫柿子	五常市志广乡群力村
2022231315	芫荽	东兴大叶香菜	五常市龙凤山镇东兴村
2022231317	莴苣	石庙村生菜	五常市龙凤山镇石庙村
2022231318	黄瓜	六家子黄瓜	五常市八家子乡六家子村
2022231319	黄瓜	马鹿村黄瓜	五常市八家子乡马鹿村
2022231320	芫荽	八家子村香菜	五常市八家子乡八家子村
2022231321	芝麻菜	八家子村臭菜	五常市八家子乡八家子村
2022231323	黄瓜	卫国村大黄瓜	五常市卫国乡卫国村
2022231324	莴苣	卫国村生菜	五常市卫国乡卫国村
2022231325	苏子	卫国村白苏子	五常市卫国乡卫国村
2022231326	南瓜	保家村老倭瓜	五常市卫国乡保家村

样品编号	作物名称	品种名称	采集地点
2022231327	茴香	保家村茴香	五常市卫国乡保家村
2022231328	蒲公英	保家村蒲公英	五常市卫国乡保家村
2022231329	芫荽	保家村香菜	五常市卫国乡保家村
2022231330	美洲南瓜	保家村角瓜	五常市卫国乡保家村
2022231331	黄瓜	保家叶三黄瓜	五常市卫国乡保家村
2022231335	油菜	灯塔村油菜籽	五常市安家镇灯塔村
2022231336	大白菜	灯塔村白菜	五常市安家镇灯塔村
2022231337	茴香	灯塔村茴香	五常市安家镇灯塔村
2022231338	蒲公英	灯塔蒲公英	五常市安家镇灯塔村
2022231340	冬瓜	灯塔冬瓜子	五常市安家镇灯塔村
2022231350	苏子	富胜村紫苏子	五常市民乐朝鲜族乡富胜村

六、依兰县

依兰县属寒温带大陆性季风气候，总的特点是四季分明，差异显著，干湿悬殊，寒暑俱烈。

在该地区的 8 个乡镇 15 个村收集农作物种质资源共计 81 份，其中经济作物 2 份，粮食作物 14 份，蔬菜 65 份，见表 5.6。

表 5.6　依兰县农作物种质资源收集情况

样品编号	作物名称	品种名称	采集地点
2021233201	葫芦	瓢葫芦	哈尔滨市依兰县团山子乡幸福村拓兴屯
2021233202	菠菜	依兰压霜菠菜	哈尔滨市依兰县愚公乡吉祥村兴隆屯
2021233203	烟草	依兰兴隆旱烟	哈尔滨市依兰县愚公乡吉祥村兴隆屯
2021233204	菜豆	依兰拓兴眉豆角	哈尔滨市依兰县团山子乡幸福村拓兴屯
2021233205	菜豆	依兰拓兴马掌豆角	哈尔滨市依兰县团山子乡幸福村拓兴屯
2021233206	黄瓜	依兰拓兴黄瓜	哈尔滨市依兰县团山子乡幸福村拓兴屯
2021233207	谷子	依兰矮秆谷子	哈尔滨市依兰县团山子乡幸福村拓兴屯
2021233208	酸浆	依兰红菇娘	哈尔滨市依兰县团山子乡幸福村拓兴屯
2021233209	辣椒	依兰土辣椒	哈尔滨市依兰县团山子乡幸福村拓兴屯
2021233210	辣椒	依兰贼贼辣辣椒	哈尔滨市依兰县达连河镇红星林场
2021233211	辣椒	依兰细长辣椒	哈尔滨市依兰县团山子乡幸福村拓兴屯

样品编号	作物名称	品种名称	采集地点
2021233212	辣椒	依兰幸福辣椒	哈尔滨市依兰县团山子乡幸福村
2021233213	玉米	依兰兴安黏玉米	哈尔滨市依兰团山子乡兴安村
2021233214	菜豆	依兰大白豆	哈尔滨市依兰县团山子乡兴安村马场屯
2021233215	菜豆	依兰拓兴豆角	哈尔滨市依兰县团山子乡幸福村拓兴屯
2021233216	菜豆	依兰老太肥豆角	哈尔滨市依兰县团山子乡兴安村
2021233217	苏子	依兰老街基苏子	哈尔滨市依兰县团山子乡兴安村
2021233218	莴苣	依兰团山生菜1	哈尔滨市依兰县团山子乡南赵村
2021233219	菜豆	拓兴花雀蛋豆角	哈尔滨市依兰县团山子乡幸福村拓兴屯
2021233220	菜豆	依兰白花腰豆角	哈尔滨市依兰县团山子乡南赵村
2021233221	茼蒿	依兰兴隆茼蒿	哈尔滨市依兰县愚公乡吉祥村兴隆屯
2022233201	菜豆	依兰开锅烂豆角	哈尔滨市依兰县团山子乡兴安村
2022233202	菜豆	依兰白花菜豆	哈尔滨市依兰县团山子乡幸福村拓兴屯
2022233203	葫芦	依兰幸福葫芦	哈尔滨市依兰县愚公乡吉祥村兴隆屯
2022233204	菜豆	依兰黑挤豆	哈尔滨市依兰县依兰镇朝阳村
2022233205	芝麻	依兰芝麻	哈尔滨市依兰县愚公乡吉祥村兴隆屯
2022233206	菜豆	依兰大马掌豆角	哈尔滨市依兰县团山子乡共兴村长安屯
2022233207	菜豆	依兰小挤豆	哈尔滨市依兰县团山子乡兴安村
2022233208	菜豆	依兰紫油豆	哈尔滨市依兰县团山子乡幸福村拓兴屯
2022233209	菜豆	依兰红花菜豆	哈尔滨市依兰县团山子乡幸福村拓兴屯
2022233210	菜豆	依兰拓兴黄挤豆	哈尔滨市依兰县团山子乡幸福村拓兴屯
2022233211	菜豆	依兰花挤豆	哈尔滨市依兰县依兰镇朝阳村
2022233213	菜豆	依兰黄皮挤豆	哈尔滨市依兰县团山子乡幸福村拓兴屯
2022233214	芫荽	依兰香菜	哈尔滨市依兰县团山子乡幸福村拓兴屯
2022233215	葫芦	依兰吉祥大葫芦	哈尔滨市依兰县愚公乡吉祥村兴隆屯
2022233216	菜豆	依兰吉祥芸豆	哈尔滨市依兰县愚公乡吉祥村兴隆屯
2022233217	菜豆	依兰江湾大青豆角	哈尔滨市依兰县江湾镇青山村
2022233218	芫荽	依兰江湾香菜	哈尔滨市依兰县江湾镇青山村
2022233219	芫荽	依兰马鞍老香菜	哈尔滨依兰县宏克力镇马鞍山村倭肯屯
2022233220	芝麻菜	依兰臭菜	哈尔滨依兰县宏克力镇马鞍山村倭肯屯
2022233221	菜豆	马鞍胖孩腿豆角	哈尔滨依兰县宏克力镇马鞍山村倭肯屯
2022233222	酸浆	假酸浆	哈尔滨市依兰县依兰镇五国城
2022233223	玉米	依兰白芽苞米	哈尔滨市依兰县团山子乡兴安村马场屯

样品编号	作物名称	品种名称	采集地点
2022233224	玉米	依兰老火苞米	哈尔滨市依兰县团山子乡兴安村马场屯
2022233225	玉米	依兰红芽苞米	哈尔滨市依兰县团山子乡兴安村马场屯
2022233226	豇豆	依兰豇豆角	哈尔滨市依兰县团山子乡兴安村马场屯
2022233227	茴香	依兰兴安茴香	哈尔滨市依兰县团山子乡兴安村马场屯
2022233228	南瓜	依兰马场老南瓜	哈尔滨市依兰县团山子乡兴安村马场屯
2022233229	玉米	依兰小元宝玉米	哈尔滨市依兰县团山子乡兴安村马场屯
2022233230	菜豆	依兰南赵红花芸豆	哈尔滨市依兰县团山子乡南赵村长丰屯
2022233231	饭豆	依兰南赵黑芸豆	哈尔滨市依兰县团山子乡南赵村长丰屯
2022233232	饭豆	南赵小粒红小豆	哈尔滨市依兰县团山子乡南赵村长丰屯
2022233233	菜豆	依兰红黄花豆角	哈尔滨市依兰县团山子乡南赵村长丰屯
2022233234	饭豆	依兰南赵饭豆	哈尔滨市依兰县团山子乡南赵村长丰屯
2022233235	绿豆	依兰南绿豆	哈尔滨市依兰县团山子乡南赵村长丰屯
2022233236	芫荽	依兰南赵香菜	哈尔滨市依兰县团山子乡南赵村长丰屯
2022233237	芫荽	依兰南赵老香菜	哈尔滨市依兰县团山子乡南赵村长丰屯
2022233238	莴苣	依兰南赵生菜	哈尔滨市依兰县团山子乡南赵村长丰屯
2022233239	菜豆	依兰猪耳朵豆角	哈尔滨市依兰县团山子乡南赵村长丰屯
2022233240	谷子	依兰大码穗黄谷	哈尔滨市依兰县团山子乡南赵村长丰屯
2022233241	谷子	依兰狗尾穗黄谷	哈尔滨市依兰县团山子乡南赵村长丰屯
2022233242	莴苣	依兰团山生菜2	哈尔滨市依兰县团山子乡南赵村长丰屯
2022233243	饭豆	依兰爬豆	哈尔滨市依兰县团山子乡南赵村长丰屯
2022233244	菜豆	依兰芸豆	哈尔滨市依兰县团山子乡南赵村长丰屯
2022233245	苏子	依兰苏子1	哈尔滨市依兰县依兰镇
2022233246	芫荽	依兰镇香菜	哈尔滨市依兰县依兰镇
2022233247	菜豆	依兰紫花早油豆	哈尔滨市依兰县团山子乡兴安村
2022233248	黍稷	依兰兴安糜子	哈尔滨市依兰县团山子乡兴安村
2022233249	菜豆	依兰家雀蛋豆角	哈尔滨市依兰县愚公乡宝井村
2022233250	苏子	依兰苏子2	哈尔滨市依兰县迎兰乡迎兰村
2022233251	辣椒	依兰迎兰小辣椒	哈尔滨市依兰县迎兰乡迎兰村
2022233252	苏子	依兰苏子3	哈尔滨依兰县道台桥镇东合发村长庆屯
2022233253	角瓜	依兰角瓜	哈尔滨依兰县道台桥镇东合发村长庆屯
2022233254	中国南瓜	依兰长瓜	哈尔滨依兰县道台桥镇东合发村长庆屯
2022233255	黍稷	依兰黑糜子	哈尔滨依兰县道台桥镇东合发村长庆屯

样品编号	作物名称	品种名称	采集地点
2022233256	黍稷	依兰红黑糜子	哈尔滨依兰县道台桥镇东合发村长庆屯
2022233257	芝麻菜	依兰马鞍臭菜	哈尔滨市依兰县宏克力镇马鞍村倭肯屯
2022233258	芝麻菜	依兰泵厂臭菜	哈尔滨市依兰县泵厂
2022233259	菠菜	依兰珠山菠菜	哈尔滨市依兰县宏克力镇珠山村
2022233260	酸浆	依兰珠山菇娘	哈尔滨市依兰县宏克力镇珠山村
2022233212	葫芦	依兰小葫芦	哈尔滨市依兰县团山子乡幸福村拓兴屯

七、拜泉县

拜泉县属寒温带大陆性季风气候，冬冷干燥，春旱风大，夏短多雨，秋季早霜，四季温差较大，年平均气温 1.2℃左右。

在该地区的 5 个乡镇 10 个村收集农作物种质资源共计 80 份，其中经济作物 3 份，粮食作物 21 份，蔬菜 56 份，见表 5.7。

表 5.7　拜泉县农作物种质资源收集情况

样品编号	作物名称	品种名称	采集地点
2022234001	茄子	丰乐黑灯泡茄子	拜泉县拜泉镇丰乐村
2022234002	茄子	丰乐长茄	拜泉县拜泉镇丰乐村
2022234003	叶用芥菜	丰乐小花樱	拜泉县拜泉镇丰乐村
2022234004	萝卜	丰乐青萝卜	拜泉县拜泉镇丰乐村
2022234005	饭豆	丰乐粉饭豆	拜泉县拜泉镇丰乐村
2022234006	菠菜	丰乐村菠菜	拜泉县拜泉镇丰乐村
2022234007	酸浆	丰乐村小豆菇娘	拜泉县拜泉镇丰乐村
2022234008	南瓜	丰乐村黑皮南瓜	拜泉县拜泉镇丰乐村
2022234009	菜豆	丰乐村八月绿	拜泉县拜泉镇丰乐村
2022234010	豌豆	丰乐村豌豆	拜泉县拜泉镇丰乐村
2022234011	番茄	丰乐村西红柿	拜泉县拜泉镇丰乐村
2022234013	菜豆	丰乐村大马掌	拜泉县拜泉镇丰乐村
2022234014	菜豆	丰乐村黄金钩	拜泉县拜泉镇丰乐村
2022234015	茄子	民权村二屯绿灯泡	拜泉县拜泉镇民权村二屯
2022234016	菜豆	民权村二屯八月绿	拜泉县拜泉镇民权村二屯
2022234017	菜豆	民权村二屯油豆角	拜泉县拜泉镇民权村二屯

样品编号	作物名称	品种名称	采集地点
2022234018	小豆	民权村二屯大粒红小豆	拜泉县拜泉镇民权村二屯
2022234019	豌豆	民权村二屯褐脐豌豆	拜泉县拜泉镇民权村二屯
2022234020	菜豆	民权村二屯五月鲜	拜泉县拜泉镇民权村二屯
2022234022	芫荽	民权村二屯大叶香菜	拜泉县拜泉镇民权村二屯
2022234023	叶用莴苣	民权村二屯包生菜	拜泉县拜泉镇民权村二屯
2022234024	芝麻菜	民权村二屯臭菜	拜泉县拜泉镇民权村二屯
2022234025	番茄	民权村二屯大个贼不偷	拜泉县拜泉镇民权村二屯
2022234026	番茄	民权村二屯大个黄柿子	拜泉县拜泉镇民权村二屯
2022234027	番茄	民权村二屯桃柿子	拜泉县拜泉镇民权村二屯
2022234028	番茄	民权村二屯馒头柿子	拜泉县拜泉镇民权村二屯
2022234034	辣椒	新农村羊角红	拜泉县富强镇新农村
2022234035	酸浆	新农村红菇娘	拜泉县富强镇新农村
2022234037	菠菜	新农村菠菜	拜泉县富强镇新农村
2022234038	高粱	新农村帚高粱	拜泉县富强镇新农村
2022234039	小豆	新农村黑小豆	拜泉县富强镇新农村
2022234040	芫荽	新农村香菜	拜泉县富强镇新农村
2022234042	饭豆	新农村奶白花	拜泉县富强镇新农村
2022234043	小豆	新农村小粒红	拜泉县富强镇新农村
2022234044	菜豆	新农村兔子翻白眼	拜泉县富强镇新农村
2022234045	菜豆	新农村钩黄	拜泉县富强镇新农村
2022234046	菜豆	新农村灰菜豆	拜泉县富强镇新农村
2022234047	辣椒	新农村朝天椒	拜泉县富强镇新农村
2022234052	黄瓜	新农村叶三	拜泉县富强镇新农村
2022234053	糖高粱	新士村紧穗甜秆	拜泉县爱农乡新士村
2022234058	菜豆	新士村褐粒豆角	拜泉县爱农乡新士村
2022234059	菜豆	新士村钩黄	拜泉县爱农乡新士村
2022234060	黄瓜	新士村叶三黄瓜	拜泉县爱农乡新士村
2022234061	大豆	新士村绿黄豆	拜泉县爱农乡新士村
2022234062	芫荽	新士村大叶香菜	拜泉县爱农乡新士村
2022234064	高粱	新士村红壳帚高粱	拜泉县爱农乡新士村
2022234065	高粱	新士村黑壳帚高粱	拜泉县爱农乡新士村
2022234066	辣椒	新士村红辣椒	拜泉县爱农乡新士村

样品编号	作物名称	品种名称	采集地点
2022234068	芝麻菜	新士村臭菜	拜泉县爱农乡新士村
2022234069	叶用莴苣	新士村生菜	拜泉县爱农乡新士村
2022234072	茼蒿	新士村茼蒿	拜泉县爱农乡新士村
2022234074	饭豆	新士村苏立豆	拜泉县爱农乡新士村
2022234080	饭豆	新业村日本豆	拜泉县爱农乡新业村
2022234081	辣椒	中起村小辣椒	拜泉县爱农乡中起村
2022234082	菜豆	中起村大粒油豆角	拜泉县爱农乡中起村
2022234083	高粱	中起村帚高粱	拜泉县爱农乡中起村
2022234084	芫荽	中起村香菜	拜泉县爱农乡中起村
2022234085	糖高粱	中起村甜秆大穗甜高粱	拜泉县爱农乡中起村
2022234086	豌豆	中起村皱粒豌豆	拜泉县爱农乡中起村
2022234092	辣椒	保富村红辣椒	拜泉县富强镇保富村
2022234094	芫荽	保富村香菜	拜泉县富强镇保富村
2022234095	高粱	保富村帚高粱	拜泉县富强镇保富村
2022234096	叶用莴苣	保富村生菜	拜泉县富强镇保富村
2022234101	菜豆	永勤村大粒油豆角	拜泉县永勤乡永勤村
2022234103	芫荽	永勤村香菜	拜泉县永勤乡永勤村
2022234105	长豇豆	永勤村十八豆	拜泉县永勤乡永勤村
2022234106	高粱	永勤村帚高粱	拜泉县永勤乡永勤村
2022234109	糖高粱	新民村甜高粱	拜泉县永勤乡新民村
2022234110	菜豆	新民村油豆	拜泉县永勤乡新民村
2022234112	菜豆	新民村油豆角	拜泉县永勤乡新民村
2022234114	长豇豆	新民村十八豆	拜泉县永勤乡新民村
2022234116	辣椒	新民村羊角椒	拜泉县永勤乡新民村
2022234117	绿豆	李长海村绿豆	拜泉县兴国乡李长海村
2022234118	玉米	李长海村牙苞米	拜泉县兴国乡李长海村
2022234119	小豆	李长海村黑小豆	拜泉县兴国乡李长海村
2022234120	菜豆	李长海村白粒豆角	拜泉县兴国乡李长海村
2022234121	菜豆	李长海村五月鲜	拜泉县兴国乡李长海村
2022234122	小豆	李长海村红珍珠	拜泉县兴国乡李长海村
2022234124	茄子	李长海村长紫茄子	拜泉县兴国乡李长海村
2022234128	菜豆	李长海村黄金钩	拜泉县兴国乡李长海村

八、克山县

克山县属寒温带大陆季风气候，年平均气温 2.4℃，有效积温 2 400℃，年降水量 499 毫米，无霜期 122 天左右，雨热同季，降雨集中在 6、7、8 月份，年平均降水量 500 毫米左右；年平均风速 4 米/秒。由于受蒙古低气压影响，每年 4 月上旬至 6 月上旬和 9 月下旬多大风天气，最大风力有时达 8 级。

在该地区的 14 个乡镇 29 个村收集农作物种质资源共计 81 份，其中粮食作物 9 份，蔬菜 72 份，见表 5.8。

表 5.8　克山县农作物种质资源收集情况

样品编号	作物名称	品种名称	采集地点
2022235086	黄瓜	大众村笨旱黄瓜	克山县西联镇大众村
2022235087	黄瓜	巨河村黄瓜	克山县西河镇巨河村
2022235088	番茄	巨河村番茄	克山县西河镇巨河村
2022235089	辣椒	同生村树椒	克山县西建乡同生村
2022235107	高粱	利民村高粱	克山县西河镇利民村
2022235109	菜豆	大众村豆角-1	克山县西联镇大众村
2022235110	菜豆	大众村豆角-2	克山县西联镇大众村
2022235111	菜豆	双发村早豆角	克山县发展乡双发村
2022235112	菜豆	双发村花豆角	克山县发展乡双发村
2022235113	菜豆	双发村将军豆角	克山县发展乡双发村
2022235114	菜豆	平安村豆角	克山县发展乡平安村
2022235117	菜豆	巨河村豆角-1	克山县西河镇巨河村
2022235118	菜豆	巨河村豆角-2	克山县西河镇巨河村
2022235120	菜豆	兴胜村豆角	克山县西城镇兴胜村
2022235121	南瓜	同生村倭瓜	克山县西建乡同生村
2022235122	黄瓜	新乐村黄瓜	克山县西联村新乐村
2022235123	菜豆	同生村勾勾黄豆角	克山县西建乡同生村
2022235153	辣椒	新乐村辣椒	克山县西联村新乐村
2022235155	普通菜豆	大众村饭豆	克山县西联镇大众村
2022235156	普通菜豆	兴胜村紫花饭豆	克山县西城镇兴胜村
2022235157	普通菜豆	同生村黑小豆	克山县西建乡同生村
2022235158	番茄	新乐村柿子	克山县西联乡新乐村

样品编号	作物名称	品种名称	采集地点
2022235160	豌豆	兴胜村豌豆	克山县西城镇兴胜村
2022235084	南瓜	联心村倭瓜	克山县双河乡联心村
2022235085	南瓜	城北村倭瓜-2	克山县克山镇城北村
2022235103	茄子	城北村火茄子	克山县城北村
2022235142	菜豆	新大村辽宁花豆	克山县河北乡新大村
2022235143	菜豆	种畜场八月绿	克山县河北乡种畜场
2022235144	菜豆	新隆村油豆角	克山县古城镇新隆村
2022235145	菜豆	新大村豆角压趴架	克山县古城镇新大村
2022235146	菜豆	新大村北京白豆	克山县河北乡新大村
2022235147	菜豆	齐心村秤钩子	克山县双河乡齐心村
2022235148	菜豆	齐心村豆角-2	克山县双河乡齐心村
2022235149	菜豆	齐心村某花豆	克山县双河乡齐心村
2022235150	菜豆	公政村大麻掌	克山县河南乡公政村
2022235151	普通菜豆	种畜场黑小豆	克山县河北乡种畜场
2022235159	普通菜豆	公政村白芸豆	克山县河南乡公政村
2022235082	美洲南瓜	兴旺村角瓜	克山县北兴镇兴旺村车家窝棚
2022235083	苦瓜	改革村苦瓜	克山县古北乡改革村
2022235090	辣椒	兴旺村小红辣椒	克山县北兴镇兴旺村车家窝棚
2022235091	黄瓜	富民村笨黄瓜-1	克山县曙光乡富民村
2022235092	茄子	第二良种场紫茄子	克山县北联镇第二良种场
2022235093	番茄	第二良种场小黄柿子	克山县北联镇第二良种场
2022235094	番茄	第二良种场大红柿子	克山县北联镇第二良种场
2022235095	辣椒	黎明村小笨辣椒	克山县北联镇黎明村
2022235096	番茄	复兴村贼不偷	克山县北联镇复兴村
2022235097	辣椒	庆功村小辣椒	克山县向华乡庆功村
2022235098	黄瓜	上升村笨黄瓜	克山县向华乡上升村
2022235099	辣椒	更好村笨辣椒	克山县古北乡更好村
2022235100	番茄	改革村大红柿子	克山县古北乡改革村
2022235101	黄瓜	改革村早黄瓜	克山县古北乡改革村
2022235102	茄子	改革村茄子	克山县古北乡改革村
2022235104	菜豆	富民村豆角	克山县曙光乡富民村
2022235105	黄瓜	富民村笨黄瓜-2	克山县曙光乡富民村

样品编号	作物名称	品种名称	采集地点
2022235106	玉米	庆功村黏玉米	克山县向华乡庆功村
2022235108	高粱	更好村笤帚糜子	克山县古北乡更好村
2022235115	菜豆	民兴村8月绿	克山县北联镇民兴村
2022235116	扁豆	黎明村梅豆角	克山县北联镇黎明村
2022235119	菜豆	庆功村油豆角	克山县向华乡庆功村
2022235124	菜豆	红星村早豆角	克山县北兴镇红星村邱福臣屯
2022235125	菜豆	红星村面油豆	克山县北兴镇红星村邱福臣屯
2022235126	菜豆	兴旺村油豆角	克山县北兴镇兴旺村车家窝棚
2022235127	菜豆	兴旺村弯钩	克山县北兴镇兴旺村车家窝棚
2022235128	辣椒	全富村厚皮辣椒	克山县曙光乡全富村
2022235129	辣椒	民兴村小辣椒	克山县北联镇民兴村
2022235130	菜豆	全富村豇子宽豆角	克山县曙光乡全富村
2022235131	菜豆	全富村弯钩豆角	克山县曙光乡全富村
2022235132	菜豆	全富村家鸟蛋	克山县曙光乡全富村
2022235133	菜豆	全富村无名豆角	克山县曙光乡全富村
2022235134	黄瓜	民兴村小早黄瓜	克山县北联镇民兴村
2022235135	番茄	复兴村橙色柿子	克山县北联镇复兴村
2022235136	菜豆	复兴村绿弯勾	克山县北联镇复兴村
2022235137	菜豆	复兴村白水豆角	克山县北联镇复兴村
2022235138	菜豆	复兴村绿水豆角	克山县北联镇复兴村
2022235139	菜豆	复兴村五月鲜	克山县北联镇复兴村
2022235140	番茄	复兴村小黄柿子	克山县北联镇复兴村
2022235141	菜豆	改革村早豆角	克山县古北乡改革村
2022235152	番茄	改革村小黄绿柿子	克山县古北乡改革村
2022235154	菜豆	红星村小长白豆	克山县北兴镇红星村邱福臣屯
2022235161	长豇豆	兴旺村豇豆18豆	克山县北兴镇兴旺村车家窝棚
2022235162	豌豆	复兴村菜豌豆	克山县北联镇复兴村

九、龙江县

龙江县属于中温带大陆性季风气候，春季风大少雨干旱，夏季温热短促，雨热同季，秋季气温变化迅速，易旱霜，小气候特征明显，冬季漫长寒冷干燥。年平均气温 4.6℃，最冷月平均气温为-16.9℃，极端最低气温达-36.4℃；最热月平均气温 22.9℃，极端最高气温达 41.5℃。

在该地区的 13 个乡镇 32 个村收集农作物种质资源共计 82 份，其中粮食作物 9 份，蔬菜 73 份，见表 5.9。

表 5.9 龙江县农作物种质资源收集情况

样品编号	作物名称	品种名称	采集地点
2022237018	南瓜	南瓜	齐齐哈尔市龙江县龙江镇九里村西沟子屯
2022237021	茴香	茴香	齐齐哈尔市龙江县龙江镇九里村
2022237027	南瓜	南瓜	齐齐哈尔市龙江县龙江镇九里村西公司屯
2022237029	苏子	苏子	齐齐哈尔市龙江县龙江镇九里村西公司屯
2022237033	菜豆	架豆	齐齐哈尔市龙江县龙江镇八岔河村
2022237036	苏子	苏子	齐齐哈尔市龙江县龙江镇朝鲜屯
2022237037	黄瓜	黄瓜	齐齐哈尔市龙江县龙江镇朝鲜屯
2022237043	菜豆	架豆	齐齐哈尔市龙江县黑岗乡索伯台村
2022237046	菜豆	架豆	齐齐哈尔市龙江县黑岗乡索伯台村
2022237048	酸浆	红菇娘	齐齐哈尔市龙江县黑岗乡索伯台村
2022237050	茴香	茴香	齐齐哈尔市龙江县黑岗乡靠山村
2022237054	番茄	番茄	齐齐哈尔市龙江县黑岗乡黑岗村
2022237057	芫荽	香菜	齐齐哈尔市龙江县广厚乡三村
2022237058	黄瓜	黄瓜	齐齐哈尔市龙江县广厚乡三村
2022237062	芫荽	香菜	齐齐哈尔市龙江县广厚乡七村
2022237078	南瓜	南瓜	齐齐哈尔市龙江县济沁河乡东北沟村
2022237080	苏子	苏子	齐齐哈尔市龙江县济沁河乡东北沟村
2022237087	菜豆	架豆	齐齐哈尔市龙江县济沁河乡龙头村三屯
2022237094	苏子	苏子	齐齐哈尔市龙江县济沁河乡北极村三队
2022237102	菜豆	架豆王	齐齐哈尔市龙江县哈拉海乡梁地村
2022237106	菜豆	芸豆	齐齐哈尔市龙江县哈拉海乡红旗村
2022237111	菜豆	紫花油豆	齐齐哈尔市龙江县哈拉海乡红旗镇
2022237114	菜豆	豆角	齐齐哈尔市龙江县哈拉海乡红旗村
2022237124	绿豆	绿豆	齐齐哈尔市龙江县哈拉海乡红旗村
2022237127	番茄	西红柿	齐齐哈尔市龙江县哈拉海乡红旗村
2022237128	芫荽	香菜	齐齐哈尔市龙江县哈拉海乡红旗村
2022237137	菜豆	紫花菜豆	齐齐哈尔市龙江县哈拉海乡连家岗村

样品编号	作物名称	品种名称	采集地点
2022237141	菜豆	黑花油豆	齐齐哈尔市龙江县哈拉海乡连家岗村
2022237144	菜豆	油豆	齐齐哈尔市龙江县哈拉海乡连家岗村
2022237145	苏子	苏子	齐齐哈尔市龙江县七棵树镇顺兴村
2022237146	南瓜	南瓜	齐齐哈尔市龙江县七棵树镇顺兴村
2022237147	番茄	西红柿	齐齐哈尔市龙江县七棵树镇顺兴村
2022237149	番茄	西红柿	齐齐哈尔市龙江县七棵树镇顺兴村
2022237154	辣椒	辣椒	齐齐哈尔市龙江县七棵树镇向阳村
2022237155	芫荽	香菜	齐齐哈尔市龙江县七棵树镇向阳村
2022237174	辣椒	辣椒	齐齐哈尔市龙江县鲁河乡黑里沟村
2022237176	南瓜	倭瓜	齐齐哈尔市龙江县鲁河乡黑里沟村
2022237184	芫荽	香菜	齐齐哈尔市龙江县龙兴镇雅鲁村
2022237187	小豆	黎小豆	齐齐哈尔市龙江县龙兴镇新功村
2022237188	菜豆	芸豆	齐齐哈尔市龙江县龙兴镇新功村
2022237189	绿豆	小粒绿豆	齐齐哈尔市龙江县龙兴镇新功村
2022237192	芝麻菜	芝麻菜	齐齐哈尔市龙江县龙兴镇荣胜村
2022237194	芫荽	香菜	齐齐哈尔市龙江县龙兴镇荣胜村
2022237201	黄瓜	黄瓜	齐齐哈尔市龙江县杏山镇杏山村
2022237206	菜豆	豆角	齐齐哈尔市龙江县杏山镇杏山村
2022237208	辣椒	小辣椒	齐齐哈尔市龙江县杏山镇杏山村
2022237211	大豆	黑豆	齐齐哈尔市龙江县杏山镇杏山村
2022237218	苏子	白苏子	齐齐哈尔市龙江县杏山镇东杏山村
2022237220	茴香	小茴香	齐齐哈尔市龙江县杏山镇东杏山村
2022237222	黄瓜	旱黄瓜	齐齐哈尔市龙江县杏山镇东杏山村
2022237231	辣椒	笨辣椒	齐齐哈尔市龙江县杏山镇后家子村
2022237232	辣椒	泡椒	齐齐哈尔市龙江县杏山镇后家子村
2022237235	黄瓜	旱黄瓜	齐齐哈尔市龙江县杏山镇后家子村
2022237236	南瓜	倭瓜	齐齐哈尔市龙江县杏山镇后家子村
2022237248	芫荽	香菜	齐齐哈尔市龙江县头站镇兴盛村
2022237254	菜豆	豆角	齐齐哈尔市龙江县头站镇兴盛村
2022237263	南瓜	倭瓜	齐齐哈尔市龙江县头站镇四合村
2022237264	芝麻菜	臭菜	齐齐哈尔市龙江县头站镇四合村
2022237268	芫荽	香菜	齐齐哈尔市龙江县头站镇四合村

样品编号	作物名称	品种名称	采集地点
2022237269	辣椒	灯笼椒	齐齐哈尔市龙江县头站镇四合村
2022237272	茄子	茄子	齐齐哈尔市龙江县景星镇景星村
2022237275	南瓜	窝瓜	齐齐哈尔市龙江县景星镇永发村跃进 5 屯
2022237281	辣椒	小辣椒	齐齐哈尔市龙江县景星镇永发村跃进 6 屯
2022237287	菜豆	豆角	齐齐哈尔市龙江县景星镇永发村生基地 1 屯
2022237295	绿豆	绿豆	齐齐哈尔市龙江县山泉镇燕窝沟村
2022237299	黄瓜	旱黄瓜	齐齐哈尔市龙江县山泉镇燕窝沟村
2022237300	小豆	红小豆	齐齐哈尔市龙江县山泉镇燕窝沟村
2022237802	酸浆	山菇娘	齐齐哈尔市龙江县山泉镇燕窝沟村
2022237811	茴香	茴香	齐齐哈尔市龙江县山泉镇燕窝沟村
2022237816	龙葵	龙葵	齐齐哈尔市龙江县山泉镇燕窝沟村
2022237818	苏子	紫苏子	齐齐哈尔市龙江县山泉镇柳树村
2022237822	芫荽	香菜	齐齐哈尔市龙江县山泉镇柳树村
2022237823	黄瓜	旱黄瓜	齐齐哈尔市龙江县山泉镇柳树村
2022237827	小豆	红小豆	齐齐哈尔市龙江县山泉镇核心村
2022237830	辣椒	辣椒	齐齐哈尔市龙江县山泉镇官窑村
2022237831	辣椒	羊角椒	齐齐哈尔市龙江县山泉镇官窑村
2022237834	黄瓜	旱黄瓜	齐齐哈尔市龙江县山泉镇官窑村
2022237837	苏子	白苏子	齐齐哈尔市龙江县山泉镇官窑村
2022237905	苏子	苏子	齐齐哈尔市龙江县龙兴镇新城村
2022237906	南瓜	倭瓜	齐齐哈尔市龙江县龙兴镇新城村
2022237909	南瓜	倭瓜	齐齐哈尔市龙江县龙兴镇利华村
2022237069	丝瓜	肉丝瓜	齐齐哈尔市龙江县白山乡五村

十、讷河市

讷河市处于中高纬度，跨越温和、温凉、冷凉 3 个气温带，属于温带大陆性季风气候区。气候特点是积温不足，雨量偏少，分布不均，无霜期短，昼夜、冬季和南北之间温差较大；各季节气候明显，春季风大，干旱少雨，夏季温暖多雨，光热充足，秋季低温，霜冻较早，冬季漫长，寒冷干燥。

在该地区的 15 个乡镇 28 个村收集农作物种质资源共计 81 份，其中经济作物

1 份，粮食作物 2 份，蔬菜 78 份，见表 5.10。

表 5.10 讷河市农作物种质资源收集情况

样品编号	作物名称	品种名称	采集地点
2022237303	菜豆	油豆	齐齐哈尔市讷河市拉哈镇永远村
2022237305	小豆	红小豆	齐齐哈尔市讷河市拉哈镇永远村
2022237306	番茄	西红柿	齐齐哈尔市讷河市拉哈镇永远村
2022237309	芫荽	香菜	齐齐哈尔市讷河市拉哈镇永远村
2022237319	芫荽	香菜	齐齐哈尔市讷河市兴旺乡兴旺村
2022237329	辣椒	苯辣椒	齐齐哈尔市讷河市兴旺乡兴旺村
2022237330	芫荽	香菜	齐齐哈尔市讷河市和盛乡万宝村
2022237337	南瓜	南瓜	齐齐哈尔市讷河市和盛乡万宝村
2022237347	茴香	茴香	齐齐哈尔市讷河市和盛乡万宝村
2022237352	南瓜	倭瓜	齐齐哈尔市讷河市和盛乡万宝村
2022237359	番茄	西红柿	齐齐哈尔市讷河市和盛乡万宝村
2022237363	番茄	西红柿	齐齐哈尔市讷河市和盛乡万宝村
2022237365	番茄	西红柿	齐齐哈尔市讷河市和盛乡万宝村
2022237366	苏子	苏子	齐齐哈尔市讷河市和盛乡万宝村
2022237369	番茄	西红柿	齐齐哈尔市讷河市和盛乡万宝村
2022237375	南瓜	无壳白瓜	齐齐哈尔市讷河市和盛乡和盛村
2022237376	多花菜豆	白芸豆	齐齐哈尔市讷河市和盛乡和盛村
2022237382	西瓜	西瓜	齐齐哈尔市讷河市同义镇升平村
2022237383	黄瓜	黄瓜	齐齐哈尔市讷河市同义镇升平村
2022237384	西葫芦	角瓜	齐齐哈尔市讷河市同义镇升平村
2022237386	黄瓜	黄瓜	齐齐哈尔市讷河市同义镇升平村
2022237387	番茄	西红柿	齐齐哈尔市讷河市同义镇升平村
2022237391	辣椒	辣椒	齐齐哈尔市讷河市同义镇升平村
2022237395	辣椒	辣椒	齐齐哈尔市讷河市同义镇升平村
2022237397	南瓜	南瓜	齐齐哈尔市讷河市同义镇升平村
2022237399	芫荽	香菜	齐齐哈尔市讷河市同义镇凌云村
2022237405	辣椒	辣椒	齐齐哈尔市讷河市龙河镇先锋村
2022237406	辣椒	辣椒	齐齐哈尔市讷河市龙河镇先锋村
2022237407	茄子	茄子	齐齐哈尔市讷河市龙河镇先锋村
2022237408	芫荽	芫荽	齐齐哈尔市讷河市龙河镇先锋村
2022237420	辣椒	辣椒	齐齐哈尔市讷河市龙河镇新生活

样品编号	作物名称	品种名称	采集地点
2022237421	南瓜	南瓜	齐齐哈尔市讷河市龙河镇新生活
2022237422	南瓜	南瓜	齐齐哈尔市讷河市龙河镇新生活
2022237423	茴香	茴香	齐齐哈尔市讷河市龙河镇新生活
2022237424	辣椒	辣椒	齐齐哈尔市讷河市龙河镇新生活
2022237426	番茄	西红柿	齐齐哈尔市讷河市龙河镇新生活村
2022237427	南瓜	南瓜	齐齐哈尔市讷河市龙河镇新生活村
2022237430	黄瓜	黄瓜	齐齐哈尔市讷河市龙河镇新生活
2022237432	辣椒	辣椒	齐齐哈尔市讷河市龙河镇高潮村
2022237433	辣椒	辣椒	齐齐哈尔市讷河市龙河镇高潮村
2022237442	菜豆	饭豆	齐齐哈尔市讷河市讷南镇双泉村
2022237444	菜豆	豆角	齐齐哈尔市讷河市讷南镇双泉村
2022237446	西葫芦	西葫芦	齐齐哈尔市讷河市讷南镇双泉村
2022237449	番茄	西红柿	齐齐哈尔市讷河市讷南镇双泉村
2022237453	辣椒	辣椒	齐齐哈尔市讷河市龙河镇双泉村
2022237456	苏子	苏子	齐齐哈尔市讷河市讷南镇双泉村
2022237457	芫荽	香菜	齐齐哈尔市讷河市讷南镇双泉村
2022237464	芫荽	芫荽	齐齐哈尔市讷河市讷南镇讷南村
2022237469	辣椒	辣椒	齐齐哈尔市讷河市讷南镇讷南村
2022237473	菜豆	豆角	齐齐哈尔市讷河市讷南镇讷南村
2022237475	小豆	红小豆	齐齐哈尔市讷河市讷南镇讷南村
2022237479	辣椒	辣椒	齐齐哈尔市讷河市讷南镇讷南村
2022237481	南瓜	南瓜	齐齐哈尔市讷河市讷南镇光辉村
2022237488	南瓜	南瓜	齐齐哈尔市讷河市讷南镇向荣村
2022237489	黄瓜	黄瓜	齐齐哈尔市讷河市讷南镇向荣村
2022237490	辣椒	辣椒	齐齐哈尔市讷河市讷南镇向荣村
2022237491	绿豆	绿豆	齐齐哈尔市讷河市讷南镇向荣村
2022237496	黄瓜	黄瓜	齐齐哈尔市讷河市九井镇青山村
2022237497	芫荽	芫荽	齐齐哈尔市讷河市九井镇青山村
2022237509	番茄	普通番茄	齐齐哈尔市讷河市二克浅镇二克浅村
2022237513	黄瓜	黄瓜	齐齐哈尔市讷河市二克浅镇福兴村
2022237516	芝麻菜	芝麻菜	齐齐哈尔市讷河市二克浅镇福兴村
2022237522	芫荽	芫荽	齐齐哈尔市讷河市二克浅镇鲜兴村

样品编号	作物名称	品种名称	采集地点
2022237526	菜豆	菜豆	齐齐哈尔市讷河市学田镇向阳村五屯
2022237530	西葫芦	西葫芦	齐齐哈尔市讷河市学田镇向阳村五屯
2022237537	芫荽	芫荽	齐齐哈尔市讷河市学田镇长胜村四屯
2022237541	西葫芦	西葫芦	齐齐哈尔市讷河市学田镇长胜村四屯
2022237549	辣椒	辣椒	齐齐哈尔市讷河市老莱镇继光村6屯
2022237550	辣椒	辣椒	齐齐哈尔市讷河市老莱镇继光村6屯
2022237575	黄瓜	黄瓜	齐齐哈尔市讷河市通江街道办龙华村一屯
2022237579	南瓜	中国南瓜	齐齐哈尔市讷河市通江街道办龙华村一屯
2022237581	辣椒	辣椒	齐齐哈尔市讷河市通江街道办龙华村一屯
2022237617	芝麻菜	芝麻菜	齐齐哈尔市讷河市九井镇安仁村
2022237618	辣椒	辣椒	齐齐哈尔市讷河市九井镇安仁村
2022237630	辣椒	辣椒	齐齐哈尔市讷河市同心乡满丰村
2022237639	辣椒	辣椒	齐齐哈尔市讷河市长发镇长乐村
2022237724	芝麻菜	臭菜	齐齐哈尔市讷河市通南镇治和二队
2022237726	芝麻菜	芝麻菜	齐齐哈尔市讷河市通南镇治和二队
2022237731	辣椒	辣椒	齐齐哈尔市讷河市通南镇新富村
2022237736	酸浆	菇娘	齐齐哈尔市讷河市通南镇新富村
2022237323	辣椒	辣椒	齐齐哈尔市讷河市兴旺乡兴旺村

十一、依安县

依安县属寒温带大陆性季风气候，特点是四季分明，春季多风少雨，夏季温热多雨，秋季凉爽霜早，冬季寒冷较长；年平均气温1.5°C，四季差异较大，降水集中在夏季。

在该地区的13个乡镇21个村收集农作物种质资源共计81份，其中经济作物2份，粮食作物12份，蔬菜67份，见表5.11。

表5.11 依安县农作物种质资源收集情况

样品编号	作物名称	品种名称	采集地点
2022235001	番茄	双龙村大红柿子	依安县解放乡双龙村
2022235002	黄瓜	仁礼村黄瓜-1	依安县解放乡仁礼村
2022235003	黄瓜	仁礼村黄瓜-2	依安县解放乡仁礼村

样品编号	作物名称	品种名称	采集地点
2022235004	辣椒	仁礼村大红辣椒	依安县解放乡仁礼村
2022235005	辣椒	仁礼村笨辣椒	依安县解放乡仁礼村
2022235006	番茄	仁礼村绿灯泡	依安县解放乡仁礼村
2022235007	番茄	仁礼村大绿柿子	依安县解放乡仁礼村
2022235009	番茄	东北村毛桃柿子	依安县双阳镇东北村
2022235010	美洲南瓜	新里村角瓜	依安县新发乡新里村
2022235011	黄瓜	新里村老黄瓜	依安县新发乡新里村
2022235012	番茄	新里村大红柿子	依安县新发乡新里村
2022235013	茄子	新里村茄子（绿）	依安县新发乡新里村
2022235014	茄子	东风村茄子	依安县阳春乡东风村
2022235018	辣椒	长兴村小辣椒	依安县太东乡长兴村
2022235019	辣椒	东风村小辣椒	依安县阳春乡东风村
2022235020	野生大豆	太东野生大豆	依安县太东乡高速停车区
2022235021	辣椒	东风村长辣椒	依安县阳春乡东风村
2022235023	玉米	长兴村黏玉米	依安县阳春乡东风村
2022235024	玉米	东风村黏玉米	依安县阳春乡东风村
2022235025	高粱	长兴村笤帚糜子	依安县太东乡长兴村
2022235026	高粱	新发村笤帚糜子	依安县新发乡新发村
2022235043	菜豆	东北村勾勾黄	依安县双阳镇东北村
2022235044	菜豆	长兴村大油豆	依安县太东乡长兴村
2022235045	菜豆	长兴村勾勾黄	依安县太东乡长兴村
2022235047	芫荽	双阳村香菜	依安县双阳镇双阳村
2022235048	菜豆	长兴村油豆角-1	依安县太东乡长兴村
2022235049	高粱	东北村甜杆	依安县双阳镇东北村
2022235050	菜豆	新里村八月绿	依安县新发乡新里村
2022235051	菜豆	新里村白油豆	依安县新发乡新里村
2022235052	菜豆	新里村一点红	依安县新发乡新里村
2022235059	长豇豆	双龙村长豇豆	依安县解放乡双龙村
2022235066	高粱	东风村甜杆	依安县阳春乡东风村
2022235067	烟	红花大叶	依安县太东乡长兴村
2022235068	青麻（苘麻）	新里苘麻	依安县新发乡新里村
2022235072	番茄	东北村贼不偷	依安县双阳镇东北村

样品编号	作物名称	品种名称	采集地点
2022235073	黄瓜	新发村旱黄瓜	依安县新发乡新发村
2022235074	黄瓜	东风村旱黄瓜	依安县阳春乡东风村
2022235060	长豇豆	沿江村长豇豆	依安县太东乡沿江村
2022235062	普通菜豆	双龙村花芸豆	依安县解放乡双龙村
2022235063	普通菜豆	仁礼村乳白花芸豆	依安县解放乡仁礼村
2022235065	普通菜豆	仁礼村白芸豆	依安县解放乡仁礼村
2022235069	普通菜豆	新里村芸豆	依安县新发乡新里村
2022235070	豌豆	沿江村豌豆	依安县太东乡沿江村
2022235015	番茄	富河村大红柿子	依安县富饶乡富河村
2022235016	番茄	爱民村小绿桃柿子	依安县新兴镇爱民村
2022235017	辣椒	东安村小笨辣椒	依安县三兴镇东安村
2022235053	菜豆	富河村豆角	依安县富饶乡富河村
2022235054	菜豆	爱民村长豆角	依安县新兴镇爱民村
2022235055	菜豆	爱民村勾勾黄	依安县新兴镇爱民村
2022235056	菜豆	平胜村早豆角	依安县新兴镇平胜村
2022235057	菜豆	平胜村油豆角	依安县新兴镇平胜村
2022235058	菜豆	平胜村豆角	依安县新兴镇平胜村
2022235071	豌豆	向阳村豌豆	依安县中心镇向阳村
2022235075	甜瓜	向阳村烧瓜	依安县中心镇向阳村
2022235076	茄子	东安村紫把茄子	依安县三兴镇东安村
2022235077	番茄	向阳村小红柿子	依安县中心镇向阳村
2022235079	番茄	向阳村小黄柿子	依安县中心镇向阳村
2022235080	番茄	向阳村小黄毛柿子	依安县中心镇向阳村
2022235081	辣椒	向阳村羊角椒	依安县中心镇向阳村
2022235022	谷子	建明村谷子	依安县上游乡建明村
2022235027	菜豆	太民村勾勾黄	依安县新屯乡太民村
2022235028	菜豆	太民村豆角	依安县新屯乡太民村
2022235029	菜豆	新屯乡大马掌	依安县新屯乡
2022235030	菜豆	幸福村花生油豆	依安县先锋乡幸福村
2022235031	南瓜	太民村丑瓜	依安县新屯乡太民村
2022235032	菜豆	新屯乡一点红	依安县新屯乡
2022235033	菜豆	新屯乡压趴架	依安县新屯乡

样品编号	作物名称	品种名称	采集地点
2022235034	番茄	幸福村老柿子	依安县先锋乡幸福村
2022235035	菜豆	新屯乡油豆角	依安县新屯乡
2022235036	菜豆	建明村豆角	依安县上游乡建明村
2022235037	菜豆	红建村老来绿	依安县上游乡红建村
2022235038	菜豆	光明村油豆	依安县先锋乡光明村
2022235039	菜豆	幸福村油豆	依安县先锋乡幸福村
2022235040	菜豆	幸福村豆角	依安县先锋乡幸福村
2022235041	菜豆	建荣村勾勾绿	依安县红星乡建荣村
2022235042	黄瓜	幸福村黄瓜	依安县先锋乡幸福村
2022235061	茄子	太民村小茄子	依安县新屯乡太民村
2022235078	南瓜	红建村老倭瓜	依安县上游乡红建村
2022235008	大葱	新里村葱	依安县新发乡新里村
2022235046	大葱	新发村小笨葱	依安县新发乡新发村
2022235064	大葱	双阳村大葱	依安县双阳镇双阳村

十二、宁安市

宁安市属温带大陆性季风气候，年平均气温 4.5℃，最高气温 36.5℃，最低气温-40.1℃，积温在 2 600~2 700 ℃之间，无霜期 130~135 天。

在该地区的 12 个乡镇 51 个村收集农作物种质资源共计 80 份，其中经济作物 7 份，粮食作物 28 份，蔬菜 45 份，见表 5.12。

表 5.12 宁安市农作物种质资源收集情况

样品编号	作物名称	品种名称	采集地点
2022232210	高粱	嘎斯帚用高粱	宁安市江南乡嘎斯村
2022232212	高粱	敖东帚用高粱	宁安市海浪镇敖东村
2022232267	大葱	西岗子大葱	宁安市卧龙朝鲜族乡卧西岗子村
2022232275	大葱	富安大葱	宁安市渤海镇富安村
2022232240	大葱	东沟大葱	宁安市三陵乡东沟村
2022232241	大葱	红土大葱	宁安市三陵乡红土村
2022232216	大葱	前进大葱	宁安市石岩镇前进村
2022232203	大蒜	新农大蒜	宁安市兰岗镇新农村

样品编号	作物名称	品种名称	采集地点
2022232259	玉米	头道河子金黄玉米	宁安市马河乡头道河子村
2022232260	叶用芥菜	头道河子盖菜	宁安市马河乡头道河子村
2022232262	饭豆	后斗红饭豆	宁安市马河乡后斗村
2022232266	甜瓜	传亮香瓜	宁安市卧龙朝鲜族乡罗城沟村
2022232269	叶用芥菜	三道河子盖菜	宁安市卧龙朝鲜族乡三道河子村
2022232271	茼蒿	三道河子茼蒿	宁安市卧龙朝鲜族乡三道河子村
2022232268	芫荽	三道河子香菜	宁安市卧龙朝鲜族乡三道河子村
2022232274	芫荽	富安香菜	宁安市渤海镇富安村
2022232277	芫荽	上官地香菜	宁安市渤海镇上官地村
2022232265	黄瓜	传亮黄瓜	宁安市卧龙朝鲜族乡罗城村
2022232263	中国南瓜	黎明面瓜	宁安市马河乡黎明村
2022232272	菠菜	三道河子菠菜	宁安市卧龙朝鲜族乡三道河子村
2022232273	菠菜	青山菠菜	宁安市渤海镇青山村
2022232264	叶用莴苣	卧龙生菜	宁安市卧龙朝鲜族乡卧龙村
2022232270	叶用莴苣	三道河子生菜	宁安市卧龙朝鲜族乡三道河子村
2022232281	叶用莴苣	东升生菜	宁安市兰岗镇东升村
2022232261	玉米	四道河子金黄玉米	宁安市马河乡四道河子村
2022232202	花生	马家花生	宁安市江南乡马家村
2022232257	茼蒿	新富茼蒿	宁安市沙兰镇新富村
2022232254	豌豆	三块石豌豆	宁安市沙兰镇三块石村
2022232227	豌豆	北石豌豆	宁安市镜泊镇北石村
2022232252	叶用芥菜	王豆坊盖菜	宁安市沙兰镇王豆坊村
2022232219	叶用莴苣	长叶生菜	宁安市石岩镇腰岭子村
2022232238	高粱	胡家帚用高粱	宁安市三陵乡胡家村
2022232208	西葫芦	新兴西葫芦	宁安市江南乡新兴村
2022232206	饭豆	东兴大白豆	宁安市江南乡东兴村
2022232220	黍稷	茂盛红糜子	宁安市宁安镇茂盛村
2022232242	叶用莴苣	胡家沟生菜	宁安市三陵乡胡家沟村
2022232218	叶用莴苣	红叶生菜	宁安市石岩镇石岩村
2022232209	长豇豆	新兴豇豆角	宁安市江南乡新兴村
2022232251	菠菜	红兴菠菜	宁安市东京城镇红兴村
2022232244	菠菜	光明大叶菠菜	宁安市东京城镇光明村

样品编号	作物名称	品种名称	采集地点
2022232207	菠菜	新兴菠菜	宁安市江南乡新兴村
2022232217	茴香	建设茴香	宁安市石岩镇建设村
2022232276	韭菜	双庙子韭菜	宁安市渤海镇双庙子村
2022232211	韭菜	大马莲韭菜	宁安市海浪镇岔路村
2022232255	芫荽	三块石香菜	宁安市沙兰镇三块石村
2022232250	芫荽	红兴香菜	宁安市东京城镇红兴村
2022232248	芫荽	东康香菜	宁安市东京城镇东康村
2022232237	芫荽	东崴子香菜	宁安市三陵乡东崴子村
2022232213	芫荽	依兰岗大叶香菜	宁安市海浪镇依兰岗村
2022232280	黍稷	清泉糜子	宁安市江南乡清泉村
2022232279	谷子	大唐红谷子	宁安市江南乡大唐村
2022232278	谷子	大唐刀把齐谷子	宁安市江南乡大唐村
2022232258	饭豆	新富大白芸豆	宁安市沙兰镇新富村
2022232256	大豆	卧龙泉黑黄豆	宁安市沙兰镇卧龙泉村
2022232253	中国南瓜	三块石面瓜	宁安市沙兰镇三块石村
2022232249	苏子	东康苏子	宁安市东京城镇东康村
2022232247	辣椒	东康辣椒	宁安市东京城镇东康村
2022232246	饭豆	光明大白芸豆	宁安市东京城镇光明村
2022232245	饭豆	光明大花芸豆	宁安市东京城镇光明村
2022232243	辣椒	光明辣椒	宁安市东京城镇光明村
2022232239	大豆	东沟黄豆	宁安市三陵乡东沟村
2022232236	苏子	东崴子苏子	宁安市三陵乡东崴子村
2022232235	辣椒	东崴子辣椒	宁安市三陵乡东崴子村
2022232234	饭豆	北湖饭豆	宁安市镜泊镇北湖村
2022232233	玉米	江北黄黏玉米	宁安市镜泊镇江北村
2022232232	谷子	北石红谷子	宁安市镜泊镇北石村
2022232231	谷子	北石黄谷子	宁安市镜泊镇北石村
2022232230	中国南瓜	北石南瓜	宁安市镜泊镇北石村
2022232229	麦瓶草	北石麦瓶草	宁安市镜泊镇北石村
2022232228	大豆	北石绿大豆	宁安市镜泊镇北石村
2022232226	中国南瓜	向阳红南瓜	宁安市镜泊镇向阳红林场
2022232204	花生	西岗子花生	宁安市卧龙朝鲜族乡西岗子村

样品编号	作物名称	品种名称	采集地点
2022232225	玉米	褚家笨玉米	宁安市镜泊镇褚家村
2022232224	黍稷	五峰楼黄糜子	宁安市镜泊镇五峰楼村
2022232223	苏子	城子苏子	宁安市镜泊镇城子村
2022232222	大豆	复兴黑大豆	宁安市镜泊镇复兴村
2022232221	豌豆	葡萄沟豌豆	宁安市宁安镇葡萄沟村
2022232215	高粱	平安帚用高粱	宁安市石岩镇平安村
2022232214	苏子	前进苏子	宁安市石岩镇前进村
2022232205	苏子	大唐苏子	宁安市江南乡大唐村

十三、富锦市

富锦市属中温带大陆性季风气候,四季分明,年平均温度 3.6℃左右。春季风大雨少,夏季温湿多雨,降雨集中,秋季降温急骤,温差较大,最热的 7 月份平均气温为 21.2℃,最冷的 1 月份平均气温-19.3℃。年日照时数为 2 151.3 小时左右,无霜期在 148 天左右,农作物生长期 143 天左右,属于北方长日照区域,年平均降水量为 339.5 毫米左右。

在该地区的 5 个乡镇 15 个村收集农作物种质资源共计 80 份,其中经济作物 2 份,粮食作物 54 份,蔬菜 24 份,见表 5.13。

表 5.13　富锦市农作物种质资源收集情况

样品编号	作物名称	品种名称	采集地点
2022236401	豌豆	三合豌豆	富锦市上街基镇三合村
2022236402	大豆	三合大豆	富锦市上街基镇三合村
2022236403	菜豆	三合豆角	富锦市上街基镇三合村
2022236404	玉米	三合硬粒玉米	富锦市上街基镇三合村
2022236405	水稻	三合水稻	富锦市上街基镇三合村
2022236406	菜豆	三合菜豆	富锦市上街基镇三合村
2022236407	小豆	诚信小豆	富锦市上街基镇诚信村
2022236408	玉米	诚信黏玉米	富锦市上街基镇诚信村
2022236409	辣椒	诚信辣椒	富锦市上街基镇诚信村
2022236410	大豆	诚信大豆	富锦市上街基镇诚信村

样品编号	作物名称	品种名称	采集地点
2022236411	菜豆	诚信豆角	富锦市上街基镇三合村
2022236412	小豆	诚信红小豆	富锦市上街基镇诚信村
2022236413	高粱	诚信高粱	富锦市上街基镇诚信村
2022236414	水稻	诚信水稻	富锦市上街基镇诚信村
2022236415	菜豆	嘎尔当菜豆角	富锦市富锦镇嘎尔当村
2022236416	小豆	嘎尔当小豆	富锦市富锦镇嘎尔当村
2022236417	玉米	嘎尔当爆裂玉米	富锦市富锦镇嘎尔当村
2022236418	大豆	嘎尔当大豆	富锦市富锦镇嘎尔当村
2022236419	菜豆	凤阳豆角	富锦市二龙山镇东凤阳村
2022236420	水稻	凤阳水稻	富锦市二龙山镇东凤阳村
2022236421	高粱	凤阳高粱	富锦市二龙山镇东凤阳村
2022236422	普通菜豆	凤阳饭豆	富锦市二龙山镇龙阳村
2022236423	大豆	凤阳大豆	富锦市二龙山镇东凤阳村
2022236424	菜豆	龙阳矮豆角	富锦市二龙山镇龙阳村
2022236425	大豆	龙阳大豆	富锦市二龙山镇龙阳村
2022236426	玉米	龙阳爆裂	富锦市二龙山镇龙阳村
2022236427	大豆	太东大豆	富锦市二龙山镇太东村
2022236428	苏子	太东苏子	富锦市二龙山镇太东村
2022236429	菜豆	太东豆角	富锦市二龙山镇太东村
2022236430	水稻	太东高产稻	富锦市二龙山镇太东村
2022236431	小豆	太东红小豆	富锦市二龙山镇太东村
2022236432	糖高粱	太东高粱	富锦市二龙山镇太东村
2022236433	玉米	太东糯玉米	富锦市二龙山镇太东村
2022236434	水稻	太东高产王	富锦市二龙山镇太东村
2022236435	菜豆	太东刀豆	富锦市二龙山镇太东村
2022236436	大豆	太东高蛋白	富锦市二龙山镇太东村
2022236437	谷子	康庄谷子	富锦市二龙山镇康庄村
2022236438	大豆	康庄大豆	富锦市二龙山镇康庄村
2022236439	菜豆	康庄豆角	富锦市二龙山镇康庄村
2022236440	大豆	康庄金豆	富锦市二龙山镇康庄村
2022236441	大豆	二龙山大豆	富锦市二龙山镇康庄村
2022236442	绿豆	康庄绿豆	富锦市二龙山镇康庄村

样品编号	作物名称	品种名称	采集地点
2022236443	芹菜	康庄芹菜	富锦市二龙山镇康庄村
2022236444	玉米	康庄黏玉米	富锦市二龙山镇康庄村
2022236445	高粱	康庄矮高粱	富锦市二龙山镇康庄村
2022236446	水稻	共荣水稻	富锦市二龙山镇共荣村
2022236447	大豆	共荣大豆	富锦市二龙山镇共荣村
2022236448	菜豆	共荣矮豆角	富锦市二龙山镇共荣村
2022236449	水稻	北界水稻	富锦市二龙山镇北地界村
2022236450	玉米	北界花爆裂玉米	富锦市二龙山镇北地界村
2022236451	普通菜豆	北界豆	富锦市二龙山镇北地界村
2022236452	大豆	北界大豆	富锦市二龙山镇北地界村
2022236453	玉米	东兴黑玉米	富锦市向阳川镇东兴村
2022236454	玉米	东兴白玉米	富锦市向阳川镇东兴村
2022236455	大豆	东兴大豆	富锦市二龙山镇北地界村
2022236456	菜豆	东兴矮豆角	富锦市向阳川镇东兴村
2022236457	水稻	东兴水稻	富锦市向阳川镇东兴村
2022236458	大豆	东兴铁杆	富锦市向阳川镇东兴村
2022236459	高粱	东兴帚用高粱	富锦市向阳川镇东兴村
2022236460	南瓜	东兴南瓜	富锦市向阳川镇东兴村
2022236461	芹菜	东兴芹菜	富锦市向阳川镇东兴村
2022236462	谷子	东兴谷子	富锦市向阳川镇东兴村
2022236463	番茄	东兴番茄	富锦市向阳川镇东兴村
2022236464	豇豆	七桥豇豆	富锦市大榆树镇七桥村
2022236465	大豆	七桥大豆	富锦市大榆树镇七桥村
2022236466	番茄	七桥番茄	富锦市大榆树镇七桥村
2022236467	大豆	七桥大粒豆	富锦市大榆树镇七桥村
2022236468	大葱	富民大葱	富锦市大榆树镇富民村
2022236469	菜豆	富民刀豆	富锦市大榆树镇富民村
2022236470	豌豆	富民豌豆	富锦市大榆树镇富民村
2022236471	谷子	富民谷子	富锦市大榆树镇富民村
2022236472	大豆	富民粒豆	富锦市大榆树镇富民村
2022236473	普通菜豆	邵店饭豆	富锦市大榆树镇邵店村
2022236474	大葱	邵店大葱	富锦市大榆树镇邵店村

样品编号	作物名称	品种名称	采集地点
2022236475	大豆	榆树大豆	富锦市大榆树镇邵店村
2022236476	豇豆	小窖豇豆	富锦市富锦镇小窖地村
2022236477	大葱	小窖大葱大葱	富锦市富锦镇小窖地村
2022236478	谷子	小窖谷子	富锦市大榆树镇邵店村
2022236479	大豆	邵店大豆	富锦市大榆树镇小窖地村
2022236480	普通菜豆	小窖饭豆	富锦市大榆树镇小窖地村

十四、桦川县

桦川县气候特征属大陆性寒温带季风气候，冬季严寒干燥，年平均气温为 3.2℃。最冷为 1 月，平均气温为零下 19.8℃；最低气温为零下 39.7℃；最热为 7 月，月平均气温为 22.3℃；最高气温为零上 36.8℃；年均降水量为 512.9 毫米。光照历年平均量为 2 296~2 840 小时。无霜期约为 158 天，光能充足。全年以西南风和西风为主，年均风速 3.8 米/秒。

在该地区的 5 个乡镇 12 个村收集农作物种质资源共计 79 份，其中经济作物 1 份，粮食作物 61 份，蔬菜 17 份，见表 5.14。

表 5.14　桦川县农作物种质资源收集情况

样品编号	作物名称	品种名称	采集地点
2022236301	大豆	兴国大豆	桦川县东河乡兴国村
2022236302	水稻	兴国高产稻	桦川县东河乡兴国村
2022236303	谷子	兴国红谷子	桦川县东河乡兴国村
2022236304	大豆	兴国大粒豆	桦川县东河乡兴国村
2022236305	绿豆	兴国绿豆	桦川县东河乡兴国村
2022236306	普通菜豆	兴国花饭豆	桦川县东河乡兴国村
2022236307	大豆	兴国大豆子	桦川县东河乡兴国村
2022236308	普通菜豆	兴国黑芸豆	桦川县东河乡兴国村
2022236309	菜豆	兴安黄金钩	桦川县东河乡兴安村
2022236310	菜豆	兴安大豆角	桦川县东河乡兴安村
2022236311	糖高粱	兴安甜高粱	桦川县东河乡兴安村
2022236312	大豆	兴安大黄豆	桦川县东河乡兴安村

样品编号	作物名称	品种名称	采集地点
2022236313	菜豆	兴安白瞪眼	桦川县东河乡兴安村
2022236314	大豆	兴安高产王	桦川县东河乡兴安村
2022236315	高粱	兴安帚高粱	桦川县东河乡兴安村
2022236316	菜豆	兴安豆角	桦川县东河乡兴安村
2022236317	高粱	兴安棵棵好	桦川县东河乡兴安村
2022236318	大豆	兴安大豆	桦川县东河乡兴安村
2022236319	水稻	兴安稻子	桦川县东河乡兴安村
2022236320	大豆	九阳大豆	桦川县东河乡九阳村
2022236321	菜豆	九阳豆角	桦川县东河乡九阳村
2022236322	普通菜豆	九阳饭豆	桦川县东河乡九阳村
2022236323	大豆	东河大豆	桦川县东河乡九阳村
2022236324	普通菜豆	九阳花香豆	桦川县东河乡九阳村
2022236325	大豆	九阳豆王	桦川县东河乡九阳村
2022236326	菜豆	九阳花纹豆角	桦川县东河乡九阳村
2022236327	豌豆	九九阳绿豌豆	桦川县东河乡兴九阳村
2022236328	大豆	昌盛毛豆	桦川县梨丰乡昌盛村
2022236329	芫荽	昌盛香菜	桦川县梨丰乡昌盛村
2022236330	菜豆	昌盛彩豆角	桦川县梨丰乡昌盛村
2022236331	大豆	昌盛粒粒香	桦川县梨丰乡昌盛村
2022236332	豌豆	昌盛豌豆	桦川县梨丰乡昌盛村
2022236333	菜豆	昌盛豆角	桦川县梨丰乡昌盛村
2022236334	玉米	昌盛黏玉米	桦川县梨丰乡昌盛村
2022236335	水稻	梨树稳产王	桦川县梨丰乡梨树村
2022236336	豌豆	梨树豌豆	桦川县梨丰乡梨树村
2022236337	大豆	梨树棵棵立	桦川县梨丰乡梨树村
2022236338	菜豆	梨树豆角	桦川县梨丰乡梨树村
2022236339	玉米	梨树大粒爆裂	桦川县梨丰乡梨树村
2022236340	玉米	梨树黑苞米	桦川县梨丰乡梨树村
2022236341	大豆	梨树大豆王	桦川县梨丰乡梨树村
2022236342	菜豆	东兴灰豆角	桦川县梨丰乡东兴村
2022236343	大豆	东兴大豆	桦川县梨丰乡东兴村
2022236344	水稻	东兴水稻	桦川县梨丰乡东兴村

样品编号	作物名称	品种名称	采集地点
2022236345	玉米	东兴小爆裂	桦川县梨丰乡东兴村
2022236346	芫荽	东兴棵棵香	桦川县梨丰乡东兴村
2022236347	豇豆	东兴豇豆	桦川县梨丰乡东兴村
2022236348	水稻	东兴稻子	桦川县梨丰乡东兴村
2022236349	玉米	仁发黏玉米	桦川县新城镇仁发村
2022236350	菜豆	仁发菜豆	桦川县新城镇仁发村
2022236352	玉米	仁发鲜食玉米	桦川县新城镇仁发村
2022236353	辣椒	仁发辣椒	桦川县新城镇仁发村
2022236354	菜豆	仁发青刀豆	桦川县新城镇仁发村
2022236355	玉米	仁发硬粒	桦川县新城镇仁发村
2022236356	水稻	东方水稻	桦川县新城镇东方村
2022236357	豇豆	东方豇豆	桦川县新城镇东方村
2022236358	高粱	新城矮高粱	桦川县新城镇东方村
2022236359	小豆	形成红小豆	桦川县新城镇东方村
2022236360	小豆	东方红小豆	桦川县新城镇东方村
2022236361	高粱	东方矮高粱	桦川县新城镇东方村
2022236362	水稻	自新稻子	桦川县苏家店镇自新村
2022236363	玉米	自新黏玉米	桦川县苏家店镇自新村
2022236364	大豆	自新黑大豆	桦川县苏家店镇自新村
2022236365	水稻	自新飘香稻	桦川县苏家店镇自新村
2022236366	菜豆	自新青刀豆	桦川县苏家店镇自新村
2022236367	大豆	自新抗倒王	桦川县苏家店镇自新村
2022236368	小豆	四马粒粒红	桦川县四马架镇四马架村
2022236369	玉米	四马早白黏	桦川县四马架镇四马架村
2022236370	高粱	四马小高粱	桦川县四马架镇四马架村
2022236371	小豆	四马小豆	桦川县四马架镇四马架村
2022236372	大豆	四马黄豆	桦川县四马架镇四马架村
2022236373	菜豆	四马青刀豆	桦川县四马架镇四马架村
2022236374	小豆	四马大粒红	桦川县四马架镇四马架村
2022236375	水稻	同乐铁秆水稻	桦川县四马架镇同乐村
2022236376	水稻	同乐稻子	桦川县四马架镇同乐村
2022236377	谷子	同乐小谷子	桦川县四马架镇同乐村

样品编号	作物名称	品种名称	采集地点
2022236378	谷子	谷子王	桦川县四马架镇同乐村
2022236379	谷子	同乐谷子香	桦川县四马架镇同乐村
2022236380	大豆	同乐大豆	桦川县四马架镇同乐村

十五、汤原县

汤原县属中温带大陆季风气候，四季分明，天气多变，夏季暖热多雨，冬季寒冷干燥，雨热同季，冬夏气温变幅很大。全年无霜期136.6天，年有效积温平均值为2559.5℃，年平均降水量536.8毫米，有三分之二集中于夏秋两季。

在该地区的6个乡镇19个村收集农作物种质资源共计80份，其中经济作物1份，粮食作物63份，蔬菜16份，见表5.15。

表5.15 汤原县农作物种质资源收集情况

样品编号	作物名称	品种名称	采集地点
2022236201	大豆	北向阳大粒豆	汤原县汤原镇北向阳村
2022236202	水稻	北向阳高产稻	汤原县汤原镇北向阳村
2022236203	谷子	北向阳红谷子	汤原县汤原镇北向阳村
2022236204	大豆	向阳黄豆	汤原县汤原镇北向阳村
2022236205	绿豆	北向阳绿豆	汤原县汤原镇北向阳村
2022236206	普通菜豆	北向阳花饭豆	汤原县汤原镇北向阳村
2022236207	大豆	北向阳豆子	汤原县汤原镇北向阳村
2022236208	普通菜豆	北向阳黑芸豆	汤原县汤原镇北向阳村
2022236209	大豆	汤原蛋白豆	汤原县汤原镇北向阳村
2022236210	菜豆	北向阳黄金钩	汤原县汤原镇北向阳村
2022236211	糖高粱	北向阳甜高粱	汤原县汤原镇北向阳村
2022236212	大豆	北向阳高蛋白	汤原县汤原镇北向阳村
2022236213	菜豆	北向阳翻白眼	汤原县汤原镇北向阳村
2022236214	大豆	南向阳大豆	汤原县汤原镇南向阳村
2022236215	高粱	南向阳帚高粱	汤原县汤原镇南向阳村
2022236216	菜豆	南向阳豆角	汤原县汤原镇南向阳村
2022236217	大豆	南向阳高产王	汤原县汤原镇南向阳村
2022236218	高粱	永全矮高粱	汤原县竹帘镇永全村

样品编号	作物名称	品种名称	采集地点
2022236219	水稻	永全稻子	汤原县竹帘镇永全村
2022236220	大豆	永全大豆	汤原县竹帘镇永全村
2022236221	菜豆	永全豆角	汤原县竹帘镇永全村
2022236222	普通菜豆	龙江饭豆	汤原县竹帘镇龙江村
2022236223	大豆	竹帘大豆	汤原县竹帘镇龙江村
2022236224	普通菜豆	龙江奶花香	汤原县竹帘镇龙江村
2022236225	大豆	龙江大豆	汤原县竹帘镇龙江村
2022236226	菜豆	吉利虎皮纹	汤原县竹帘镇吉利村
2022236227	豌豆	吉利豌豆	汤原县竹帘镇吉利村
2022236228	大豆	吉利大豆	汤原县竹帘镇吉利村
2022236229	水稻	吉利新稻子	汤原县竹帘镇吉利村
2022236230	菜豆	合力花生豆角	汤原县胜利乡合力村
2022236231	大豆	合力一粒香	汤原县胜利乡合力村
2022236232	豌豆	胜合豌豆	汤原县胜利乡合力村
2022236233	菜豆	青春虎皮豆	汤原县胜利乡合力村
2022236234	大豆	合力大豆	汤原县胜利乡合力村
2022236235	水稻	伏胜稳产王	汤原县胜利乡伏胜村
2022236236	豌豆	合力豌豆	汤原县胜利乡伏胜村
2022236237	大豆	伏胜铁秆大豆	汤原县胜利乡伏胜村
2022236238	菜豆	胜利豆角	汤原县胜利乡胜利村
2022236239	大豆	胜利高产豆	汤原县胜利乡胜利村
2022236240	玉米	胜利黑玉米	汤原县胜利乡胜利村
2022236241	大豆	胜利大豆	汤原县胜利乡胜利村
2022236242	菜豆	金星咖啡豆	汤原县汤旺乡金星村
2022236243	大豆	金星大豆	汤原县汤旺乡金星村
2022236244	水稻	金星水稻	汤原县汤旺乡金星村
2022236245	玉米	金星爆裂玉米	汤原县汤旺乡金星村
2022236246	大豆	红旗高油王	汤原县胜利乡红旗村
2022236247	豇豆	红旗豇豆	汤原县汤旺乡红旗村
2022236248	水稻	红旗稻子	汤原县汤旺乡红旗村
2022236249	大豆	红旗大粒豆	汤原县汤旺乡红旗村
2022236250	菜豆	五星青刀豆	汤原县汤旺乡五星村

样品编号	作物名称	品种名称	采集地点
2022236251	玉米	五星黄黏玉米	汤原县汤旺乡五星村
2022236252	大豆	五星大豆	汤原县胜利乡五星村
2022236253	水稻	双河稻子	汤原县香兰镇双河村
2022236254	菜豆	双河青刀豆	汤原县香兰镇双河村
2022236255	大豆	香河大豆	汤原县香兰镇双河村
2022236256	水稻	双河水稻	汤原县香兰镇双河村
2022236257	豇豆	双河豇豆	汤原县香兰镇双河村
2022236258	大豆	双河大豆	汤原县香兰镇双河村
2022236259	菜豆	庆东豆角	汤原县香兰镇庆东村
2022236260	小豆	香兰红小豆	汤原县香兰镇庆东村
2022236261	大豆	庆东大豆	汤原县香兰镇庆东村
2022236262	水稻	庆东稻子	汤原县香兰镇庆东村
2022236263	玉米	庆丰黏玉米	汤原县香兰镇庆丰村
2022236264	大豆	庆丰黑大豆	汤原县香兰镇庆丰村
2022236265	水稻	庆丰香稻	汤原县香兰镇庆丰村
2022236266	菜豆	庆东青刀豆	汤原县香兰镇庆丰村
2022236267	大豆	庆丰耐密王	汤原县香兰镇庆丰村
2022236268	小豆	庆丰红小豆	汤原县香兰镇庆丰村
2022236269	玉米	太华早白黏	汤原县太平川乡太华村
2022236270	大豆	太华大豆	汤原县太平川乡太华村
2022236271	小豆	庆东红小豆	汤原县太平川乡太华村
2022236272	大豆	太华黄豆	汤原县太平川乡太华村
2022236273	菜豆	太安青刀豆	汤原县太平川乡太安村
2022236274	小豆	太安大粒红	汤原县太平川乡太安村
2022236275	大豆	太安大豆	汤原县太平川乡太安村
2022236276	水稻	太安场稻子	汤原县太平川乡太安村
2022236277	谷子	太安谷子	汤原县太平川乡太安村
2022236278	谷子	义兴谷子	汤原县太平川乡义兴村
2022236279	谷子	义兴谷子王	汤原县太平川乡义兴村
2022236280	谷子	太平谷子	汤原县太平川乡义兴村

十六、铁力市

铁力市属温带大陆性季风气候，四季分明。年均气温在 2.4 摄氏度左右，极端最高气温 31.6 摄氏度，极端最低气温零下 38.8 摄氏度。年均负（氧）离子浓度为每立方厘米 3 007 个。

在该地区的 6 个乡镇 18 个村收集农作物种质资源共计 80 份，其中粮食作物 6 份，蔬菜 74 份，见表 5.16。

表 5.16　铁力市农作物种质资源收集情况

样品编号	作物名称	品种名称	采集地点
2022231801	芫荽	北星村本地香菜	铁力市工农乡北星村
2022231802	菜豆	北星村旱豆角	铁力市工农乡北星村
2022231804	莴苣	北星村老生菜	铁力市工农乡北星村
2022231805	芝麻菜	北星村小叶臭菜	铁力市工农乡北星村
2022231806	芫荽	北星村大叶香菜	铁力市工农乡北星村
2022231807	黄瓜	北星村大青黄瓜	铁力市工农乡北星村
2022231808	苏子	北星村紫苏子	铁力市工农乡北星村
2022231809	美洲南瓜	北星村大角瓜	铁力市工农乡北星村
2022231810	菜豆	二屯村豆角	铁力市工农乡二屯村
2022231812	菠菜	二屯村压霜菠菜	铁力市工农乡二屯村
2022231815	芫荽	二屯村紫根香菜	铁力市工农乡二屯村
2022231816	南瓜	五花村南瓜	铁力市工农乡五花村
2022231818	菜豆	五花村白油豆	铁力市工农乡五花村
2022231820	莴苣	五花村大生菜	铁力市工农乡五花村
2022231821	芫荽	五花村小叶香菜	铁力市工农乡五花村
2022231824	芫荽	五花村紫根香菜	铁力市工农乡五花村
2022231825	黄瓜	五花村本地老黄瓜	铁力市工农乡五花村
2022231826	芝麻菜	五花村臭菜	铁力市工农乡五花村
2022231827	芫荽	爱国村小香菜	铁力市年丰乡爱国村
2022231828	菜豆	爱国村宽豆角	铁力市年丰乡爱国村
2022231830	南瓜	爱国村日本南瓜	铁力市年丰乡爱国村
2022231831	苏子	爱国村苏子	铁力市年丰乡爱国村
2022231832	黄瓜	爱国村老黄瓜	铁力市年丰乡爱国村
2022231833	菜豆	爱国村大牛皮豆角	铁力市年丰乡爱国村

样品编号	作物名称	品种名称	采集地点
2022231835	莴苣	长山村紫生菜	铁力市年丰乡长山村
2022231836	芫荽	爱民村老香菜	铁力市年丰乡爱民村
2022231837	苏子	爱民村紫苏	铁力市年丰乡爱民村
2022231838	丝瓜	爱民村金丝瓜	铁力市年丰乡爱民村
2022231839	酸浆	建设村山菇娘	铁力市王杨乡建设村
2022231841	黄瓜	建设村老黄瓜	铁力市王杨乡建设村
2022231842	苦瓜	建设村白苦瓜	铁力市王杨乡建设村
2022231844	黄瓜	红旗村老黄瓜	铁力市王杨乡红旗村
2022231845	大豆	长富村黑大豆	铁力市王杨乡长富村
2022231848	美洲南瓜	长富村角瓜	铁力市王杨乡长富村
2022231849	苏子	长富村紫苏子	铁力市王杨乡长富村
2022231850	芫荽	爱林村老香菜	铁力市王杨乡爱林村
2022231851	苏子	爱林村老苏子	铁力市王杨乡爱林村
2022231852	糜子	爱林村老糜子	铁力市王杨乡爱林村
2022231853	高粱	爱林村扫帚糜子	铁力市王杨乡爱林村
2022231855	冬瓜	爱林村大冬瓜	铁力市王杨乡爱林村
2022231857	莴苣	爱林村绿大叶生菜	铁力市王杨乡爱林村
2022231858	黄瓜	爱林村老黄瓜	铁力市王杨乡爱林村
2022231859	美洲南瓜	爱林村角瓜	铁力市王杨乡爱林村
2022231860	芫荽	东兴村老香菜	铁力市铁力镇东兴村
2022231862	莴苣	东兴村红色生菜	铁力市铁力镇东兴村
2022231863	高粱	东兴村扫帚糜子	铁力市铁力镇东兴村
2022231864	番茄	东兴村磨盘柿子	铁力市铁力镇东兴村
2022231866	菜豆	满江红村大白芸豆	铁力市铁力镇满江红村
2022231867	芫荽	满江红村老香菜	铁力市铁力镇满江红村
2022231870	黄瓜	满江红村老黄瓜	铁力市铁力镇满江红村
2022231871	黄瓜	良种场老黄瓜	铁力市桃山镇良种场
2022231874	菜豆	良种场小黄豆角	铁力市桃山镇良种场
2022231876	莴苣	良种场生菜	铁力市桃山镇良种场
2022231877	苏子	良种场白苏子	铁力市桃山镇良种场
2022231878	黄瓜	良种场大青黄瓜	铁力市桃山镇良种场
2022231883	茴香	良种场小茴香	铁力市桃山镇良种场

样品编号	作物名称	品种名称	采集地点
2022231885	黄瓜	良种场长黄瓜	铁力市桃山镇良种场
2022231886	黄瓜	良种场白黄瓜	铁力市桃山镇良种场
2022231887	黄瓜	新丰村老黄瓜	铁力市桃山镇新丰村
2022231889	高粱	新丰村扫帚糜子	铁力市桃山镇新丰村
2022231890	芝麻菜	新丰村小叶臭菜	铁力市桃山镇新丰村
2022231892	芫荽	先锋村老香菜	铁力市桃山镇先锋村
2022231893	黄瓜	先锋村老黄瓜	铁力市桃山镇先锋村
2022231896	美洲南瓜	丰收白角瓜	铁力市桃山镇丰收村
2022231897	高粱	丰收村扫帚糜子	铁力市桃山镇丰收村
2022231898	莴苣	丰收村黄生菜	铁力市桃山镇丰收村
2022231900	莴苣	丰收村包叶生菜	铁力市桃山镇丰收村
2022231901	南瓜	丰收村面南瓜	铁力市桃山镇丰收村
2022231902	苦苣	丰收村苦苣菜	铁力市桃山镇丰收村
2022231903	茴香	丰收村茴香	铁力市桃山镇丰收村
2022231907	黄瓜	丰收村老黄瓜	铁力市桃山镇丰收村
2022231908	番茄	丰收村大红柿子	铁力市桃山镇丰收村
2022231909	冬瓜	丰收村本地大冬瓜	铁力市桃山镇丰收村
2022231912	莴苣	长有村包生菜	铁力市双丰镇长有村
2022231913	芝麻菜	长有村臭菜	铁力市双丰镇长有村
2022231914	黄瓜	长有村老黄瓜	铁力市双丰镇长有村
2022231916	芫荽	安帮河村紫根香菜	铁力市双丰镇安帮河村
2022231917	莴苣	安帮河村打包生菜	铁力市双丰镇安帮河村
2022231918	黄瓜	安帮河村老黄瓜	铁力市双丰镇安帮河村
2022231920	大白菜	安帮河村白菜	铁力市双丰镇安帮河村

十七、勃利县

勃利县气候属大陆性季风气候，四季分明，常年降水量在450~550毫米之间，日照时效为2 350~2 450小时之间，活动积温在2 300℃~2 700℃，平原和丘陵无霜期137天左右，半山区119天。春季3~5月份，冷暖气温变化急剧，回暖快，3月末至4月初开始解冻，终霜在5月12~23日；季降水占全年的15%；天气干燥少雨多风。夏季 6~8 月份，高温多雨，平均气温 20.9~22.8℃，极端高温 37.4℃；季平均降水 300 毫米，占全年降水量的 60% 以上。

在该地区的 11 个乡镇 50 个村收集农作物种质资源共计 80 份，其中经济作物 2 份，粮食作物 38 份，蔬菜 40 份，见表 5.17。

表 5.17　勃利县农作物种质资源收集情况

样品编号	作物名称	品种名称	采集地点
2022232601	黄瓜	抢垦九月青花瓜	勃利县抢垦乡抢垦村
2022232605	黄瓜	前程旱黄瓜	勃利县抢垦乡前程村
2022232606	茴香	前程茴香	勃利县抢垦乡前程村
2022232610	黄瓜	合元发旱黄瓜	勃利县抢垦乡合元发村
2022232614	小豆	兴隆黑小豆	勃利县杏树朝鲜族乡兴隆村
2022232615	饭豆	兴隆花腰子饭豆	勃利县杏树朝鲜族乡兴隆村
2022232620	饭豆	原野白饭豆	勃利县杏树朝鲜族乡原野村
2022232621	菜豆	原野大马掌豆角	勃利县杏树朝鲜族乡原野村
2022232622	茴香	原野茴香	勃利县杏树朝鲜族乡原野村
2022232623	小豆	原野黑小豆	勃利县杏树朝鲜族乡原野村
2022232624	洋葱	大西毛葱	勃利县杏树朝鲜族乡大西村
2022232625	大葱	大西葱	勃利县杏树朝鲜族乡大西村
2022232626	大葱	幸福葱	勃利县青山乡幸福村
2022232627	黄瓜	幸福旱黄瓜	勃利县青山乡幸福村
2022232630	叶用莴苣	幸福生菜	勃利县青山乡幸福村
2022232631	高粱	青峰甜杆	勃利县青山乡青峰村
2022232632	叶用莴苣	青峰生菜	勃利县青山乡青峰村
2022232635	大葱	太升葱	勃利县青山乡太升村
2022232642	中国南瓜	东吉兴面瓜	勃利县吉兴朝鲜族满族乡东吉兴村
2022232643	菜豆	合心晚豆角	勃利县吉兴朝鲜族满族乡合心村
2022232645	大葱	庆云葱	勃利县小五站镇庆云村
2022232646	大葱	宏图白皮葱	勃利县小五站镇宏图村
2022232647	大葱	宏图紫皮葱	勃利县小五站镇宏图村
2022232649	饭豆	宏图饭豆	勃利县小五站镇宏图村
2022232650	大葱	驼腰子葱	勃利县小五站镇驼腰子村
2022232651	高粱	东丰高粱	勃利县小五站镇东丰村
2022232652	谷子	东丰谷子	勃利县小五站镇东丰村

样品编号	作物名称	品种名称	采集地点
2022232653	小豆	东丰黑小豆	勃利县小五站镇东丰村
2022232654	小豆	卫东红小豆	勃利县小五站镇卫东村
2022232656	小豆	卫东黑小豆	勃利县小五站镇卫东村
2022232660	菜豆	吉祥早油豆	勃利县勃利镇吉祥村
2022232661	菜豆	吉祥晚油豆	勃利县勃利镇吉祥村
2022232662	大葱	太平葱	勃利县勃利镇太平村
2022232666	番茄	大五番茄	勃利县勃利镇大五村
2022232668	小豆	团结黑芸豆	勃利县永恒乡团结村
2022232669	饭豆	团结饭豆	勃利县永恒乡团结村
2022232670	大葱	齐心白皮葱	勃利县永恒乡齐心村
2022232672	马铃薯	齐心黄麻子土豆	勃利县永恒乡齐心村
2022232673	大蒜	齐心蒜	勃利县永恒乡齐心村
2022232675	饭豆	岱山饭豆	勃利县永恒乡岱山村
2022232676	小豆	永顺黑小豆	勃利县永恒乡永顺村
2022232678	洋葱	荣合毛葱	勃利县永恒乡荣合村
2022232679	小豆	荣合红小豆	勃利县永恒乡荣合村
2022232680	马铃薯	荣合土豆	勃利县永恒乡荣合村
2022232681	小豆	荣合黑小豆	勃利县永恒乡荣合村
2022232701	大豆	东风大豆	勃利县大四站镇东风村
2022232702	小豆	东风红小豆	勃利县大四站镇东风村
2022232703	大豆	仁兴黑豆	勃利县大四站镇仁兴村
2022232704	饭豆	地河子饭豆	勃利县大四站镇地河子村
2022232705	向日葵	地河子瓜子	勃利县大四站镇地河子村
2022232706	黄瓜	英山黄瓜	勃利县大四镇站地河子村
2022232707	大豆	发展黑豆	勃利县大四站镇发展村
2022232708	豇豆	开发豇豆	勃利县大四站镇开发村
2022232709	大葱	大祥葱	勃利县大四站镇大祥村
2022232710	黍稷	龙山糜子	勃利县大四站镇大祥村
2022232711	饭豆	龙山饭豆	勃利县大四站镇龙山村
2022232712	小豆	双兴红小豆	勃利县大四站镇双兴村
2022232713	大豆	双兴黑豆	勃利县大四站镇双兴村
2022232714	苏子	地河子苏子	勃利县大四站镇地河子村

样品编号	作物名称	品种名称	采集地点
2022232715	大豆	福安绿黄豆	勃利县双河镇福安村
2022232716	大豆	福安黑豆	勃利县双河镇福安村
2022232717	南瓜	中和南瓜	勃利县双河镇中和村
2022232718	南瓜	新发南瓜	勃利县双河镇新发村
2022232719	小豆	永发红小豆	勃利县双河镇永发村
2022232720	大豆	团山大豆	勃利县吉兴乡团山村
2022232721	大豆	耕读黑豆	勃利县吉兴乡耕读村
2022232722	辣椒	长太辣椒	勃利县吉兴乡长太村
2022232723	大葱	金乐葱	勃利县吉兴乡金乐村
2022232724	大葱	倭肯大葱	勃利县倭肯镇东北村
2022232725	小豆	东升红小豆	勃利县倭肯镇东升村
2022232726	小麦	兴胜小麦	勃利县倭肯镇兴胜村
2022232727	大葱	镇西大葱	勃利县倭肯镇镇西村
2022232728	绿豆	全胜绿豆	勃利县勃利镇全胜村
2022232729	莴苣	全胜生菜	勃利县勃利镇全胜村
2022232730	菜豆	城西豆角	勃利县勃利镇城西村
2022232731	菜豆	蔬菜大油豆	勃利县勃利镇城西村
2022232732	芫荽	永恒香菜	勃利县永恒乡金山村
2022232733	烟草	河口千层塔	勃利县永恒乡河口村
2022232734	大葱	长安大葱	勃利县永恒乡长安村
2022232735	大葱	城西大葱	勃利县永恒乡城西村

十八、虎林市

虎林市属寒温带大陆性季风气候，冬季漫长，严寒少雪；夏季短促，温热多雨；春季多风，易干；秋季多雨降温迅速，易秋涝早霜。

在该地区的 11 个乡镇 42 个村收集农作物种质资源共计 80 份，其中经济作物 9 份，粮食作物 42 份，蔬菜 29 份，见表 5.18。

表 5.18　虎林市农作物种质资源收集情况

样品编号	作物名称	品种名称	采集地点
2022232029	大葱	幸福大葱	虎林市伟光乡幸福村
2022232030	大葱	胜利大葱	虎林市伟光乡胜利村
2022232054	大葱	桦南大葱	虎林市虎头镇桦南村
2022232055	大葱	大王家大葱	虎林市虎头镇大王家村
2022232056	大葱	大王家小葱	虎林市虎头镇大王家村
2022232060	大葱	半站大葱	虎林市虎头镇半站村
2022232070	大葱	连山大葱	虎林市新乐乡连山村
2022232046	大葱	新民大葱	虎林市新乐乡新民村
2022232052	高粱	义和高科高粱	虎林市虎头镇义和村
2022232057	高粱	虎头甜高粱	虎林市虎头镇虎头村
2022232053	菜豆	安乐豆角	虎林市虎头镇安乐村
2022232051	高粱	义和帚用高粱	虎林市虎头镇义和村
2022232091	马铃薯	义和马铃薯	虎林市虎头镇义和村
2022232092	马铃薯	半站马铃薯	虎林市虎头镇半站村
2022232093	马铃薯	大王家马铃薯	虎林市虎头镇大王家村
2022232036	苏子	义和白苏子	虎林市虎林镇义和村
2022232034	菠菜	忠诚菠菜	虎林市东诚镇忠诚村
2022232009	苏子	伟光苏子	虎林市伟光乡伟光村
2022232040	小豆	迎春红小豆	虎林市迎村镇东大岗 854-14 作业站
2022232014	小豆	迎春红小豆	虎林市迎春镇 854 农场-14 作业站
2022232100	中国南瓜	宝兴面瓜	虎林市宝东镇宝兴村
2022232087	饭豆	凉水泉爬豆	虎林市宝东镇凉水泉村
2022232094	饭豆	宝东紫花饭豆	虎林市宝东镇宝东村
2022232037	豌豆	854 豌豆	虎林市迎春镇 854 农场 14 作业站
2022232033	豌豆	忠诚豌豆	虎林市东诚镇忠诚村
2022232015	谷子	月牙勾根黄谷子	虎林市虎头镇月牙村
2022232082	大豆	凉水泉绿大豆	虎林市宝东镇凉水泉村
2022232004	花生	新林花生	虎林市阿北乡新林村
2022232011	小豆	东方红红小豆	虎林市东方红镇东方红村
2022232013	小豆	月牙黑小豆	虎林市虎头镇月牙村
2022232024	小豆	合民红小豆	虎林市杨岗镇合民村
2022232039	小豆	清和红小豆	虎林市东诚镇清和村

样品编号	作物名称	品种名称	采集地点
2022232058	小豆	永平红小豆	虎林市新乐乡永平村
2022232077	小豆	856 红小豆	虎林市宝东镇 856 农场 9 连
2022232078	大豆	856 黄大豆	虎林市宝东镇 856 农场 9 连
2022232088	花生	大白沙花生	虎林市宝东镇凉水泉村
2022232098	小豆	宝东红小豆	虎林市宝东镇宝东村
2022232099	绿豆	宝东小绿豆	虎林市宝东镇宝东村
2022232041	芫荽	854 大叶香菜	虎林市迎春镇 854 农场 14 作业站
2022232002	叶用莴苣	花叶生菜	虎林市宝东镇兴华村
2022232028	中国南瓜	吉庆面瓜	虎林市伟光乡吉庆村
2022232012	中国南瓜	月牙南瓜	虎林市虎头镇月牙村
2022232032	茴香	三林茴香	虎林市东诚镇三林村
2022232049	菜豆	新岗豆角	虎林市虎头镇新岗村
2022232044	菜豆	新兴豆角	虎林市虎头镇新兴村
2022232007	菜豆	几豆	虎林市东方红镇兴阳村
2022232003	黄瓜	宝东黄瓜	虎林市宝东镇宝东村
2022232097	芫荽	宝东大叶香菜	虎林市宝东镇宝东村
2022232050	芫荽	富路香菜	虎林市虎头镇富路村
2022232048	芫荽	新庆香菜	虎林市虎头镇新庆村
2022232045	芫荽	新兴香菜	虎林市虎头镇新兴村
2022232021	芫荽	阿东香菜	虎林市阿北乡阿东村
2022232020	芫荽	合民香菜	虎林市杨岗镇合民村
2022232001	芫荽	兴华香菜	虎林市宝东镇兴华村
2022232073	小豆	856 白心黑小豆	虎林市宝东镇 856 农场 9 连
2022232096	小豆	新民红小豆	虎林市新乐乡新民村
2022232095	大豆	宝东芽豆	虎林市宝东镇宝东村
2022232081	高粱	凉水泉帚用高粱	虎林市宝东镇凉水泉村
2022232075	大豆	856 绿心黑大豆	虎林市宝东镇 856 农场 9 连
2022232074	饭豆	856 花饭豆	虎林市宝东镇 856 农场 9 连
2022232059	高粱	兴隆帚用高粱	虎林市新乐乡兴隆村
2022232047	大豆	新庆黄豆	虎林市虎头镇新庆村
2022232043	豌豆	新兴豌豆	虎林市虎头镇新兴村
2022232042	苏子	阿北苏子	虎林市阿北乡阿北村

样品编号	作物名称	品种名称	采集地点
2022232038	大豆	清和黑皮黄豆	虎林市东诚镇清和村
2022232035	苏子	清和苏子	虎林市东诚镇清和村
2022232031	高粱	东风甜高粱	虎林市东诚镇东风村
2022232027	谷子	吉庆谷子	虎林市伟光乡吉庆村
2022232026	苏子	德福苏子	虎林市伟光乡德福村
2022232025	饭豆	杨树河饭豆	虎林市杨岗镇杨树河村
2022232023	饭豆	合民黑豆	虎林市杨岗镇合民村
2022232022	桔梗	合民桔梗	虎林市杨岗镇合民村
2022232019	苏子	合民苏子	虎林市杨岗镇合民村
2022232018	苏子	富国苏子	虎林市杨岗镇富国村
2022232017	玉米	太平玉米	虎林市珍宝岛乡太平农场
2022232016	玉米	独木河玉米	虎林市珍宝岛乡独木河村
2022232010	茼蒿	富先茼蒿	虎林市东方红镇富先村
2022232008	高粱	兴阳帚用高粱	虎林市东方红镇兴阳村
2022232006	大豆	兴阳大豆	虎林市东方红镇兴阳村
2022232005	饭豆	新林饭豆	虎林市阿北乡新林村

十九、肇源县

肇源县气候属于北温带大陆性气候，四季分明，光照条件好，冬季寒冷干燥，温差悬殊，少病虫害。年均降水量在 600 毫米左右，水源丰沛，处于黑龙江省第一积温带上限，年有效积温 2 900℃-3 100℃，无霜期可达 165 天，作物生长季节日照总数达 1 295.6 小时。是黑龙江省第一积温带，年有效积温 2 900-3 100℃，气温适宜，雨量丰足，光热资源居黑龙江省之首。

在该地区的 12 个乡镇 30 个村收集农作物种质资源共计 80 份，其中粮食作物25 份，蔬菜 55 份，见表 5.19。

表 5.19　肇源县农作物种质资源收集情况

样品编号	作物名称	品种名称	采集地点
2022231653	菜豆	莲花村黑豆沙	肇源县二站镇莲花村
2022231660	菜豆	永祥村大花豆子	肇源县薄荷台乡永祥村

样品编号	作物名称	品种名称	采集地点
2022231711	菜豆	联结村饭豆	肇源县大兴乡联结村
2022231719	菜豆	前土村饭豆	肇源县大兴乡前土村
2022231602	大豆	有利村大豆	肇源县超等乡有利村
2022231605	绿豆	维新村小绿豆	肇源县超等乡维新村
2022231606	菜豆	维新村脐豆	肇源县超等乡维新村
2022231607	菜豆	维新村芸豆	肇源县超等乡维新村
2022231609	大豆	自由村大豆	肇源县超等乡自由村
2022231611	大豆	前永利村大豆	肇源县古恰乡前永利村
2022231614	大豆	孟克里村大豆	肇源县古恰乡孟克里村
2022231617	菜豆	新利村花脐豆	肇源县古恰乡新利村
2022231619	菜豆	新利村脐豆	肇源县古恰乡新利村
2022231620	菜豆	新利村芸豆	肇源县古恰乡新利村
2022231622	菜豆	东兴村大白片	肇源县肇源镇东兴村
2022231623	豇豆	老虎背村冻死鬼	肇源县肇源镇老虎背村
2022231624	南瓜	老虎背村落花面	肇源县肇源镇老虎背村
2022231625	大豆	老虎背村黑豆	肇源县肇源镇老虎背村
2022231626	菜豆	老虎背村黄弯钩	肇源县肇源镇老虎背村
2022231627	高粱	老虎背村甜杆	肇源县肇源镇老虎背村
2022231628	莴苣	老虎背村生菜	肇源县肇源镇老虎背村
2022231629	高粱	东兴村笤帚糜子	肇源县肇源镇东兴村
2022231630	菜豆	代龙村嘎啦豆	肇源县肇源镇代龙村
2022231631	高粱	立功村笤帚糜子	肇源县和平乡立功村
2022231632	番茄	立功村黄柿子	肇源县和平乡立功村
2022231633	南瓜	立功村倭瓜	肇源县和平乡立功村
2022231634	豇豆	立功村十八豆	肇源县和平乡立功村
2022231636	菜豆	立功村花豆角	肇源县和平乡立功村
2022231638	番茄	华原村黄柿子	肇源县和平乡华原村
2022231639	菠菜	华原村大叶菠菜	肇源县和平乡华原村
2022231641	菜豆	新发村小黑豆角	肇源县二站镇新发村
2022231642	黄瓜	新发村小早黄瓜	肇源县二站镇新发村
2022231643	高粱	新发村小甘蔗	肇源县二站镇新发村
2022231644	菠菜	新发村大叶菠菜	肇源县二站镇新发村

样品编号	作物名称	品种名称	采集地点
2022231645	芫荽	新发村大叶香菜	肇源县二站镇新发村
2022231647	大豆	新发村小黄豆	肇源县二站镇新发村
2022231648	菜豆	东海峰村架豆角	肇源县二站镇东海峰村
2022231649	菜豆	东海峰村大白片	肇源县二站镇东海峰村
2022231651	高粱	东海峰村笤帚糜子	肇源县二站镇东海峰村
2022231654	菜豆	莲花村黑豆角	肇源县二站镇莲花村
2022231656	菜豆	后台村兔子翻白眼	肇源县薄荷台乡后台村
2022231657	南瓜	后台村绿皮倭瓜	肇源县薄荷台乡后台村
2022231659	菜豆	永祥村小绿豆角	肇源县薄荷台乡永祥村
2022231661	黄瓜	一心村本地黄瓜	肇源县茂兴镇一心村
2022231662	茴香	一心村大茴香	肇源县茂兴镇一心村
2022231663	冬瓜	一心村本地冬瓜	肇源县茂兴镇一心村
2022231665	芫荽	一心村大叶香菜	肇源县茂兴镇一心村
2022231666	美洲南瓜	一心村大角瓜	肇源县茂兴镇一心村
2022231668	芝麻菜	一心村臭菜	肇源县茂兴镇一心村
2022231670	菜豆	自立村红芸豆	肇源县茂兴镇自立村
2022231671	大豆	幸福村蛋白豆	肇源县茂兴镇幸福村
2022231672	高粱	幸福村本地甜秆	肇源县茂兴镇幸福村
2022231673	南瓜	幸福村本地倭瓜	肇源县茂兴镇幸福村
2022231674	美洲南瓜	幸福村角瓜	肇源县茂兴镇幸福村
2022231675	黄瓜	大庙村水果黄瓜	肇源县民意乡大庙村
2022231676	高粱	大庙村糜子	肇源县民意乡大庙村
2022231677	芝麻菜	大庙村臭菜	肇源县民意乡大庙村
2022231678	芫荽	大庙村香菜	肇源县民意乡大庙村
2022231680	南瓜	大庙村本地倭瓜	肇源县民意乡大庙村
2022231681	菜豆	大庙村油豆	肇源县民意乡大庙村
2022231682	绿豆	大庙村小绿豆	肇源县民意乡大庙村
2022231687	芝麻菜	公营子村臭菜	肇源县民意乡公营子村
2022231688	绿豆	宏光村青小豆	肇源县三站镇宏光村
2022231690	菜豆	宏光村小油豆	肇源县三站镇宏光村
2022231692	菜豆	宏光村大油豆	肇源县三站镇宏光村
2022231693	菜豆	宏光村家雀蛋	肇源县三站镇宏光村

样品编号	作物名称	品种名称	采集地点
2022231695	番茄	宏光村贼不偷	肇源县三站镇宏光村
2022231696	莴苣	宏源村散叶生菜	肇源县三站镇宏源村
2022231697	番茄	宏源村大黄柿子	肇源县三站镇宏源村
2022231698	芝麻菜	宏源村大叶臭菜	肇源县三站镇宏源村
2022231702	高粱	宏源村笤帚糜子	肇源县三站镇宏源村
2022231703	高粱	福兴村黑穗甜高粱	肇源县福兴乡福兴村
2022231704	菜豆	复兴村饭豆	肇源县福兴乡复兴村
2022231706	谷子	革新村谷子	肇源县头台镇革新村
2022231708	绿豆	仁和堡村绿豆	肇源县头台镇仁和堡村
2022231709	谷子	仁和堡村谷子	肇源县头台镇仁和堡村
2022231712	绿豆	前进村绿豆	肇源县大兴乡前进村
2022231714	谷子	前进村谷子	肇源县大兴乡前进村
2022231716	菜豆	前进村家雀蛋	肇源县大兴乡前进村
2022231718	大豆	前土村绿黄豆	肇源县大兴乡前土村

二十、肇州县

肇州县气候属中温带大陆性季风气候,一年四季分明,春季多风干旱;夏季温热多雨;秋季温凉适中;冬季寒冷干燥。年均活动积温 2800℃,无霜期 143 天。

在该地区的 8 个乡镇 23 个村收集农作物种质资源共计 80 份,其中粮食作物 24 份,蔬菜 56 份,见表 5.20。

表 5.20 肇州县农作物种质资源收集情况

样品编号	作物名称	品种名称	采集地点
2022239403	高粱	永乐村扫帚糜子	肇州县永乐镇永乐村
2022239404	芫荽	永乐村香菜	肇州县永乐镇永乐村
2022239406	大豆	太丰村小黄豆	肇州县永乐镇太丰村
2022239407	菜豆	太丰村豆角	肇州县永乐镇太丰村
2022239408	高粱	太丰村扫帚糜子	肇州县永乐镇太丰村
2022239409	黄瓜	太丰村旱黄瓜	肇州县永乐镇太丰村
2022239411	番茄	志平村红柿子	肇州县永乐镇志平村
2022239412	菜豆	志平村豆角	肇州县永乐镇志平村

样品编号	作物名称	品种名称	采集地点
2022239413	小豆	志平村红小豆	肇州县永乐镇志平村
2022239414	南瓜	志平村倭瓜	肇州县永乐镇志平村
2022239416	绿豆	志平村绿豆	肇州县永乐镇志平村
2022239417	芫荽	万宝村香菜	肇州县肇州镇万宝村
2022239418	番茄	万宝村柿子	肇州县肇州镇万宝村
2022239419	莴苣	万宝村莴苣	肇州县肇州镇万宝村
2022239420	芝麻菜	万宝村臭菜	肇州县肇州镇万宝村
2022239421	高粱	民吉村散高粱	肇州县肇州镇民吉村
2022239422	美洲南瓜	民吉村角瓜	肇州县肇州镇民吉村
2022239423	黄瓜	民吉村旱黄瓜	肇州县肇州镇民吉村
2022239426	高粱	民吉村扫帚糜子	肇州县肇州镇民吉村
2022239427	菜豆	民吉村花儿豆	肇州县肇州镇民吉村
2022239428	番茄	中华村大柿子	肇州县肇州镇中华村
2022239429	菜豆	中华村豆角	肇州县肇州镇中华村
2022239430	南瓜	中华村丑倭瓜	肇州县肇州镇中华村
2022239431	高粱	中华村扫帚糜子	肇州县肇州镇中华村
2022239433	豇豆	幸福村豆角	肇州县丰乐镇幸福村
2022239435	高粱	幸福村扫帚糜子	肇州县丰乐镇幸福村
2022239436	菜豆	幸福村花儿豆	肇州县丰乐镇幸福村
2022239437	黄瓜	幸福村旱黄瓜	肇州县丰乐镇幸福村
2022239438	菜豆	幸福村儿豆	肇州县丰乐镇幸福村
2022239439	高粱	丰乐村扫帚糜子	肇州县丰乐镇丰乐村
2022239440	大豆	丰乐村黄豆	肇州县丰乐镇丰乐村
2022239441	苏子	丰乐村紫苏	肇州县丰乐镇丰乐村
2022239442	豇豆	丰乐村豆角	肇州县丰乐镇丰乐村
2022239443	菜豆	生活村豆角	肇州县丰乐镇生活村
2022239445	大豆	生活村黄豆	肇州县丰乐镇生活村
2022239446	菜豆	生活村花儿豆	肇州县丰乐镇生活村
2022239447	菜豆	生活村黑儿豆	肇州县丰乐镇生活村
2022239448	小豆	双发村红小豆	肇州县双发乡双发村
2022239449	番茄	双发村大柿子	肇州县双发乡双发村
2022239450	菜豆	双发村花儿豆	肇州县双发乡双发村

样品编号	作物名称	品种名称	采集地点
2022239451	茴香	双发村茴香	肇州县双发乡双发村
2022239452	南瓜	双发村倭瓜	肇州县双发乡双发村
2022239453	绿豆	九三村绿豆	肇州县双发乡九三村
2022239454	番茄	九三村柿子	肇州县双发乡九三村
2022239456	番茄	双跃村柿子	肇州县双发乡双跃村
2022239457	南瓜	双跃村倭瓜	肇州县双发乡双跃村
2022239458	大豆	双跃村黄豆	肇州县双发乡双跃村
2022239460	菜豆	振兴村面豆角	肇州县朝阳乡振兴村
2022239461	芫荽	振兴村香菜	肇州县朝阳乡振兴村
2022239462	茴香	振兴村茴香	肇州县朝阳乡振兴村
2022239463	菜豆	振兴村大白片	肇州县朝阳乡振兴村
2022239464	美洲南瓜	共和村角瓜	肇州县朝阳乡共和村
2022239465	菜豆	共和村花儿豆	肇州县朝阳乡共和村
2022239466	高粱	共和村散穗高粱	肇州县朝阳乡共和村
2022239467	菜豆	共和村弯钩黄	肇州县朝阳乡共和村
2022239469	菜豆	共和村花芸豆	肇州县朝阳乡共和村
2022239470	南瓜	三合村丑倭瓜	肇州县朝阳乡三合村
2022239473	芫荽	新安村香菜	肇州县托古乡新安村
2022239474	番茄	新安村绿柿子	肇州县托古乡新安村
2022239476	高粱	谊林村扫帚糜子	肇州县托古乡谊林村
2022239478	大豆	谊林村黄豆	肇州县托古乡谊林村
2022239479	菜豆	谊林村豆角	肇州县托古乡谊林村
2022239480	菜豆	谊林村大白片	肇州县托古乡谊林村
2022239481	菜豆	托古村豆角	肇州县托古乡托古村
2022239482	高粱	托古村散高粱	肇州县托古乡托古村
2022239483	美洲南瓜	托古村角瓜	肇州县托古乡托古村
2022239484	绿豆	托古村绿豆	肇州县托古乡托古村
2022239486	菜豆	托古村黑儿豆	肇州县托古乡托古村
2022239487	莴苣	托古村生菜	肇州县托古乡托古村
2022239488	大豆	长山村黄豆	肇州县榆树乡长山村
2022239490	菜豆	致富村王八蛋豆角	肇州县榆树乡致富村
2022239491	菜豆	致富村黄花豆豆角	肇州县榆树乡致富村

样品编号	作物名称	品种名称	采集地点
2022239495	高粱	榆树村本地甜杆	肇州县榆树乡榆树村
2022239496	芝麻菜	榆树村本地臭菜	肇州县榆树乡榆树村
2022239497	芫荽	榆树村本地香菜	肇州县榆树乡榆树村
2022239500	高粱	福利村糜子	肇州县兴城镇福利村
2022239503	芫荽	福山村大叶香菜	肇州县兴城镇福山村
2022239505	莴苣	福山村生菜	肇州县兴城镇福山村
2022239506	高粱	福山村甜杆	肇州县兴城镇福山村
2022239508	芝麻菜	福山村臭菜	肇州县兴城镇福山村

二十一、海伦市

海伦市属中温带，冬季漫长寒冷，夏季短促温润。每年 10 月以后，干寒的冬季风即从西伯利亚和蒙古高原南下，至次年 5 月间，大地始有绿色。年平均气温为 1~2℃，全年无霜期 130 天左右，年降水量为 500~600 毫米之间，冬季和春季降水量较少，夏季降水量偏多，故往往发生春旱夏涝。秋季冷空气活动频繁，降温较快，容易出现早霜。

在该地区的 6 个乡镇 8 个村收集农作物种质资源共计 80 份，其中粮食作物 24 份，蔬菜 56 份，见表 5.21。

表 5.21　海伦市农作物种质资源收集情况

样品编号	作物名称	品种名称	采集地点
2022234379	菜豆	何木铺屯绿豆角	海伦市向荣镇向国村何木铺屯
2022234380	高粱	何木铺屯帚高粱	海伦市向荣镇向国村何木铺屯
2022234381	菜豆	何木铺屯油豆角	海伦市向荣镇向国村何木铺屯
2022234382	饭豆	何木铺屯奶圆	海伦市向荣镇向国村何木铺屯
2022234384	饭豆	何木铺屯黑饭豆	海伦市向荣镇向国村何木铺屯
2022234385	菜豆	何木铺屯花粒豆角	海伦市向荣镇向国村何木铺屯
2022234387	菜豆	何木铺屯钩黄	海伦市向荣镇向国村何木铺屯
2022234388	菜豆	何木铺屯九月绿	海伦市向荣镇向国村何木铺屯
2022234393	小豆	何木铺屯红小豆	海伦市向荣镇向国村何木铺屯
2022234394	饭豆	何木铺屯奶白花	海伦市向荣镇向国村何木铺屯

样品编号	作物名称	品种名称	采集地点
2022234397	芝麻菜	何木铺屯臭菜	海伦市向荣镇向国村何木铺屯
2022234398	芫荽	何木铺屯香菜	海伦市向荣镇向国村何木铺屯
2022234399	辣椒	何木铺屯红羊角	海伦市向荣镇向国村何木铺屯
2022234400	菜豆	何木铺屯黄花粒豆角	海伦市向荣镇向国村何木铺屯
2022234402	菜豆	何木铺屯九月青	海伦市向荣镇向国村何木铺屯
2022234403	芫荽	何木铺屯大叶香菜	海伦市向荣镇向国村何木铺屯
2022234404	高粱	向辉村杨长有帚高粱	海伦市向荣镇向国村杨长有
2022234406	菜豆	向辉村杨长有绿豆角	海伦市向荣镇向国村杨长有
2022234407	菜豆	向辉村杨长有长豆角	海伦市向荣镇向国村杨长有
2022234408	长豇豆	向辉村杨长有长挂豆	海伦市向荣镇向国村杨长有
2022234410	芫荽	向辉村杨长有香菜	海伦市向荣镇向国村杨长有
2022234411	谷子	向丰村宋洪禄谷子	海伦市向荣镇向丰村宋洪禄
2022234412	糖高粱	向丰村宋洪禄甜秆	海伦市向荣镇向丰村宋洪禄
2022234413	芫荽	向丰村宋洪禄香菜	海伦市向荣镇向丰村宋洪禄
2022234414	叶用莴苣	向丰村宋洪禄家苣荬菜	海伦市向荣镇向丰村宋洪禄
2022234415	菜豆	向丰村宋洪禄灰籽豆角	海伦市向荣镇向丰村宋洪禄
2022234416	高粱	向丰村宋洪禄帚高粱	海伦市向荣镇向丰村宋洪禄
2022234417	豌豆	向丰村宋洪禄四粒豌豆	海伦市向荣镇向丰村宋洪禄
2022234418	高粱	向丰村宋洪禄糯高粱	海伦市向荣镇向丰村宋洪禄
2022234419	饭豆	向丰村宋洪禄黑饭豆	海伦市向荣镇向丰村宋洪禄
2022234420	长豇豆	向丰村宋洪禄豇豆角	海伦市向荣镇向丰村宋洪禄
2022234422	菜豆	向丰村宋洪禄宽绿豆角	海伦市向荣镇向丰村宋洪禄
2022234423	叶用芥菜	向丰村宋洪禄山芥末	海伦市向荣镇向丰村宋洪禄
2022234424	饭豆	向丰村宋洪禄长粒饭豆	海伦市向荣镇向丰村宋洪禄
2022234425	叶用莴苣	向丰村宋洪禄生菜	海伦市向荣镇向丰村宋洪禄
2022234426	芫荽	向丰村宋洪禄小香菜	海伦市向荣镇向丰村宋洪禄
2022234427	辣椒	向丰村宋洪禄辣椒	海伦市向荣镇向丰村宋洪禄
2022234428	饭豆	向丰村宋洪禄小粒黑饭豆	海伦市向荣镇向丰村宋洪禄
2022234429	小豆	向丰村宋洪禄红小豆	海伦市向荣镇向丰村宋洪禄
2022234430	菜豆	永禾乡仁义村几豆	海伦市永和乡仁义村
2022234432	高粱	永禾乡仁义村帚高粱	海伦市永和乡仁义村
2022234433	菜豆	永禾乡仁义村扁花粒豆角	海伦市永和乡仁义村

样品编号	作物名称	品种名称	采集地点
2022234434	饭豆	永禾乡仁义村一窝丰	海伦市永和乡仁义村
2022234435	小豆	永禾乡仁义村红小豆	海伦市永和乡仁义村
2022234436	小豆	爱民乡爱荣村黑小豆	海伦市爱民乡爱荣村
2022234437	高粱	爱民乡爱荣村帚高粱	海伦市爱民乡爱荣村
2022234438	菜豆	爱民乡爱荣村九月青	海伦市爱民乡爱荣村
2022234442	饭豆	爱民乡勤俭村黑饭豆	海伦市爱民乡勤俭村
2022234443	饭豆	爱民乡勤俭村金黄豆	海伦市爱民乡勤俭村
2022234444	菜豆	爱民乡勤俭村花粒豆角	海伦市爱民乡勤俭村
2022234445	饭豆	爱民乡勤俭村奶白花	海伦市爱民乡勤俭村
2022234447	苏子	爱民乡勤俭村苏子	海伦市爱民乡勤俭村
2022234448	菜豆	爱民乡勤俭村黄豆角	海伦市爱民乡勤俭村
2022234450	辣椒	爱民乡勤俭村辣椒	海伦市爱民乡勤俭村
2022234452	高粱	爱民乡勤俭村帚高粱	海伦市爱民乡勤俭村
2022234453	长豇豆	爱民乡勤俭村十八豆	海伦市爱民乡勤俭村
2022234454	小豆	爱民乡勤俭村红小豆	海伦市爱民乡勤俭村
2022234455	饭豆	爱民乡爱富村花打豆	海伦市爱民乡爱富村
2022234456	大豆	爱民乡爱富村黑芽豆	海伦市爱民乡爱富村
2022234457	小豆	爱民乡爱富村黑小豆	海伦市爱民乡爱富村
2022234458	饭豆	爱富村翻白眼饭豆子	海伦市爱民乡爱富村
2022234459	饭豆	爱民乡爱富村奶圆	海伦市爱民乡爱富村
2022234461	高粱	爱民乡爱富村帚高粱	海伦市爱民乡爱富村
2022234463	菜豆	爱民乡爱富村几豆	海伦市爱民乡爱富村
2022234464	菜豆	爱民乡振兴村花鼓豆	海伦市爱民乡振兴村
2022234466	饭豆	爱民乡振兴村奶白花	海伦市爱民乡振兴村
2022234467	菜豆	爱民乡振兴村麻酥豆	海伦市爱民乡振兴村
2022234468	饭豆	爱民乡振兴村黑饭豆	海伦市爱民乡振兴村
2022234469	小豆	爱民乡振兴村红小豆	海伦市爱民乡振兴村
2022234470	苏子	爱民乡振兴村苏子	海伦市爱民乡振兴村
2022234471	菜豆	海北镇南合村花粒豆角	海伦市海北镇南合村
2022234472	饭豆	海北镇南合村奶圆	海伦市海北镇南合村
2022234473	菜豆	海北镇南合村大粒油豆	海伦市海北镇南合村
2022234474	菜豆	海北镇南合村绿豆角	海伦市海北镇南合村

样品编号	作物名称	品种名称	采集地点
2022234475	糖高粱	海北镇南合村甜秆	海伦市海北镇南合村
2022234476	菜豆	海北镇南合村大粒绿豆角	海伦市海北镇南合村
2022234477	饭豆	海北镇南合村大粒金黄豆	海伦市海北镇南合村
2022234478	饭豆	海北镇三河村奶圆	海伦市海北镇三河村
2022234490	菜豆	爱民乡振兴村宽豆	海伦市爱民乡振兴村
2022234491	菜豆	爱民乡振兴村花豆	海伦市爱民乡振兴村

二十二、青冈县

青冈县属于中温带大陆性季风气候，海拔高度为 123~563 米，平均海拔 457 米左右。春季干旱多风，夏季温热多雨，秋季凉爽干燥、冬季严寒少雪，四季分明。年平均气温 2.4~2.6℃。最冷月平均气温~20.9℃，最热月平均气温 22.1℃。年降水量为 477 毫米，东部为 491.6 毫米，西部为 389.2 毫米。全年无霜期 130 天左右。

在该地区的 5 个乡镇 8 个村屯收集农作物种质资源共计 80 份，其中经济作物 10 份，粮食作物 29 份，蔬菜 41 份，见表 5.22。

表 5.22　青冈县农作物种质资源收集情况

样品编号	作物名称	品种名称	采集地点
2022234601	黄瓜	荣花村于家店黄瓜	青冈县德胜镇荣花村于家店
2022234602	菜豆	荣花村于家店弯钩黄	青冈县德胜镇荣花村于家店
2022234603	番茄	荣花村于家店毛柿子	青冈县德胜镇荣花村于家店
2022234604	饭豆	荣花村于家店饭豆子	青冈县德胜镇荣花村于家店
2022234605	辣椒	荣花村于家店小辣椒	青冈县德胜镇荣花村于家店
2022234606	高粱	荣花村于家店帚高粱	青冈县德胜镇荣花村于家店
2022234607	番茄	荣花村于家店黄柿子	青冈县德胜镇荣花村于家店
2022234608	番茄	荣花村于家店红柿子	青冈县德胜镇荣花村于家店
2022234609	番茄	荣花村于家店贼不偷	青冈县德胜镇荣花村于家店
2022234610	芫荽	荣花村于家店香菜	青冈县德胜镇荣花村于家店
2022234611	南瓜	荣花村于家店南瓜	青冈县德胜镇荣花村于家店
2022234612	大葱	荣花村于家店大葱	青冈县德胜镇荣花村于家店
2022234613	饭豆	荣花村于家店奶白花	青冈县德胜镇荣花村于家店

样品编号	作物名称	品种名称	采集地点
2022234614	小豆	荣花村于家店黑小豆	青冈县德胜镇荣花村于家店
2022234615	酸浆	荣花村于家店菇娘	青冈县德胜镇荣花村于家店
2022234616	糖高粱	荣花村于家店甜高粱	青冈县德胜镇荣花村于家店
2022234617	小豆	荣花村东二屯黑小豆	青冈县德胜镇荣花村东二屯
2022234618	辣椒	荣花村东二屯尖椒	青冈县德胜镇荣花村东二屯
2022234619	辣椒	荣花村东二屯竖椒	青冈县德胜镇荣花村东二屯
2022234620	番茄	荣花村东二屯青柿子	青冈县德胜镇荣花村东二屯
2022234621	黄瓜	荣花村东二屯白黄瓜	青冈县德胜镇荣花村东二屯
2022234622	大葱	荣花村东二屯大葱	青冈县德胜镇荣花村东二屯
2022234623	菜豆	安乐村石家园子油豆角	青冈县兴华乡安乐村石家园子
2022234624	饭豆	安乐村石家园子小奶白花	青冈县兴华乡安乐村石家园子
2022234625	辣椒	安乐村石家园子小辣椒	青冈县兴华乡安乐村石家园子
2022234626	苏子	安乐村石家园子苏子	青冈县兴华乡安乐村石家园子
2022234627	酸浆	安乐村石家园子菇娘	青冈县兴华乡安乐村石家园子
2022234628	糖高粱	安乐村甜秆	青冈县兴华乡安乐村
2022234629	菜豆	安乐村油豆	青冈县兴华乡安乐村
2022234630	番茄	安乐村马木匠屯油瓶	青冈县兴华乡安乐村马木匠屯
2022234631	番茄	安乐村马木匠屯家桃	青冈县兴华乡安乐村马木匠屯
2022234632	饭豆	安乐村马木匠屯杂花饭豆	青冈县兴华乡安乐村马木匠屯
2022234633	菜豆	安乐村马木匠屯大马掌	青冈县兴华乡安乐村马木匠屯
2022234634	菜豆	马木匠屯兔子翻白眼	青冈县兴华乡安乐村马木匠屯
2022234635	菜豆	安乐村马木匠屯麻紫豆	青冈县兴华乡安乐村马木匠屯
2022234636	黄瓜	安乐村马木匠屯黄瓜	青冈县兴华乡安乐村马木匠屯
2022234637	茴香	安乐村马木匠屯茴香	青冈县兴华乡安乐村马木匠屯
2022234638	芫荽	安乐村马木匠屯香菜	青冈县兴华乡安乐村马木匠屯
2022234639	大葱	安乐村马木匠屯大葱	青冈县兴华乡安乐村马木匠屯
2022234640	高粱	安乐村马木匠屯帚高粱	青冈县兴华乡安乐村马木匠屯
2022234641	糖高粱	安乐村马木匠屯甜秆	青冈县兴华乡安乐村马木匠屯
2022234642	小豆	三才村太阳升屯小黑豆	青冈县连丰乡三才村太阳升屯
2022234643	饭豆	三才村太阳升屯奶白花	青冈县连丰乡三才村太阳升屯
2022234644	高粱	三才村太阳升屯帚高粱	青冈县连丰乡三才村太阳升屯
2022234645	辣椒	三才村太阳升屯小辣椒	青冈县连丰乡三才村太阳升屯

样品编号	作物名称	品种名称	采集地点
2022234646	辣椒	三才村太阳升屯大辣椒	青冈县连丰乡三才村太阳升屯
2022234647	菜豆	三才村太阳升屯油豆	青冈县连丰乡三才村太阳升屯
2022234648	糖高粱	三才村一队甜秆	青冈县连丰乡三才村一队
2022234649	饭豆	三才村一队饭豆	青冈县连丰乡三才村一队
2022234650	辣椒	三才村一队小辣椒	青冈县连丰乡三才村一队
2022234651	黄瓜	三才村一队黄瓜	青冈县连丰乡三才村一队
2022234652	小豆	三才村一队红小豆	青冈县连丰乡三才村一队
2022234653	绿豆	三才村一队绿豆	青冈县连丰乡三才村一队
2022234654	亚麻	三才村三队亚麻	青冈县连丰乡三才村三队
2022234655	小豆	三才村三队红小豆	青冈县连丰乡三才村三队
2022234656	绿豆	三才村三队绿豆	青冈县连丰乡三才村三队
2022234657	菜豆	三才村三队油豆角	青冈县连丰乡三才村三队
2022234658	高粱	三才村三队帚高粱	青冈县连丰乡三才村三队
2022234659	糖高粱	北岗村甜秆	青冈县祯祥镇北岗村
2022234660	高粱	北岗村帚高粱	青冈县祯祥镇北岗村
2022234661	绿豆	北岗村绿豆	青冈县祯祥镇北岗村
2022234662	小豆	北岗村红小豆	青冈县祯祥镇北岗村
2022234663	饭豆	北岗村奶白花	青冈县祯祥镇北岗村
2022234664	菜豆	北岗村油豆角	青冈县祯祥镇北岗村
2022234665	饭豆	兆林村黑饭豆	青冈县祯祥镇兆林村
2022234666	糖高粱	兆林村甜秆	青冈县祯祥镇兆林村
2022234667	绿豆	兆林村绿豆	青冈县祯祥镇兆林村
2022234668	小豆	兆林村红小豆	青冈县祯祥镇兆林村
2022234669	饭豆	兆林村奶白花	青冈县祯祥镇兆林村
2022234670	菜豆	兆林村八月绿	青冈县祯祥镇兆林村
2022234671	糖高粱	新德村杜九灵屯甜秆	青冈县劳动镇新德村杜九灵屯
2022234672	绿豆	新德村杜九灵屯绿豆	青冈县劳动镇新德村杜九灵屯
2022234673	高粱	新德村杜九灵屯帚高粱	青冈县劳动镇新德村杜九灵屯
2022234674	菜豆	新德村杜九灵屯油豆角	青冈县劳动镇新德村杜九灵屯
2022234675	酸浆	新德村杜九灵屯红菇娘	青冈县劳动镇新德村杜九灵屯
2022234676	饭豆	新德村杜九灵屯饭豆	青冈县劳动镇新德村杜九灵屯
2022234677	糖高粱	闻家屯甜秆	青冈县劳动镇闻家屯

样品编号	作物名称	品种名称	采集地点
2022234678	芫荽	闻家屯香菜	青冈县劳动镇闻家屯
2022234679	饭豆	闻家屯白芸豆	青冈县劳动镇闻家屯
2022234680	大葱	闻家屯大葱	青冈县劳动镇闻家屯

二十三、庆安县

庆安县气候特征属寒温带大陆性季风气候。一年四季分明，春季多风干旱，夏季温热多雨，秋季温凉适中，冬季寒冷干燥。庆安县年平均日照时数为 2 599 小时，年平均气温为 1.69℃，无霜期 128 天左右，年平均降雨量 577 毫米。

在该地区的 6 个乡镇 9 个村收集农作物种质资源共计 80 份，其中经济作物 2 份，粮食作物 23 份，蔬菜 55 份，见表 5.23。

表 5.23　庆安县农作物种质资源收集情况

样品编号	作物名称	品种名称	采集地点
2022234301	饭豆	建民村白芸豆	庆安县建民乡建民村
2022234302	菜豆	建民村褐籽豆角	庆安县建民乡建民村
2022234303	南瓜	建民村圆倭瓜	庆安县建民乡建民村
2022234304	菜豆	建民村绿豆角	庆安县建民乡建民村
2022234305	菜豆	建民村圆轱辘滚	庆安县建民乡建民村
2022234306	菜豆	建民村紫花油豆	庆安县建民乡建民村
2022234307	饭豆	建民村绿饭豆	庆安县建民乡建民村
2022234308	饭豆	建民村白饭豆	庆安县建民乡建民村
2022234309	茼蒿	建民村茼蒿	庆安县建民乡建民村
2022234310	菠菜	建民村菠菜	庆安县建民乡建民村
2022234311	芫荽	建民村香菜	庆安县建民乡建民村
2022234313	长豇豆	建民村十八豆	庆安县建民乡建民村
2022234314	菜豆	建民村开锅熟	庆安县建民乡建民村
2022234315	萝卜	建民村水萝卜	庆安县建民乡建民村
2022234316	南瓜	建民村南瓜	庆安县建民乡建民村
2022234317	叶用莴苣	建民村红生菜	庆安县建民乡建民村
2022234318	芝麻菜	建民村臭菜	庆安县建民乡建民村
2022234319	饭豆	建民村奶白花	庆安县建民乡建民村

样品编号	作物名称	品种名称	采集地点
2022234320	菜豆	民乐村司堡里屯灰籽豆角	庆安县民乐镇民乐村司堡里屯
2022234321	菜豆	民乐村司堡里屯油豆角	庆安县民乐镇民乐村司堡里屯
2022234323	芫荽	民乐村司堡里屯香菜	庆安县民乐镇民乐村司堡里屯
2022234324	高粱	民乐村司堡里屯笤帚糜子	庆安县民乐镇民乐村司堡里屯
2022234325	番茄	民乐村司堡里屯绿柿子	庆安县民乐镇民乐村司堡里屯
2022234326	小豆	司堡里屯大粒红小豆	庆安县民乐镇民乐村司堡里屯
2022234327	菜豆	民乐村司堡里屯九月青	庆安县民乐镇民乐村司堡里屯
2022234328	叶用莴苣	民乐村司堡里屯生菜	庆安县民乐镇民乐村司堡里屯
2022234329	菜豆	民乐村司堡里屯紫花油豆	庆安县民乐镇民乐村司堡里屯
2022234330	辣椒	民乐村司堡里屯红尖椒	庆安县民乐镇民乐村司堡里屯
2022234331	高粱	民乐村司堡里屯帚高粱	庆安县民乐镇民乐村司堡里屯
2022234332	糖高粱	民乐村司堡里屯黑壳甜秆	庆安县民乐镇民乐村司堡里屯
2022234333	高粱	永安村帚高粱	庆安县永安镇永安村
2022234334	芫荽	永安村香菜	庆安县永安镇永安村
2022234336	辣椒	永安村辣椒	庆安县永安镇永安村
2022234337	黄瓜	永安村黄瓜	庆安县永安镇永安村
2022234338	叶用莴苣	永安村生菜	庆安县永安镇永安村
2022234339	饭豆	永安村长粒花饭豆	庆安县永安镇永安村
2022234341	菜豆	永安村将军红	庆安县永安镇永安村
2022234342	小豆	孟英子大粒红小豆	庆安县柳河镇新胜乡孟英子
2022234343	菜豆	孟英子灰豆角	庆安县柳河镇新胜乡孟英子
2022234344	饭豆	孟英子黑饭豆	庆安县柳河镇新胜乡孟英子
2022234345	糖高粱	孟英子甜高粱	庆安县柳河镇新胜乡孟英子
2022234346	高粱	孟英子帚高粱	庆安县柳河镇新胜乡孟英子
2022234347	菜豆	孟英子绿油豆	庆安县柳河镇新胜乡孟英子
2022234348	菜豆	新青村九月青	庆安县柳河镇新民乡新青村
2022234349	芫荽	新青村香菜	庆安县柳河镇新民乡新青村
2022234350	菜豆	新青村兔子翻白眼	庆安县柳河镇新民乡新青村
2022234351	叶用莴苣	新青村生菜	庆安县柳河镇新民乡新青村
2022234352	黄瓜	新青村黄瓜	庆安县柳河镇新民乡新青村
2022234353	菜豆	新青村将军红	庆安县柳河镇新民乡新青村
2022234354	南瓜	新青村南瓜	庆安县柳河镇新民乡新青村

样品编号	作物名称	品种名称	采集地点
2022234355	饭豆	同富村黑饭豆	庆安县同乐镇同富村
2022234356	饭豆	同富村云豆子	庆安县同乐镇同富村
2022234357	茴香	同富村茴香	庆安县同乐镇同富村
2022234358	饭豆	同富村苏立豆	庆安县同乐镇同富村
2022234359	饭豆	同富村奶白花	庆安县同乐镇同富村
2022234360	菜豆	侯家屯绿豆角子	庆安县同乐镇侯家屯
2022234361	饭豆	侯家屯奶白花	庆安县同乐镇侯家屯
2022234362	黄瓜	侯家屯黄瓜	庆安县同乐镇侯家屯
2022234363	芫荽	侯家屯香菜	庆安县同乐镇侯家屯
2022234364	南瓜	侯家屯南瓜	庆安县同乐镇侯家屯
2022234366	豌豆	侯家屯豌豆	庆安县同乐镇侯家屯
2022234367	菜豆	侯家屯九月青	庆安县同乐镇侯家屯
2022234368	茄子	王玉柱茄子	庆安县同乐镇王玉柱
2022234369	辣椒	王玉柱尖辣椒	庆安县同乐镇王玉柱
2022234370	辣椒	王玉柱菜椒	庆安县同乐镇王玉柱
2022234371	豌豆	王玉柱豌豆	庆安县同乐镇王玉柱
2022234372	菜豆	王玉柱豆角	庆安县同乐镇王玉柱
2022234374	高粱	王玉柱帚高粱	庆安县同乐镇王玉柱
2022234375	番茄	王玉柱西红柿	庆安县同乐镇王玉柱
2022234376	叶用莴苣	王玉柱生菜	庆安县同乐镇王玉柱
2022234377	黄瓜	王玉柱黄瓜	庆安县同乐镇王玉柱
2022234479	菜豆	王玉柱大花粒豆角	庆安县同乐镇王玉柱
2022234483	小豆	永安村红小豆	庆安县永安镇永安村
2022234485	绿豆	王玉柱绿豆	庆安县同乐镇王玉柱
2022234492	番茄	建民村绿柿子	庆安县建民乡建民村
2022234493	番茄	建民村紫柿子	庆安县建民乡建民村
2022234494	番茄	建民村紫皮球	庆安县建民乡建民村
2022234495	番茄	建民村黄皮球	庆安县建民乡建民村
2022234496	饭豆	王德山奶白花	庆安县长胜乡长胜村
2022234497	菜豆	王德山油豆	庆安县长胜乡长胜村

二十四、肇东市

肇东市地处中国少有的"寒地黑土"绿色农业区，属寒温带大陆性季风气候，平均积温为 2 772℃，四季冷暖干湿分明。全市年平均气温 3.1℃，平均日照 2 789 小时，光能利用率 0.4%~0.5%。无霜期为 136 天。结冰期长达 6 个月。年平均降水量 425.3 毫米，年蒸发量 1 638 毫米。主风向西北风，四季变化明显。

在该地区的 7 个乡镇 17 个村收集农作物种质资源共计 80 份，其中粮食作物 4 份，蔬菜 76 份，见表 5.24。

表 5.24 肇东市农作物种质资源收集情况

样品编号	作物名称	品种名称	采集地点
2022239001	菜豆	宣化村花儿豆	肇东市宣化乡宣化村
2022239003	高粱	宣化村甜秆	肇东市宣化乡宣化村
2022239004	菜豆	宣化村豆角	肇东市宣化乡宣化村
2022239006	芫荽	永丰村香菜	肇东市黑木店镇永丰村
2022239007	菜豆	永丰村儿豆	肇东市黑木店镇永丰村
2022239009	黄瓜	永丰村青瓜	肇东市黑木店镇永丰村
2022239010	莴苣	永丰村紫生菜	肇东市黑木店镇永丰村
2022239011	莴苣	永丰村生菜	肇东市黑木店镇永丰村
2022239012	美洲南瓜	永丰村角瓜	肇东市黑木店镇永丰村
2022239014	芝麻菜	永丰村臭菜	肇东市黑木店镇永丰村
2022239015	大白菜	永丰村大白菜	肇东市黑木店镇永丰村
2022239016	菜豆	永丰村豆角	肇东市黑木店镇永丰村
2022239017	番茄	永丰村柿子	肇东市黑木店镇永丰村
2022239018	菜豆	永丰村红芸豆	肇东市黑木店镇永丰村
2022239019	南瓜	永丰村倭瓜	肇东市黑木店镇永丰村
2022239020	南瓜	永丰村倭瓜	肇东市黑木店镇永丰村
2022239022	番茄	永丰村牛奶柿子	肇东市黑木店镇永丰村
2022239023	番茄	永丰村皮球柿子	肇东市黑木店镇永丰村
2022239024	番茄	长江村大黄柿子	肇东市黑木店镇长江村
2022239025	番茄	长江村大紫柿子	肇东市黑木店镇长江村
2022239026	番茄	长江村绿柿子	肇东市黑木店镇长江村
2022239027	酸浆	长江村毛菇娘	肇东市黑木店镇长江村

样品编号	作物名称	品种名称	采集地点
2022239028	冬瓜	长江村大冬瓜	肇东市黑木店镇长江村
2022239030	苦苣	民强村苦苣	肇东市黑木店镇民强村
2022239031	糜子	民强村糜子	肇东市黑木店镇民强村
2022239034	茴香	金山村小茴香	肇东市黑木店镇金山村
2022239036	酸浆	金山村苦菇娘	肇东市黑木店镇金山村
2022239037	菜豆	金山村紫花油豆角	肇东市黑木店镇金山村
2022239038	菜豆	金山村红花大儿豆	肇东市黑木店镇金山村
2022239039	菜豆	金山村红弯钩豆角	肇东市黑木店镇金山村
2022239044	南瓜	四兴村南瓜	肇东市黎明镇四兴村
2022239045	菜豆	太和村红四季豆	肇东市黎明镇太和村
2022239046	黄瓜	太和村小黄瓜	肇东市黎明镇太和村
2022239048	菜豆	太和村家豆角	肇东市黎明镇太和村
2022239049	南瓜	太和村倭瓜	肇东市黎明镇太和村
2022239051	芝麻菜	长富村臭菜	肇东市黎明镇长富村
2022239052	番茄	长富村圆柿子	肇东市黎明镇长富村
2022239053	莴苣	长富村生菜	肇东市黎明镇长富村
2022239054	芫荽	长富村紫花香菜	肇东市黎明镇长富村
2022239055	菜豆	长富村紫花油豆角	肇东市黎明镇长富村
2022239056	芝麻菜	长富村大叶臭菜	肇东市黎明镇长富村
2022239058	番茄	新跃村柿子	肇东市德昌乡新跃村
2022239059	芫荽	新跃村香菜	肇东市德昌乡新跃村
2022239060	美洲南瓜	新跃村角瓜	肇东市德昌乡新跃村
2022239061	高粱	育民村甜高粱	肇东市德昌乡育民村
2022239062	菜豆	德昌村红芸豆	肇东市德昌乡德昌村
2022239065	南瓜	靠山村窝瓜	肇东市海城镇靠山村
2022239066	芝麻菜	靠山村臭菜	肇东市海城镇靠山村
2022239067	莴苣	靠山村生菜	肇东市海城镇靠山村
2022239068	芫荽	靠山村香菜	肇东市海城镇靠山村
2022239069	菜豆	海城村红芸豆	肇东市海城镇海城村
2022239071	番茄	靠山村黄皮球柿子	肇东市海城镇靠山村
2022239072	番茄	海城村贼不偷	肇东市海城镇海城村
2022239074	菜豆	靠山村大马掌	肇东市海城镇靠山村

样品编号	作物名称	品种名称	采集地点
2022239076	黄瓜	靠山村旱黄瓜	肇东市海城镇靠山村
2022239077	酸浆	靠山村菇娘	肇东市海城镇靠山村
2022239081	番茄	中心村圣女果	肇东市向阳乡中心村
2022239082	黄瓜	中心村水果黄瓜	肇东市向阳乡中心村
2022239083	番茄	中心村大黑柿子	肇东市向阳乡中心村
2022239084	番茄	中心村黄虎皮柿子	肇东市向阳乡中心村
2022239085	苦瓜	建设村白苦瓜	肇东市向阳乡中心村
2022239086	黄瓜	中心村压趴架黄瓜	肇东市向阳乡中心村
2022239087	茴香	中心村茴香	肇东市向阳乡中心村
2022239088	高粱	光远村甜秆	肇东市太平乡光远村
2022239089	番茄	光远村小柿子	肇东市太平乡光远村
2022239091	南瓜	同和村谢花面倭瓜	肇东市太平乡同和村
2022239093	丝瓜	同和村丝瓜	肇东市太平乡同和村
2022239094	美洲南瓜	天平村角瓜	肇东市太平乡天平村
2022239095	菜豆	德昌村一挂鞭豆荚	肇东市德昌乡德昌村
2022239108	番茄	德昌村红嘎啦	肇东市德昌乡德昌村
2022239109	番茄	德昌村绿柿子	肇东市德昌乡德昌村
2022239110	番茄	德昌村紫柿子	肇东市德昌乡德昌村
2022239111	番茄	德昌村小黄柿子	肇东市德昌乡德昌村
2022239112	黄瓜	德昌村旱黄瓜	肇东市德昌乡德昌村
2022239113	黄瓜	德昌村水黄瓜	肇东市德昌乡德昌村
2022239114	芝麻菜	德昌村小叶臭菜	肇东市德昌乡德昌村
2022239115	菠菜	德昌村大叶菠菜	肇东市德昌乡德昌村
2022239116	茴香	德昌村笨茴香	肇东市德昌乡德昌村
2022239118	美洲南瓜	笨角瓜美洲南瓜	肇东市德昌乡德昌村
2022239119	南瓜	面倭瓜南瓜	肇东市德昌乡德昌村

二十五、嫩江市

嫩江市气候属寒温带大陆性季风气候，县内气候的基本特征是年平均气温较低，无霜期短，雨热同季，冬季漫长。市内纬度较高，年平均气温较低，因地形条件较优越，气温又高于同纬圈的一些地方。全市具有春季回暖快，秋季降温急，四季和昼夜气温差较大的特点。

在该地区的 11 个乡镇 25 个村收集农作物种质资源共计 80 份,其中粮食作物 7 份,蔬菜 73 份,见表 5.25。

表 5.25　嫩江市农作物种质资源收集情况

样品编号	作物名称	品种名称	采集地点
2022239202	菜豆	东风村芸豆	嫩江市海江镇东风村
2022239205	菜豆	东风村笨豆角	嫩江市海江镇东风村
2022239206	茴香	东风村茴香	嫩江市海江镇东风村
2022239209	芫荽	团结村香菜	嫩江市嫩江镇团结村
2022239210	苏子	团结村苏子	嫩江市嫩江镇团结村
2022239211	豌豆	四季青村豌豆	嫩江市嫩江镇四季青村
2022239213	菜豆	四家子屯奶白花	嫩江市嫩江镇四家子屯
2022239216	菜豆	团结村油豆角	嫩江市嫩江镇团结村
2022239219	南瓜	团结村倭瓜	嫩江市嫩江镇团结村
2022239220	酸浆	团结村菇娘	嫩江市嫩江镇团结村
2022239221	南瓜	新西村灰倭瓜	嫩江市嫩江镇新西村
2022239222	南瓜	新西村铁皮倭瓜	嫩江市嫩江镇新西村
2022239223	菜豆	新西村家雀蛋	嫩江市嫩江镇新西村
2022239225	谷子	回民村黍谷米	嫩江市嫩江镇回民村
2022239226	南瓜	团结村倭瓜	嫩江市嫩江镇团结村
2022239227	莴苣	团结村生菜	嫩江市嫩江镇团结村
2022239228	黄瓜	团结村黄瓜	嫩江市嫩江镇团结村
2022239230	菜豆	团结村秤钩豆角	嫩江市嫩江镇团结村
2022239231	菜豆	团结村油豆角	嫩江市嫩江镇团结村
2022239233	菜豆	长庆村大马掌	嫩江市长福镇长庆村
2022239234	豌豆	长庆村豌豆	嫩江市长福镇长庆村
2022239236	菜豆	长庆村兔子翻白眼	嫩江市长福镇长庆村
2022239237	冬瓜	长庆村白冬瓜	嫩江市长福镇长庆村
2022239238	菜豆	爱国村油豆角	嫩江市长福镇爱国村
2022239239	菜豆	爱国村豆角	嫩江市长福镇爱国村
2022239241	菜豆	爱国村旱油豆角	嫩江市长福镇爱国村
2022239242	菜豆	铁古碴村老旱豆角	嫩江市临江乡铁古碴村
2022239244	菠菜	铁古碴村老菠菜籽	嫩江市临江乡铁古碴村
2022239245	莴苣	铁古碴村莴苣	嫩江市临江乡铁古碴村

样品编号	作物名称	品种名称	采集地点
2022239247	菜豆	铁古砬村豆角	嫩江市临江乡铁古砬村
2022239248	美洲南瓜	铁古砬村老角瓜	嫩江市临江乡铁古砬村
2022239249	黄瓜	铁古砬村老黄瓜	嫩江市临江乡铁古砬村
2022239250	菜豆	铁古砬村老豆角	嫩江市临江乡铁古砬村
2022239252	豌豆	矿山村豌豆	嫩江市多宝山矿山村
2022239254	芫荽	矿山村笨香菜	嫩江市多宝山矿山村
2022239256	南瓜	矿山村南瓜	嫩江市多宝山矿山村
2022239257	黄瓜	矿山村黄瓜	嫩江市多宝山矿山村
2022239259	菜豆	卧都河村油豆	嫩江市多宝山卧都河村
2022239261	菜豆	卧都河村奶白花	嫩江市多宝山卧都河村
2022239263	菜豆	双河村笨豆角	嫩江市多宝山双河村
2022239264	南瓜	盘龙山村倭瓜	嫩江市多宝山盘龙山村
2022239265	菜豆	盘龙山村油豆	嫩江市多宝山盘龙山村
2022239267	菜豆	盘龙山村老豆角	嫩江市多宝山盘龙山村
2022239268	苏子	龙山村苏子	嫩江市多宝山龙山村
2022239270	菜豆	盘龙山村菜豆	嫩江市多宝山盘龙山村
2022239273	苏子	西荒村苏子	嫩江市塔溪乡西荒村
2022239274	谷子	科技园区老谷子	嫩江市科技园区科
2022239276	谷子	保胜村翻白眼	嫩江市前进镇保胜村
2022239278	菜豆	三星村豆角	嫩江市伊拉哈三星村
2022239281	菜豆	五四村大麻掌	嫩江市伊拉哈五四村
2022239283	菜豆	五四村豆角	嫩江市伊拉哈五四村
2022239284	芫荽	五一村大叶香菜	嫩江市伊拉哈五一村
2022239285	南瓜	五一村老倭瓜	嫩江市伊拉哈五一村
2022239286	南瓜	五一村倭瓜	嫩江市伊拉哈五一村
2022239287	番茄	五一村西红柿	嫩江市伊拉哈五一村
2022239288	番茄	五一村西红柿2	嫩江市伊拉哈五一村
2022239289	番茄	五一村西红柿3	嫩江市伊拉哈五一村
2022239290	番茄	五一村西红柿4	嫩江市伊拉哈五一村
2022239291	番茄	五一村西红柿5	嫩江市伊拉哈五一村
2022239294	菜豆	五一村大豆角	嫩江市伊拉哈五一村
2022239295	菜豆	五一村倭蛋	嫩江市伊拉哈五一村

样品编号	作物名称	品种名称	采集地点
2022239296	酸浆	蔡窑村菇娘	嫩江市双山镇蔡窑村
2022239297	黄瓜	蔡窑村黄瓜	嫩江市双山镇蔡窑村
2022239299	南瓜	蔡窑村老南瓜	嫩江市双山镇蔡窑村
2022239300	番茄	蔡窑村柿子	嫩江市双山镇蔡窑村
2022239301	丝瓜	蔡窑村丝瓜	嫩江市双山镇蔡窑村
2022239302	南瓜	蔡窑村南瓜	嫩江市双山镇蔡窑村
2022239303	菜豆	双山村豆角	嫩江市双山镇双山村
2022239304	黄瓜	双山村黄瓜	嫩江市双山镇双山村
2022239306	番茄	双山村西红柿	嫩江市双山镇双山村
2022239307	南瓜	双山村笨窝瓜	嫩江市双山镇双山村
2022239308	美洲南瓜	双山村角瓜	嫩江市双山镇双山村
2022239309	黄瓜	青山村黄瓜	嫩江市双山镇青山村
2022239311	豌豆	白云村豌豆	嫩江市白云乡白云村
2022239312	苏子	白云村苏子	嫩江市白云乡白云村
2022239313	菠菜	白云村菠菜	嫩江市白云乡白云村
2022239315	菜豆	山河农场芸豆	嫩江市山河农场山河农场
2022239317	菜豆	振兴村菜豆	嫩江市联兴乡振兴村
2022239319	苏子	振兴村苏子	嫩江市联兴乡振兴村
2022239320	黄瓜	振兴村黄瓜	嫩江市联兴乡振兴村

二十六、逊克县

逊克县属寒温带大陆性季风气候，年日照时数 2 600 小时左右，有效积温 1 700℃~2 300℃，年平均气温 0.5℃，年降水量 650 毫米。无霜期：沿江区 125 天，南部山区 95 天。

在该地区的 8 个乡镇 22 个村收集农作物种质资源共计 80 份，其中经济作物 4 份，粮食作物 29 份，蔬菜 47 份，见表 5.26。

表 5.26　逊克县农作物种质资源收集情况

样品编号	作物名称	品种名称	采集地点
2022238201	豌豆	道干豌豆	逊克县车陆乡道干村
2022238202	大葱	道干大葱	逊克县车陆乡道干村

样品编号	作物名称	品种名称	采集地点
2022238203	菜豆	道干早熟豆	逊克县车陆乡道干村
2022238204	茴香	道干茴香	逊克县车陆乡道干村
2022238205	长豇豆	道干豇豆角	逊克县车陆乡道干村
2022238206	豌豆	宏疆豌豆	逊克县车陆乡宏疆村
2022238207	多花菜豆	道干大白豆	逊克县车陆乡道干村
2022238208	南瓜	道干面窝瓜	逊克县车陆乡道干村
2022238209	菜豆	车陆豆角	逊克县车陆乡车陆村
2022238210	黄瓜	车陆黄瓜	逊克县车陆乡车陆村
2022238211	美洲南瓜	车陆角瓜	逊克县车陆乡车陆村
2022238212	菜豆	宏疆油豆角	逊克县车陆乡宏疆村
2022238213	大葱	宏疆大葱	逊克县车陆乡宏疆村
2022238214	辣椒	宏疆羊角椒	逊克县车陆乡宏疆村
2022238215	番茄	宏疆贼不偷	逊克县车陆乡宏疆村
2022238216	黄瓜	宏疆黄瓜	逊克县车陆乡宏疆村
2022238217	茴香	宏疆茴香	逊克县车陆乡宏疆村
2022238218	芫荽	宏疆香菜	逊克县车陆乡宏疆村
2022238219	冬瓜	宏疆小冬瓜	逊克县车陆乡宏疆村
2022238220	菜豆	库尔滨绿油豆	逊克县车陆乡库尔滨村
2022238221	普通菜豆	东发黑豆	逊克县松树沟乡东发村
2022238222	谷子	二龙谷子	逊克县松树沟乡二龙村
2022238223	普通菜豆	兴龙花芸豆	逊克县松树沟乡兴龙村
2022238224	小豆	兴龙小豆	逊克县松树沟乡兴龙村
2022238225	普通菜豆	兴龙黑豆	逊克县松树沟乡兴龙村
2022238226	番茄	兴亚青柿子	逊克县松树沟乡兴亚村
2022238227	南瓜	兴亚窝瓜	逊克县松树沟乡兴亚村
2022238228	普通菜豆	干岔子奶白花	逊克县干岔子乡干岔子村
2022238229	多花菜豆	干岔子大白饭豆	逊克县干岔子乡干岔子村
2022238230	小豆	干岔子红小豆-1	逊克县干岔子乡干岔子村
2022238231	豌豆	干岔子黄豌豆	逊克县干岔子乡干岔子村
2022238232	普通菜豆	干岔子黑豆	逊克县干岔子乡干岔子村
2022238233	小豆	干岔子红小豆-2	逊克县干岔子乡干岔子村
2022238234	高粱	河西黄扫帚糜子	逊克县干岔子乡河西村

样品编号	作物名称	品种名称	采集地点
2022238235	高粱	河西黑扫帚糜子	逊克县干岔子乡河西村
2022238236	谷子	河西谷子	逊克县干岔子乡河西村
2022238237	菜豆	河西紫油豆角	逊克县干岔子乡河西村
2022238238	辣椒	河西辣椒	逊克县干岔子乡河西村
2022238239	芫荽	河西小叶香菜	逊克县干岔子乡河西村
2022238240	豌豆	新发豌豆	逊克县干岔子乡胜利村
2022238241	大葱	新发大葱	逊克县干岔子乡胜利村
2022238242	菠菜	新发压霜菠菜	逊克县干岔子乡胜利村
2022238243	小豆	新发红小豆	逊克县干岔子乡胜利村
2022238244	高粱	新发高粱	逊克县干岔子乡胜利村
2022238245	谷子	新发谷子	逊克县干岔子乡胜利村
2022238246	糖高粱	新发甜节	逊克县干岔子乡胜利村
2022238247	普通菜豆	兴隆白饭豆	逊克县干岔子乡兴隆村
2022238248	大葱	兴隆大葱	逊克县干岔子乡兴隆村
2022238249	谷子	兴隆谷子	逊克县干岔子乡兴隆村
2022238250	谷子	柞树岗谷子	逊克县干岔子乡柞树岗村
2022238251	高粱	柞树岗高粱	逊克县干岔子乡柞树岗村
2022238252	小豆	柞树岗小豆	逊克县干岔子乡柞树岗村
2022238253	普通菜豆	柞树岗花芸	逊克县干岔子乡柞树岗村
2022238254	美洲南瓜	东升白西葫芦	逊克县干岔子乡东升村
2022238255	茴香	东升茴香	逊克县干岔子乡东升村
2022238256	黄瓜	东升黄瓜	逊克县干岔子乡东升村
2022238257	高粱	东升扫帚糜子	逊克县干岔子乡东升村
2022238258	芝麻	东套子芝麻	逊克县奇克镇东套子村
2022238259	辣椒	沾河尖椒	逊克县逊河镇沾河村
2022238260	辣椒	沾河泡椒	逊克县逊河镇沾河村
2022238261	美洲南瓜	沾河西葫芦	逊克县逊河镇沾河村
2022238262	菜豆	新城黑豆角	逊克县新兴乡新城村
2022238263	菜豆	新城油豆	逊克县新兴乡新城村
2022238264	番茄	新城桃红柿子	逊克县新兴乡新城村
2022238265	芫荽	新城香菜	逊克县新兴乡新城村
2022238266	玉米	青岭早苞米	逊克县宝山乡青岭村

样品编号	作物名称	品种名称	采集地点
2022238267	菜豆	宝泉饭豆角	逊克县宝山乡宝泉村
2022238268	普通菜豆	宝泉黑豆	逊克县宝山乡宝泉村
2022238269	高粱	宝泉扫帚糜子	逊克县宝山乡宝泉村
2022238270	玉米	梅山小粒玉米	逊克县克林镇梅山村
2022238271	向日葵	梅山白瓜子	逊克县克林镇梅山村
2022238272	大葱	团结大葱	逊克县奇克镇团结村
2022238273	小豆	沂州小豆	逊克县奇克镇沂州村
2022238274	谷子	沂州谷子	逊克县奇克镇沂州村
2022238275	糖高粱	沂州甜杆	逊克县奇克镇沂州村
2022238278	普通菜豆	团结乳白花	逊克县奇克镇团结村
2022238279	辣椒	沂州小椒角	逊克县奇克镇沂州村
2022238280	辣椒	团结小辣椒	逊克县奇克镇团结村
2022238282	豌豆	团结绿豌豆	逊克县奇克镇团结村
2022238283	豌豆	沂州豌豆	逊克县奇克镇沂州村

二十七、绥滨县

绥滨县属寒温带大陆性气候，四季特点明显：冬季气候寒冷干燥，持续时间较长，夏季温暖湿润，时间较短，春秋两季寒温交替，气候多变。全县多年平均气温 3.4℃，多年平均大于等于 10℃，活动积温在 2 630.2℃；多年平均无霜期为 140 天，多年平均降水量 512.4 毫米，多年平均日照时数为 2664.6 小时，主导风向为西风。

在该地区的 9 个乡镇 42 个村收集农作物种质资源共计 80 份，其中粮食作物 48 份，蔬菜 32 份，见表 5.27。

表 5.27 绥滨县农作物种质资源收集情况

样品编号	作物名称	品种名称	采集地点
2022232401	菜豆	敖来花鸟蛋豆角	绥滨县绥滨镇敖来村
2022232402	大葱	敖来白皮葱	绥滨县绥滨镇敖来村
2022232405	菜豆	敖来老油豆	绥滨县绥滨镇敖来村
2022232407	饭豆	吉长饭豆	绥滨县绥滨镇吉长村

样品编号	作物名称	品种名称	采集地点
2022232408	小豆	大粒红小豆	绥滨县绥滨镇吉长村
2022232414	大豆	胜利黑大豆	绥滨县绥滨镇胜利村
2022232415	小豆	胜利黑芸豆	绥滨县绥滨镇胜利村
2022232416	大葱	胜利葱	绥滨县绥滨镇胜利村
2022232420	大豆	吉珍大豆	绥滨县绥滨镇吉珍村
2022232421	小豆	吉长红小豆	绥滨县绥滨镇吉长村
2022232422	洋葱	笨毛葱	绥滨县绥滨镇大同村
2022232423	洋葱	大同毛葱	绥滨县绥滨镇大同村
2022232425	小豆	吉福黑芸豆	绥滨县绥滨镇吉福村
2022232427	洋葱	吉福毛葱	绥滨县绥滨镇吉福村
2022232428	洋葱	吉成毛葱	绥滨县绥滨镇吉成村
2022232429	大豆	吉礼大豆	绥滨县绥滨镇吉礼村
2022232432·	小豆	吉礼红小豆	绥滨县绥滨镇吉礼村
2022232434	饭豆	吉礼早熟饭豆	绥滨县绥滨镇吉礼村
2022232444	大豆	新村黑大豆	绥滨县新富乡新村村
2022232445	小豆	新村红小豆	绥滨县新富乡新村村
2022232449	大豆	奋斗绿大豆	绥滨县富强乡奋斗村
2022232450	小豆	奋斗红小豆	绥滨县富强乡奋斗村
2022232456	洋葱	宝山毛葱	绥滨县富强乡宝山村
2022232459	大豆	庆安小黄豆	绥滨县富强乡庆安村
2022232461	大葱	永顺葱	绥滨县北岗乡永顺村
2022232462	洋葱	永顺毛葱	绥滨县北岗乡永顺村
2022232465	小豆	永利红小豆	绥滨县北岗乡永利村
2022232466	大豆	永利黑大豆	绥滨县北岗乡永利村
2022232467	饭豆	永利饭豆	绥滨县北岗乡永利村
2022232469	饭豆	永德饭豆	绥滨县北岗乡永德村
2022232471	洋葱	仁合毛葱	绥滨县北岗乡仁合村
2022232473	黄瓜	永成旱黄瓜	绥滨县北岗乡永成村
2022232474	大葱	永成葱	绥滨县北岗乡永成村
2022232475	菜豆	北岗油豆角	绥滨县北岗乡北岗村
2022232476	大葱	古城葱	绥滨县北山乡古城村
2022232477	饭豆	古城饭豆	绥滨县北山乡古城村

样品编号	作物名称	品种名称	采集地点
2022232480	洋葱	荣福毛葱	绥滨县北山乡荣福村
2022232481	大葱	莲花大葱	绥滨县北山乡莲花村
2022232482	菜豆	莲花早豆角	绥滨县北山乡莲花村
2022232483	高粱	莲花甜高粱	绥滨县北山乡莲花村
2022232501	大豆	大兴黑豆2	绥滨县绥东镇大兴村
2022232502	甘薯	西山地瓜	绥滨县连生乡西山村
2022232503	洋葱	长山毛葱	绥滨县连生乡长山村
2022232506	洋葱	吉合毛葱	绥滨县连生乡吉合村
2022232509	洋葱	大成毛葱	绥滨县绥东镇大成村
2022232510	洋葱	长治毛葱	绥滨县绥东镇长治村
2022232511	洋葱	六里毛葱	绥滨县绥东镇六里村
2022232512	洋葱	绥东六里毛葱	绥滨县绥东镇六里村
2022232513	洋葱	长发毛葱	绥滨县忠仁镇长发村
2022232514	洋葱	富山毛葱	绥滨县忠仁镇富山村
2022232515	洋葱	德善毛葱	绥滨县福兴乡德善村
2022232516	洋葱	迎春毛葱	绥滨县北山乡迎春村
2022232517	马铃薯	西山土豆	绥滨县连生乡西山村
2022232519	马铃薯	新生土豆	绥滨县连生乡新生村
2022232520	马铃薯	大林土豆	绥滨县绥东镇大林村
2022232521	马铃薯	大兴土豆	绥滨县绥东镇大兴村
2022232522	马铃薯	绥东大兴土豆	绥滨县绥东镇大兴村
2022232523	马铃薯	富山土豆	绥滨县忠仁镇富山村
2022232524	马铃薯	建边土豆	绥滨县忠仁镇建边村
2022232525	马铃薯	德善土豆	绥滨县福兴乡德善村
2022232526	马铃薯	卫星土豆	绥滨县北山乡卫星村
2022232527	马铃薯	凤鸣土豆	绥滨县连生乡凤鸣村
2022232528	马铃薯	长治土豆	绥滨县绥东镇长治村
2022232529	马铃薯	绥东长治豆	绥滨县绥东镇长治村
2022232530	马铃薯	六里土豆	绥滨县绥东镇六里村
2022232531	黍稷	靠山糜子	绥滨县连生乡靠山村
2022232532	大豆	西山黑大豆	绥滨县连生乡西山村
2022232533	小豆	西山红小豆	绥滨县连生乡西山村

样品编号	作物名称	品种名称	采集地点
2022232534	高粱	太和矮高粱	绥滨县连生乡太和村
2022232535	高粱	吉合高粱	绥滨县连生乡吉合村
2022232536	大葱	大林葱	绥滨县绥东镇大林村
2022232539	大豆	大兴黑豆	绥滨县绥东镇大兴村
2022232543	小豆	新兴红小豆	绥滨县绥东镇新兴村
2022232544	小豆	六里红小豆	绥滨县绥东镇六里村
2022232551	小豆	新安绿豆	绥滨县忠仁镇新安村
2022232552	南瓜	新安南瓜	绥滨县忠仁镇新安村
2022232557	黍稷	德善糜子	绥滨县福兴乡德善村
2022232561	大豆	卫星黑豆	绥滨县北山乡卫星村
2022232564	芫荽	陈大香菜	绥滨县绥东镇陈大村
2022232567	黍稷	绥东糜子	绥滨县绥东镇六里村

二十八、宝清县

宝清县属寒温带大陆性气候，年平均气温 3.2℃，无霜期 145 天，年平均日照时数 2 491 小时。气候温和，适宜多种作物生长，有"植无不宜，种无不丰"之说。年降水量为 400~600 毫米，平均降水量 548.6 毫米。风向冬季西北风，夏季南风，长年主导风向西南风。

在该地区的 8 个乡镇 33 个村收集农作物种质资源共计 91 份，其中经济作物 7 份，粮食作物 55 份，蔬菜 29 份，见表 5.28。

表 5.28　宝清县农作物种质资源收集情况

样品编号	作物名称	品种名称	采集地点
2022236088	大豆	龙头黑大豆	宝清县龙头镇大泉沟村
2022236089	大豆	青原黄宝珠	宝清县青原镇青山村
2022236090	小豆	七星河红小豆	宝清县七星河乡兴平村
2022236091	小豆	夹信子红小豆	宝清县夹信子镇三道村
2022236092	高粱	夹信子甜高粱	宝清县夹信子镇二道村
2022236093	高粱	龙头红糜子	宝清县龙头镇龙头村
2022236094	高粱	青原高粱	宝清县青原镇新城村

样品编号	作物名称	品种名称	采集地点
2022236095	高粱	七星河紫红糜子	宝清县七星河乡东平村
2022236096	向日葵	七星河大食葵	宝清县七星河乡兴平村
2022236097	紫苏	七星河白苏	宝清县七星河乡兴平村
2022236098	向日葵	龙头油葵	宝清县龙头镇大泉沟村
2022236099	紫苏	青原紫苏	宝清县青原镇兴业村
2022236100	向日葵	青原油葵	宝清县青原镇新城村
2022236101	黄瓜	青原老黄瓜	宝清县青原镇青山村
2022236102	谷子	夹信子谷子	宝清县夹信子镇三道村
2022236103	谷子	七星河谷子	宝清县七星河乡建平村
2022236104	辣椒	七星河小辣椒	宝清县七星河乡兴平村
2022236105	菜豆	夹信子花皮豆	宝清县夹信子镇头道村
2022236106	普通菜豆	青原紫花豆	宝清县青原镇青山村
2022236107	南瓜	夹信子大白板	宝清县夹信子镇三道村
2022236108	菜豆	青原猪耳朵	宝清县青原镇青山村
2022236109	普通菜豆	夹信子黑饭豆	宝清县夹信子镇头道村
2022236110	普通菜豆	龙头小奶豆	宝清县龙头镇红山村
2022236112	菜豆	尖东菜豆	宝清县尖山子乡尖东村
2022236113	菜豆	灰粒豆角	宝清县尖山子乡尖东村
2022236114	菜豆	小菜豆	宝清县尖山子乡尖东村
2022236115	长豇豆	尖山豇豆角	宝清县尖山子乡尖东村
2022236116	菜豆	东明绿油豆	宝清县尖山子乡东明村
2022236117	普通菜豆	花脸芸豆	宝清县朝阳乡灯塔村
2022236118	菜豆	土墩子豆角	宝清县朝阳乡灯塔村
2022236119	普通菜豆	方胜白芸豆	宝清县万金山乡方胜村
2022236120	普通菜豆	朝阳饭豆	宝清县朝阳乡灯塔村
2022236121	普通菜豆	灯塔芸豆	宝清县朝阳乡灯塔村
2022236122	菜豆	尖东早豆角	宝清县尖山子乡尖东村
2022236124	谷子	黎明谷子	宝清县朝阳乡黎明村
2022236125	谷子	宝清棒谷子	宝清县万金山乡方胜村
2022236126	苏子	尖东白苏子	宝清县尖山子乡尖东村
2022236127	苏子	尖东紫苏	宝清县尖山子乡尖东村
2022236128	小豆	宝清大粒红	宝清县朝阳乡黎明村

样品编号	作物名称	品种名称	采集地点
2022236129	小豆	尖山红小豆	宝清县尖山子乡东风村
2022236130	小豆	万金红	宝清县万金山乡万中村
2022236132	糖高粱	尖山子甜秆	宝清县尖山子乡尖东村
2022236133	糖高粱	黎明糖高粱	宝清县朝阳乡黎明村
2022236134	高粱	东明帚用高粱	宝清县尖山子乡东明村
2022236135	高粱	红日高粱	宝清县朝阳乡红日村
2022236137	大豆	尖东绿大豆	宝清县尖山子乡尖东村
2022236138	大豆	尖东大粒豆	宝清县尖山子乡尖东村
2022236139	大豆	绿大豆	宝清县尖山子乡尖东村
2022236140	大豆	灯塔黑大豆	宝清县朝阳乡灯塔村
2022236141	大豆	灯塔小金黄	宝清县朝阳乡灯塔村
2022236142	水稻	宝清黑稻	宝清县万金山乡金丰村
2022236143	豌豆	宝清豌豆	宝清县尖山子乡尖东村
2022236144	南瓜	尖东窝瓜	宝清县尖山子乡尖东村
2022236145	南瓜	东明南瓜	宝清县尖山子乡东明村
2022236152	大豆	永泉金黄豆	宝清县七星泡镇永泉村
2022236153	大豆	民主三粒白	宝清县七星泡镇民主村
2022236154	大豆	七星河四粒黄	宝清县七星河乡七星河村
2022236155	大豆	常张小金黄	宝清县七星河乡常张村
2022236157	高粱	笤帚糜子	宝清县七星泡镇永泉村
2022236158	高粱	永兴高粱	宝清县七星泡镇永兴村
2022236159	高粱	永胜高粱	宝清县七星泡镇永胜村
2022236160	高粱	民主高粱	宝清县七星泡镇民主村
2022236163	小豆	五九七大粒红	宝清县五九七农场一村
2022236164	小豆	七星河红豆	宝清县七星河乡七星河村
2022236165	小豆	常张红小豆	宝清县七星河乡常张村
2022236166	小豆	七星河红小豆	宝清县七星河乡杨树村
2022236167	豌豆	五九七豌豆	宝清县五九七农场一队
2022236168	豌豆	七星豌豆	宝清县七星河乡七星河村
2022236169	长豇豆	复兴豇豆角	宝清县青原镇复兴村
2022236172	普通菜豆	永泉饭豆	宝清县七星泡镇永泉村
2022236173	普通菜豆	永兴饭豆	宝清县七星泡镇永兴村

样品编号	作物名称	品种名称	采集地点
2022236175	普通菜豆	民主大豆子	宝清县七星泡镇民主村
2022236177	南瓜	大面瓜	宝清县七星泡镇永安村
2022236178	南瓜	永兴南瓜	宝清县七星泡镇永兴村
2022236179	南瓜	永胜面瓜	宝清县七星泡镇永胜村
2022236180	南瓜	兴东新南瓜	宝清县青原镇兴东村
2022236181	南瓜	本德村透心面	宝清县青原镇本德村
2022236182	菜豆	永安宽油豆	宝清县七星泡镇永安村
2022236183	菜豆	永泉村早豆角	宝清县七星泡镇永泉村
2022236184	菜豆	架豆王	宝清县七星泡镇民主村
2022236185	菜豆	五九七青皮豆	宝清县五九七农场一队
2022236186	菜豆	七星河架豆	宝清县七星河乡七星河村
2022236187	多花菜豆	兴东看豆	宝清县青原镇兴东村
2022236189	玉米	夹信子紫玉米	宝清县夹信子镇二道村
2022236190	玉米	夹信子小粒黄	宝清县夹信子镇头道村
2022236191	玉米	龙头白黏玉米	宝清县龙头镇龙头村
2022236192	玉米	青原小金黄	宝清县青原镇兴业村
2022236193	玉米	七星河火玉米	宝清县七星河乡建平村
2022236194	大豆	龙头黄豆	宝清县龙头镇红山村
2022236087	黄瓜	夹信子早黄瓜	宝清县夹信子镇二道村
2022236174	普通菜豆	永胜饭豆	宝清县七星泡镇永胜村

二十九、集贤县

集贤县处于中温带亚湿润气候区，属大陆性季风气候。四季分明，冬季长，干燥而寒冷，夏季短，温热而多雨。春秋两季，因冬夏季风交替，气候多变，春季回暖快，风大，干燥；秋季短，降温快，霜来得早。

在该地区的5个乡镇15个村收集农作物种质资源共计81份，其中经济作物3份，粮食作物60份，蔬菜18份，见表5.29。

表 5.29　集贤县农作物种质资源收集情况

样品编号	作物名称	品种名称	采集地点
2022236001	大豆	福厚大粒豆	集贤县集贤镇福厚村
2022236002	水稻	福厚高产稻	集贤县集贤镇福厚村
2022236003	谷子	福厚红谷子	集贤县集贤镇福厚村
2022236004	大豆	福厚毛豆	集贤县集贤镇福厚村
2022236005	绿豆	福厚绿豆	集贤县集贤镇福厚村
2022236006	普通菜豆	福厚花饭豆	集贤县集贤镇福厚村
2022236007	大豆	新建大豆	集贤县集贤镇新建村
2022236008	水稻	新建稻子	集贤县集贤镇新建村
2022236009	普通菜豆	新建饭豆	集贤县集贤镇新建村
2022236010	苏子	新建苏子	集贤县集贤镇新建村
2022236011	菜豆	新建黄金钩	集贤县集贤镇新建村
2022236012	糖高粱	新建甜高粱	集贤县集贤镇新建村
2022236015	菜豆	红仁翻白眼	集贤县集贤镇红仁村
2022236016	大豆	红仁高产王	集贤县集贤镇红仁村
2022236017	糖高粱	红仁甜高粱	集贤县集贤镇新建村
2022236018	菜豆	红仁豆角	集贤县集贤镇红仁村
2022236020	高粱	永利矮高粱	集贤县永安乡永利村
2022236022	大豆	永利大豆	集贤县永安乡永利村
2022236023	菜豆	永利豆角	集贤县永安乡永利村
2022236024	普通菜豆	永利饭豆	集贤县永安乡永利村
2022236026	普通菜豆	德利奶花香	集贤县永安乡德利村
2022236027	水稻	德利高产王	集贤县永安乡德利村
2022236028	大豆	德利豆王	集贤县永安乡德利村
2022236029	菜豆	德利虎皮纹	集贤县永安乡德利村
2022236030	豌豆	德利豌豆	集贤县永安乡德利村
2022236033	菜豆	青春花生豆角	集贤县永安乡青春村
2022236034	大豆	青春一粒香	集贤县永安乡青春村
2022236035	豌豆	青春豌豆	集贤县永安乡青春村
2022236036	菜豆	青春虎皮豆	集贤县永安乡青春村
2022236037	大豆	联合大豆	集贤县腰屯乡联合村
2022236038	水稻	联合稳产王	集贤县腰屯乡联合村
2022236039	豌豆	联合豌豆	集贤县腰屯乡联合村

样品编号	作物名称	品种名称	采集地点
2022236040	大豆	联合铁秆大豆	集贤县腰屯乡联合村
2022236041	水稻	长胜稻子	集贤县腰屯乡长胜村
2022236042	菜豆	长胜豆角	集贤县腰屯乡长胜村
2022236043	大豆	长胜大豆	集贤县腰屯乡长胜村
2022236044	水稻	长胜水稻	集贤县腰屯乡长胜村
2022236045	玉米	明星黑玉米	集贤县腰屯乡明星村
2022236046	大豆	明星大豆	集贤县腰屯乡明星村
2022236047	水稻	明星稻	集贤县腰屯乡明星村
2022236048	菜豆	明星咖啡豆	集贤县腰屯乡明星村
2022236049	大豆	三方大豆	集贤县升昌镇三方村
2022236050	水稻	三方稳得利	集贤县升昌镇三方村
2022236051	玉米	三方黑玉米	集贤县升昌镇三方村
2022236052	大豆	三方高油王	集贤县升昌镇三方村
2022236053	豇豆	太升豇豆	集贤县升昌镇太升村
2022236054	水稻	太升稻子	集贤县升昌镇太升村
2022236055	大豆	太升大粒豆	集贤县升昌镇太升村
2022236056	菜豆	太升青刀豆	集贤县升昌镇太升村
2022236057	玉米	太昌黄黏王	集贤县升昌镇太昌村
2022236058	南瓜	太昌南瓜	集贤县升昌镇太升村
2022236059	水稻	太昌稻子	集贤县升昌镇太昌村
2022236060	菜豆	太昌菜豆	集贤县升昌镇太昌村
2022236061	大豆	胜利小粒豆	集贤县福利镇胜利村
2022236062	水稻	胜利水稻	集贤县福利镇胜利村
2022236063	豇豆	胜利豇豆	集贤县福利镇胜利村
2022236064	大豆	胜利大豆	集贤县福利镇胜利村
2022236065	菜豆	胜利青刀豆	集贤县福利镇胜利村
2022236066	小豆	胜利红小豆	集贤县福利镇胜利村
2022236067	大豆	良种场大豆	集贤县福利镇良种场
2022236068	水稻	良种场稻子	集贤县福利镇良种场
2022236069	玉米	良种场黏玉米	集贤县福利镇良种场
2022236070	大豆	良种场黑大豆	集贤县福利镇良种场
2022236071	水稻	良种场香稻	集贤县福利镇良种场

样品编号	作物名称	品种名称	采集地点
2022236072	菜豆	良种场青刀豆	集贤县福利镇良种场
2022236073	大豆	良种场耐密王	集贤县福利镇良种场
2022236074	小豆	良种场红小豆	集贤县福利镇良种场
2022236075	玉米	红联早白黏	集贤县福利镇红联村
2022236076	大豆	红联高蛋白	集贤县福利镇红联村
2022236077	水稻	红联黑米	集贤县福利镇红联村
2022236078	小豆	红联小豆	集贤县福利镇红联村
2022236079	大豆	红联大豆	集贤县福利镇红联村
2022236080	菜豆	红联青刀豆	集贤县福利镇红联村
2022236081	小豆	红联大粒红	集贤县福利镇红联村
2022236082	大豆	红联小矮炮	集贤县福利镇红联村
2022236083	水稻	福利稻子	集贤县福利镇良种场
2022236084	谷子	良种场谷子	集贤县福利镇良种场
2022236085	谷子	太昌谷子	集贤县升昌镇太昌村
2022236086	谷子	三方丰产谷	集贤县升昌镇三方村
2022236351	玉米	三方紫玉米	集贤县升昌镇三方村
2022236520	谷子	三方谷子	集贤县永安乡青春村

三十、呼玛县

呼玛县属寒温带大陆性季风气候，冬季严寒而漫长，极端最低气温-50.2℃，夏季炎热多雨且短暂，年降雨量 300~500 毫米，极端最高气温 38℃，年平均气温 -2℃。积雪覆盖期长达 150 余天，无霜期 80~110 天，结冰期每年 7 个月左右。

在该地区的 7 个乡镇 18 个村收集农作物种质资源共计 80 份，其中经济作物 9 份，粮食作物 17 份，蔬菜 54 份，见表 5.30。

表 5.30 呼玛县农作物种质资源收集情况

样品编号	作物名称	品种名称	采集地点
2022238001	菜豆	呼玛兴华豆角-1	呼玛县兴华乡新立村
2022238002	菜豆	呼玛兴华豆角-2	呼玛县兴华乡新立村
2022238003	菜豆	呼玛三卡豆角-1	呼玛县三卡乡宽河村
2022238004	菜豆	呼玛三卡豆角-2	呼玛县三卡乡老道店村

样品编号	作物名称	品种名称	采集地点
2022238005	菜豆	呼玛金山豆角-1	呼玛县金山乡翻身屯村
2022238006	菜豆	呼玛金山豆角-2	呼玛县金山乡翻身屯村
2022238007	菜豆	呼玛白银纳豆角-1	呼玛县白银纳乡更新村
2022238008	菜豆	呼玛白银纳豆角-2	呼玛县白银纳乡更新村
2022238009	菜豆	呼玛白银纳豆角-3	呼玛县白银纳乡红光村
2022238010	菜豆	呼玛豆角-1	呼玛县呼玛镇三村
2022238011	菜豆	呼玛豆角-2	呼玛县呼玛镇三村
2022238012	菜豆	呼玛北疆豆角-1	呼玛县北疆乡铁帽山村
2022238013	菜豆	呼玛北疆豆角-2	呼玛县北疆乡铁帽山村
2022238014	菜豆	呼玛欧浦豆角-1	呼玛县欧浦乡三合村
2022238015	菜豆	呼玛欧浦豆角-2	呼玛县欧浦乡三合村
2022238016	菜豆	呼玛欧浦豆角-3	呼玛县欧浦乡欧浦村
2022238017	野生大豆	呼玛金山野生豆-1	呼玛县金山乡翻身屯
2022238018	野生大豆	呼玛兴华野生豆-1	呼玛县兴华乡东山村
2022238019	野生大豆	呼玛金山野生豆-2	呼玛县金山乡新街基村
2022238020	野生大豆	呼玛野生豆-1	呼玛县呼玛镇西山口村
2022238021	野生大豆	呼玛兴华野生豆-2	呼玛县兴华乡新山村
2022238022	野生大豆	呼玛欧浦野生豆-1	呼玛县欧浦乡欧浦村
2022238023	野生大豆	呼玛欧浦野生豆-2	呼玛县欧浦乡欧浦村
2022238024	番茄	呼玛白银纳柿子	呼玛县白银纳乡更新村
2022238025	番茄	呼玛北疆柿子	呼玛县北疆乡铁帽山村
2022238026	番茄	呼玛三卡柿子	呼玛县三卡乡老道店村
2022238027	番茄	呼玛柿子-1	呼玛县呼玛镇三村
2022238028	番茄	呼玛柿子-2	呼玛县呼玛镇三村
2022238029	番茄	呼玛欧浦柿子	呼玛县欧浦乡三合村
2022238030	番茄	呼玛欧浦老毛子柿子	呼玛县欧浦乡欧浦村
2022238031	辣椒	呼玛小辣椒	呼玛县呼玛镇三村
2022238032	辣椒	呼玛兴华辣椒	呼玛县兴华乡新立村
2022238033	辣椒	呼玛金山辣椒	呼玛县金山乡翻身屯村
2022238034	辣椒	呼玛北疆辣椒	呼玛县北疆乡铁帽山村
2022238035	辣椒	呼玛白银纳辣椒	呼玛县白银纳乡更新村
2022238036	辣椒	呼玛欧浦辣椒	呼玛县欧浦乡欧浦村

样品编号	作物名称	品种名称	采集地点
2022238037	黄瓜	呼玛欧浦黄瓜	呼玛县欧浦乡三合村
2022238038	黄瓜	呼玛黄瓜	呼玛县呼玛镇三村
2022238039	豌豆	呼玛小豌豆	呼玛县呼玛镇三村
2022238040	豌豆	呼玛欧浦豌豆	呼玛县欧浦乡三合村
2022238041	豌豆	呼玛三卡豌豆	呼玛县三卡乡宽河村
2022238042	豌豆	呼玛兴华豌豆	呼玛县兴华乡新立村
2022238043	豌豆	呼玛金山豌豆	呼玛县金山乡翻身屯
2022238044	南瓜	呼玛白银纳南瓜	呼玛县白银纳乡红光村
2022238045	南瓜	呼玛兴华南瓜	呼玛县兴华乡新立村
2022238046	南瓜	呼玛欧浦南瓜	呼玛县欧浦乡三合村
2022238047	烟草	呼玛黄烟	呼玛县呼玛镇河南村
2022238048	烟草	呼玛三卡黄烟-1	呼玛县三卡乡老道店村
2022238049	烟草	呼玛三卡黄烟-2	呼玛县三卡乡星山村
2022238050	烟草	呼玛兴华黄烟	呼玛县兴华乡新立村
2022238051	烟草	呼玛白银纳黄烟	呼玛县白银纳乡更新村
2022238052	大葱	呼玛白银纳大葱	呼玛县白银纳乡更新村
2022238053	大葱	呼玛兴华大葱-1	呼玛县兴华乡新立村
2022238054	大葱	呼玛金山大葱	呼玛县金山乡翻身屯村
2022238055	大葱	呼玛北疆大葱	呼玛县北疆乡北疆新村
2022238056	大葱	呼玛三卡大葱	呼玛县三卡乡宽河村
2022238057	大葱	呼玛欧浦大葱	呼玛县欧浦乡三合村
2022238058	大葱	呼玛大葱	呼玛县呼玛镇三村
2022238059	大葱	呼玛兴华大葱-2	呼玛县兴华乡新立村
2022238060	苏子	呼玛三卡苏子-1	呼玛县三卡乡星山村
2022238061	苏子	呼玛三卡苏子-2	呼玛县三卡乡宽河村
2022238062	玉米	呼玛三卡火玉米	呼玛县三卡乡宽河村
2022238063	玉米	呼玛欧浦黏玉米	呼玛县欧浦乡三合村
2022238064	玉米	呼玛北疆火玉米	呼玛县北疆乡铁帽山村
2022238065	野生大豆	呼玛三卡野生-1	呼玛县三卡乡宽河村
2022238066	芫荽	呼玛金山香菜	呼玛县金山乡翻身屯村
2022238067	芫荽	呼玛欧浦香菜	呼玛县欧浦乡欧浦村
2022238068	野生大豆	呼玛北疆野生豆-2	呼玛县北疆乡北疆新村

样品编号	作物名称	品种名称	采集地点
2022238069	野生大豆	呼玛北疆野生豆-1	呼玛县北疆乡铁帽山村
2022238070	茄子	呼玛欧浦茄子	呼玛县欧浦乡三合村
2022238071	美洲南瓜	呼玛欧浦西葫芦	呼玛县欧浦乡三合村
2022238072	美洲南瓜	呼玛白银纳西葫芦	呼玛县白银纳乡更新村
2022238073	菠菜	呼玛欧浦菠菜	呼玛县欧浦乡三合村
2022238074	小豆	呼玛红小豆	呼玛县呼玛镇三村
2022238075	高粱	呼玛笤帚糜子	呼玛县呼玛镇荣边村
2022238076	高粱	呼玛三卡笤帚糜子	呼玛县三卡乡星山村
2022238077	亚麻	呼玛三卡亚麻	呼玛县三卡乡星山村
2022238078	向日葵	呼玛北疆向日葵	呼玛县北疆乡北疆新村
2022238079	大豆	呼玛黑豆	呼玛县呼玛镇三村
2022238080	茴香	呼玛茴香	呼玛县呼玛镇三村

第六章　优异种质资源

一、特异、珍稀和优异粮食作物资源

1.交界黏玉米（编号 P230112025）

在黑龙江省哈尔滨市阿城区收集的交界黏玉米（图 6.1），交界黏玉米属于鲜食黏玉米，口感甜、糯、好吃；属于极早熟品种，株高 235 厘米，穗位 90 厘米，新颖性和特异性特点是超早熟，可以提前上市，出苗至可鲜食只需 60 天左右，比当地种植的商品品种（垦黏 1 号等）提前 10~15 天上市，植株耐寒，耐热，抗病性较好，纯合自交系，是鲜食玉米资源改良和创新的优异种质资源，具有重要的资源利用价值。

图 6.1　交界黏玉米

2.集福红火玉米（编号 P230223037）

集福红火玉米（图 6.2）是玉米的一个品种，来源于黑龙江省齐齐哈尔市依安县。集福红火玉米是经过几代人、人工选择种植的农家自留种，属于硬粒玉米，主要用于加工玉米面和米楂子，加工品质好，光亮剔透，口感非常独特，该品种明显优于现有杂交品种，保留了人们对玉米的原始记忆——玉米的香甜气味。

图 6.2　集福红火玉米

据了解，先锋乡集福村"开心小毛驴手工坊"依托"半亩园"产业脱贫巩固工程，带动周边 4 个村的脱贫群众种植"火苞米"并喜获丰收。"开心小毛驴手工坊"把从每户回收的"火苞米"加工成玉米楂子，户均增收 1 000 元左右，该村农户用的玉米就是农家种——集福红火玉米资源。"开心小毛驴手工坊"加工的开荒粮牌"火苞米"是解放初期百姓自留品种，虽然产量低，亩产仅 175 千克左右，但保留了原始玉米的丰富营养和品质，黄亮剔透，属于非转基因品种。"开心小毛驴"手工作坊选择农户自家小菜园种植，采取有机种植技术，生物有机菌肥替代化肥，人工除草不施除草剂，通过延伸加工产业链，打造产、加、销一条龙的本土品牌。目前，开荒粮"火苞米"楂子不仅在依安县及省内外多家超市上架，而且通过新媒体快手、抖音等在网上销售也十分火爆，将黑土地的农副产品推向了全国，让更多的人感受到了黑土地孕育的纯绿色食品的魅力。特别是在庭院产业经济中发挥了重要作用，助力了乡村振兴，这也是黑龙江省"四大农业"中的品牌农业典型。

3.太平村爆裂玉米（编号 P231224002）

太平村爆裂玉米（图 6.3）采集于庆安县平安镇太平村。该种质抗性好，产量高，爆出米花香，入口即化。经过田间扩繁鉴定发现，该材料植株高大，抗性好，果穗长，籽粒金黄发亮。在进一步鉴定其品质的基础上可对其加以充分利用。

图6.3 太平村爆裂玉米

4.宝山双色大豆（编号 P230506037）

宝山双色大豆（图6.4）采集于宝山区友谊农场八分场四队。该种质为农户自家常年自留种并连年种植。株型直立，无限结荚习性，紫花椭圆叶，两粒荚居多。种粒外观较为罕见，粒形呈扁圆，黑色种脐，籽粒主色为黑色，在种脐周围籽粒色为绿色。据农户讲述，该种质有一定药用价值。

图6.4 宝山双色大豆

5.粮食作物——胭脂稻开发利用（编号 230421001）

胭脂稻（图6.5）是黑龙江省农业科学院佳木斯分院在黑龙江省鹤岗市萝北县凤翔镇种植的优质、彩稻地方品种，资源具有耐低温、抗病、抗倒等特性，谷粒颖壳呈赤褐色，种皮红色，蒸煮过程中有香味，口感好。同时具有一定的保健功能（有利于解决便秘问题）。据当地农民了解，胭脂稻最初是从外地引进的一种红稻米，胭脂稻外观形似旱粳子，有芒，属于粳米，这种稻米因味腴、气香、微红、粒长，煮熟后红如胭脂，"色微红而粒长，气香而味腴"被称作御用胭脂米，民间则称之为红稻米，过去因是皇宫贡米而闻名遐迩。

胭脂稻中含有大量钙元素和其他微量元素，钙铁含量高，对经期、孕期、哺乳期的女性补血养血有帮助，其中富含的 18 种氨基酸含量数倍于普通稻米，极具营养学价值。胭脂稻糙米虽然营养价值高，但煮起来非常费时，由于内保护皮层粗纤维、糠蜡等较多，煮饭口感不佳，以煮红米粥食用为最佳，所以通常将其配以红枣、红豆、黑豆、粟米、花生等佐料熬制成粥，口感软糯、营养丰富。至今，还保留了给孕产妇、幼儿、体弱者、老人食用胭脂米粥的习俗。该品种的经济价值较高，具有市场开发潜力，目前当地农户已与多家企业签订种植合同，形成种植生产、加工、销售产业化发展模式。同时也可作为优异种质资源用于创制新育种材料及培育新优水稻品种。

图 6.5　胭脂稻

6.萝北香稻（编号 P230421007）

萝北香稻（图 6.6）为粳稻亚种类型，香稻品种。在适应区种植全生育期为 134 天左右，需 ≥10℃活动积 2 500℃左右。株高 95.8 厘米，穗长 23.1 厘米，每穗粒数 124 粒左右，结实率达 98.3%，千粒重 26.7 克左右，谷粒长 9.8 毫米，谷粒宽 4.2 毫米，谷粒形状为椭圆形，种皮白色，叶鞘绿色，颖尖秆黄色，颖为黄色。优异性状是在当地种植的香稻地方品种，具有耐低温、抗病、抗倒等特性，而且加工、蒸煮品质好，米饭具有香味，食味品质好，适口性强。该品种在当地有一定的种植面积，市场认可度较高，市场开发潜力较大。目前主要是稻米加工企业进行收购、加工销售。该品种也可作为优质种质资源，用于创制新育种材料及培育优质水稻品种。

图 6.6　萝北香稻

7.俄罗斯红土豆（编号 P230506052）

在黑龙江省双鸭山市宝山区七星镇的俄罗斯红土豆（图 6.7），早熟型品种。该品种具有种皮浅红色，熟期早，耐寒性强，出苗快，抗病等优异特性。该品种当地农民从俄罗斯引入，在当地种植历史已有 30 年以上，兼具食用和饲用功能，可以作为早熟、耐寒种质资源加以利用，用于马铃薯新品种及优异中间材料的创制。

图 6.7　俄罗斯红土豆

二、特异、珍稀和优异经济作物资源

1.尖东白苏子（编号2022236126）

在黑龙江省双鸭山市宝清县尖山子乡尖东村收集的尖东白苏子（图6.8），新颖性、特异性指标为高产、抗旱，以及外观颜色，该品种主穗长，分枝数多，果穗数多，粒色白色，籽粒大小中等，产量表现突出，产量较一般其他品种增产15%以上。在黑龙江省集贤县集贤镇新建村收集的糖高粱（编号2022236012）特异性为汁多、甜度高、熟期早，该品种为当地农家品种，在当地已有多年庭院种植历史。再如呼玛黄烟（编号2022238047）和呼玛白银纳黄烟（编号2022238051），优异特点为耐寒冷和成熟落黄性好。

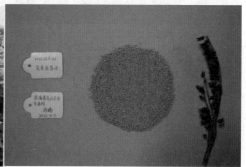

图6.8 尖东白苏子

2.漠河大紫菇娘（编号P232723023）

漠河大紫菇娘（图6.9）采集地点为黑龙江省大兴安岭地区漠河市。这种菇娘在20世纪70~80年代的东北比较常见，当时一般在农户房前屋后的小院种植。它的果实个头比较大，大概是黄菇娘果的2~3倍。商品果横径2.1~3.4厘米，直径3~5厘米，纵径1.8~2.6厘米。虽果实比较大，但甜度低，因此逐渐在市场上消失，甚至一度难觅其踪迹。2020年全国种质资源普查队在漠河早市偶然发现，当地人称为"紫扣子"。其茎紫色，紫色菇娘结实初期果皮呈白色，当成熟时呈现紫色。果肉致密，耐储运。抗性强，高抗病毒病。大紫菇娘果的功效是清热解毒，在临床上可以用来治疗一些疾病，例如便秘、糖尿病等。大紫菇娘果含有丰富的维生素，可以促进胃肠动力，提高消化能力。同时，由于其果实大且致密，是制作菇娘果酱、果汁的理想材料。漠河大紫菇娘长年种植于高寒地区，其抗寒性、极早熟性、抗病毒病等特征，是极为稀缺的菇娘育种材料。

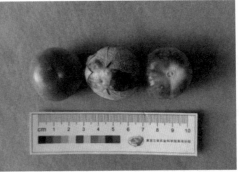

图 6.9　漠河大紫菇娘

三、特异、珍稀和优异蔬菜资源

1.九月青黄瓜（编号 P230112021）

黑龙江省哈尔滨市阿城区收集到的九月青黄瓜（图 6.10）露地正常播种，阴历九月上旬，其他品种黄瓜都已经枯萎死秧，而九月青黄瓜依然瓜秧持绿，比其他旱黄瓜有更长的供果时间，此外，老瓜成熟后瓜皮儿依然是绿色，故得名"九月青黄瓜"，突出特点为单瓜个头大、产量高，单瓜质量可达 1.5~2 千克；瓜秧抗病、耐涝、持绿性好，是难得的高产、抗逆材料。

图 6.10　九月青黄瓜

2.四六瓣大蒜（编号 P231084110）

在牡丹江宁安市收集的四六瓣大蒜（图 6.11）特异性状为早熟，比当地培育品种早熟 10 天以上，每头蒜固定为 4 或 6 瓣，早熟，成熟期 60 多天；耐贮，当地将其编成蒜辫子，整个冬季均可食用。成熟蒜瓣呈紫白色，蒜瓣均匀，灯笼形，美观，光滑，整齐度高。

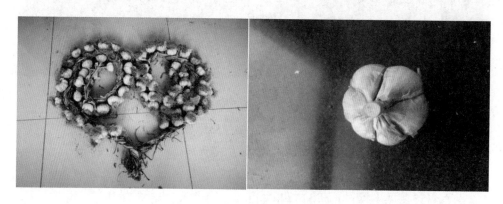

图 6.11　宁安四六瓣大蒜

3.丰乐黑灯泡茄子

丰乐黑灯泡茄子（图 6.12）在黑龙江省齐齐哈尔市拜泉县拜泉镇丰乐村采集到，该农家品种果实含水量低，适合于炒着吃，形似灯泡。据资源提供人介绍，该品种茄子在当地市场很受欢迎，刚上市时批发价可达每千克 16 元。该品种在当地主要作为食用和出售的茄子农家品种，可以直接用于生产，因为品种优质高产且抗病，所以农民进行了自有资源开发利用，利用庭院种植出优质茄子，增加了茄子的附加值，是庭院产业经济的典型代表。黑龙江省哈尔滨市呼兰区丰乐村的三级向导高延峰家主要经营黑灯泡茄子苗，黑灯泡水分低，好吃，在拜泉县很受欢迎。他家不仅卖苗，自己家也栽种卖茄子。

图 6.12 丰乐黑灯泡茄子

4.富强村大头梨（2022234167）

富强村大头梨（图6.13）农家品种，大头梨口感好，品质优。在黑龙江省哈尔滨市呼兰区兰河街道富强村，几户农民自发组成合作社性质的大棚种植户，共建有10个温室大棚，用来种植大头梨。该农家的大头梨品种优良，品质好。元旦开始下籽育苗，三月中旬移栽，番茄苗移栽前棚内种植臭菜等蘸酱菜，移栽前在移苗坑内投放烀熟的黄豆作为营养物质进行有机栽培，保证大头梨的品质。5月份上市批发价格为每千克30~40元，深受市场欢迎。据该大头梨种植合作社提供植保技术支撑的二级向导史国臣介绍，大头梨产量高，品质好，可贮存期长，但移栽后到开花期抗病性差，必须防治到位。如果能改良大头梨的抗病性，其种植规模仍能进一步扩大。

图 6.13 富强村大头梨

5.大五站柿子（P230921001）

大五站柿子（图 6.14）在勃利县勃利镇大五村有 30 多年的种植历史，该资源为无限生长类型，生长势强，早熟，成熟期 95 天，成熟果实黄色，果脐端紫色，果实椭圆形，美观，光滑，整齐度高，果脐小，每株果穗 7~8 个，每穗果 8~10 个，平均单果质量为 10~15 克，商品性优良，货架期 10~15 天，具有品质好、产量高、抗病性好、稳产等优点，每亩利润近万元。因该资源口感好、酸甜适口、香气浓郁，深受当地百姓喜爱，在当地具有较高的知名度，单价较市场同类产品每千克高 2 元左右。最初，勃利县农户种植大五站柿子销路不畅，为拓宽扶贫产品线上销售渠道，全面打通农产品销售环节痛点、难点、堵点，县里组织力量实现了"线上+线下"推广销售同频共振，帮助制作推广小视频，让农民紧锁的眉头舒展开来。勃利县委组织部借助"互联网+"东风，抢占新兴销售渠道发展制高点，助力县域农产品市场扩张，全面打造农产品营销发展新引擎。同时，分别从品牌效应、口碑效应、粉丝效应以及社群效应 4 个方面由浅入深、由表及里地为村民进行讲解，从根本上填补了线上销售的空白以及单一宣传方式的盲区。从"细处"着力，实现流程操作全覆盖，激活农产品销售新动能，从"实处"着手，典型引路、以点带面，全面打造农业示范新亮点。同时也为河口村的煎饼、东辉村的蚯蚓鸡蛋、合庆村的黑木耳等扶贫产品搭建了农户与消费市场之间的供需桥梁，盘活了农产品市场的强大资源，从根本上拓宽了农产品销售渠道，创新了销售模式，为乡村振兴增添了新动能，注入了新活力。目前，该资源在本区域庭院产业经济发展中占有重要位置，成为当地庭院种植西红柿的首选品种。

图 6.14　大五站柿子

6.林口寒葱（编号 P231025408）

在黑龙江省林口县收集的林口寒葱（图 6.15）是本次资源普查首次收集到的野生寒葱，填补了资源收集的空白，野外分散生长，当地农户移植后进行人工种植，采用种子繁殖或植株移栽，人工栽培株距 35~40 厘米。资源特点为耐寒、耐瘠，生命力顽强，长势强劲有力，是野生资源。寒葱为药食兼用植物，其茎叶均可食用，性微温、味辛、无毒。可用于治风寒感冒、呕恶胀满之症。民间实践寒葱可以增强免疫力，多项营养成分可以媲美野山参。

图 6.15　林口寒葱

7.漠河冬瓜（野西瓜）

漠河冬瓜（图 6.16）资源于 2020 年在漠河早市一个农户家发现，当地农户介绍为冬瓜，但瓜的外观与植株与西瓜相同，食用方式与冬瓜相同，主要用于做汤和清炒。2021 年在黑河分院种植过程中，黑龙江省农业科学院黑河分院临时雇佣人员介绍，在其家乡也叫作冬瓜，食用、烹饪方法也同冬瓜。2021 年由黑龙江省农业科学院园艺分院进行繁殖，通过授粉等鉴定，确定其为野生西瓜。其蔓生，属野生西瓜类型。株高 280~320 厘米，长势强，花黄色，单株可结果 1~2 个，果实坚硬，圆形，表面有条状花纹，单瓜质量 500 克左右，瓜内果肉白色，种子绿色。其抗病性、抗逆性极强。瓜耐储存，在常温环境下可以储存 1 个月左右。漠河冬瓜（野西瓜）可以作为蔬菜进行培育，利用其独特的口感作为蔬菜进行食用。同时由于其抗病性、抗逆性极强，可以作为育种材料应用到现有西瓜品种的改良上加以利用。

图 6.16　漠河冬瓜（野西瓜）

四、特异、珍稀和优异果树资源

1.萝北山楂海棠（编号 P230421007）

萝北山楂海棠（图 6.17）树姿直立，高 6 米，果形近圆形，果皮表面光滑，无棱，果盖颜色鲜红，果实直径 2 厘米左右，果肉质地硬脆，风味酸甜，优异性状为较强的耐寒性，该品种可直接食用，可加工制作成罐头等；枝杈也可以作为早熟耐寒嫁接材料用于苹果属果树的嫁接育种。

图 6.17　萝北山楂海棠

2.山丁子（编号 P230112032）

山丁子（图 6.18）虽然在黑龙江省有广泛分布，但是在黑龙江省哈尔滨市阿城区金龙山镇黄道岭村山丁子突出特点是口感偏甜（比多数的野生山丁子甜度高），果较大（直径在 2 厘米以上，多数 2 厘米以下）、颜色紫红，9 月上旬成熟，株高 3~4 米。所以，该资源可以进一步开发利用，以及资源创新利用和人工规模化种植。

图 6.18　黄道岭村山丁子

客观地讲，除野生种质资源 648 份用途不都清楚外，目前收集的 4 956 份栽培资源都在利用，并且都有独特的让人不愿舍弃的地方，特别是很多资源都在开发利用。品种资源开发利用不胜枚举。如桦南黄金米（编号 P230822016），采集于桦南县孟家岗镇北兴村。该种质为地方黏玉米，生育日数 97 天，株高 249 厘米，穗位高 85 厘米，株型紧凑，雄穗分支少，果穗锥形，籽粒中间型，穗行数 16 行，行粒数 37，白轴，籽粒浅黄色，大粒、支链淀粉含量高、口感优良，是桦南大煎饼的主要原料。张志树揪（编号 P230281035），采集于讷河市长发镇建设村。俗称菇娘，果小极甜，皮薄，兼顾高产和优质的地方品种，果实成熟后不易脱落，同一成熟度在同一时间采摘，保证了其均一的商品性，销售价格明显高于其他品种。留种 50 年，露天规模种植 15 年，亩产 1 200 千克左右，株高 95~110 厘米，直接经济效益 6 500 元/亩，产品销往全国各地，成为当地农民创收的主要来源。

综上所述，本次收集的资源数量较多达到 5 604 份，但是直接开发利用的较少，多数直接开发利用的为农产品原料，缺少对优异资源的产业精深细加工。"粮头食尾、农头工尾"是黑龙江省重要战略规划，通过延伸产业链，可有效增加农产品附加值，助力黑龙江产业振兴，进而助力黑龙江乡村振兴。因此，本次资源普查收集的资源中有很多有待进一步开发利用，如富强村黄爆裂玉米等。未来继续深入开发挖掘优异资源的市场价值，同时做好优异种质资源的精深加工和开发利用。

第七章 后"三普"时代的工作

一、农家种质资源保护存在的问题

1.城市化进程加快,种质资源流失严重

随着城市化进程加快,很多农户由于拆迁、子女上学,特别是一些乡村的老人,由于年龄逐渐增大,子女在城市务工,老人被子女接到城里居住后没有土地可以用来耕作,保留的种质资源由于保存等问题逐渐消失殆尽。其次,由于老人离世,后人不再留种,也分辨不清楚都是哪类资源。如牡丹江市宁安市兰岗镇东升村俗称"蛤蟆头烟",当地人曾经普遍吸食的旱烟,但是由于生活习惯的改变现在已经没有人抽这种烟,而且老人已经过世,虽然找到了这个资源,但因为年头久远保存不当,彻底失去活性导致资源丢失。

传统的大豆、水稻、小麦、高粱等粮食作物的农家种质资源已被商业化培育品种替代,原有的农家品种基本绝迹,老品种玉米和蔬菜只有个别农户在自家庭院少量种植仅供自己食用。在远离城镇、偏远落后、交通不太便利的山区村庄,农户自己种植蔬菜的越多,农户自留种越多,资源越丰富。但是2020~2022年受到新冠疫情对出行的影响,采集工作所依托的采集的地点仍然存在欠缺,如可收集的资源近年未被发现,未来再次收集的难度将加大。荒地、荒坡随着城市化进程的加快逐渐被使用,导致原生态环境下的部分野生、半野生资源丧失。

2.种质资源保护宣传不够,公众缺乏种质资源保护意识

在调查中发现农村确有流传已久的种质资源或农户自留种,但很多农户多年未有种植,且没有存放条件,导致许多种质资源被虫蛀、鼠咬、发霉、风化,收集到以后进行扩繁不出苗,造成资源流失。部分地区的珍贵果树资源由于过了盛果期大多已被砍伐,仅存的几株60年至100年的杏、核桃、山梨和山里红也处于无人管护任其自生自灭的状态。因此,根据资源的分布情况和生态适应性,急需进行就地保护。同时,通过媒体宣传、资源线索征集奖励、种质资源库的构建提

高人们收集资源、上交资源、保护资源的意识，将农作物种质资源保护常态化。

3.缺乏资源保护长效机制

种质资源收集和鉴定是一个基础性、长期性的工作，部分资源特别是野生浆果资源离开当地的自然环境后很难生存，建议此类地区建立野外保护区，一些多年生稀有资源虽已提交入库，但建议将最原始生境保护起来，如林口的寒葱资源、双庙子韭菜资源。留存60年的韭菜根目前只有一户农民家有，而且就剩一小垄，建议将最原始的韭菜根所在地保护起来。针对山里的一些野生果树资源，建议在条件适宜地区开展"移位保护"，借助当地果树厂、果树合作社将果树"移位保护"，从山上移栽到人工养护的场地，在保持生境基本不变的情况下，更好地将果树资源保护起来。

4.种质资源鉴定、评价和开发利用明显不足

本次共收集到黑龙江省100个县市的5 604份资源，这些资源为其下一步创新和利用奠定了基础。但是本次收集到的资源虽然已经进行了分类，但只进行了基本形态特征和生物学特性的观测记载等初步鉴定评价，对于种质资源可能潜在的优异基因尚未被挖掘和利用，远未达到精准鉴定和深入评价的目的。因此，急需对收集到资源的农艺性状、品质性状、抗性评价，以及基因型信息进行明确，通过构建不同资源的核心种质资源和ＤＮＡ指纹图谱为下一步的共享利用奠定基础，为黑龙江省种业的高质量发展提供种质资源保障。

二、后"三普"时代的工作

1.继续对珍稀、特异农作物种质资源进行收集

珍稀、特异农作物种质资源是育种的重要材料，种质资源保护永远在路上，不能中断珍稀、特异农作物种质资源的发掘、收集和入库保持工作，一经中断，就会造成个别资源的灭绝。为防止资源的丢失，在三普行动后对珍稀、特异农作物种质资源进行收集的脚步不能停。

2.及时扩繁，确保资源种子量

开展三普行动以来，累计抢救性保护珍稀濒危资源46份。对于收集的珍稀濒

临灭绝的种质资源，特别是种子量较少的资源及时扩繁和就地保护种植，确保珍稀濒危资源种子数量和种子质量，同时对种质资源的性状和特性进行系统调查、鉴定，明确种质资源特性和优异性状，为今后创新利用和丰富我国资源类型奠定基础。

3.尽快将三普资源录入我省新改扩建的种质资源库

我省投资扩建的种质资源库，目前已更名为"寒地作物及野生大豆种质资源库"，并纳入国家资源库管理。2021 年 5 月 10 日，农业农村部部长唐仁健视察时称赞寒地作物种质资源库为"国之重器"。应尽快将三普及今后收集的种质资源录入我省新改扩建的种质资源库中，便于长期保护和利用。

4.进一步完善黑龙江省三普农作物种质资源数据库，实现优异资源共享

将我省在三普工作中收集的种质资源来源信息、基本性状、保存地点和数量等信息统一纳入数据库，并与相关管理平台相衔接，在种质资源精准鉴定和合理利用的基础上，推进种质资源共享机制，制定种质资源共享办法，及时发布种质资源共享目录。同时，出版关于我省三普种质资源方面的书籍，提供我省生物种质资源的有关信息，在提高保护省区资源的公共意识的同时，促进我国对农作物种质资源的有效保护和可持续利用。

5.对特色和优异农作物种质资源进行集中展示

对在我省三普工作中收集的主要种质资源进行田间集中展示，设立粮食作物展示区、蔬菜作物展示区和果树作物展示区，组织种质资源研究利用人员、科普培训人选参观，对优异的种质资源进行重点推介，促进优异种质资源更好地利用。

6.开展种质资源精准鉴定与挖掘利用

重点开展已收集资源的精准鉴定与评价，建立核心种质资源数据库，形成独立的评价体系，打造一批专业的种质资源收集、保护、评价和利用的人才队伍。积极推进种质资源开发利用，为农作物现代种业发展和种业振兴行动奠定坚实基础，不断提高种质资源保护利用水平。

7.加大科普宣传，提高群众意识

如果没有三普行动，许多老人都不知道保存的种子对国家有用，海林市山市镇马场四队的刘玉华老人，在了解到普查人员的目的之后，提供了种植年代久远

的看豆、黑黄豆等5个地方品种。这说明我们的科普宣传还不够，还没有深入到最掌握农家种的人群中。通过科普宣传，提高农民对珍稀农作物资源保护的意识，进而有利于珍稀濒危资源的保护与收集。今后，应建立作物资源保护系统性、长期性的科普宣传机制，使作物种质资源保护工作深入人心、妇孺皆知。

8.建立农作物种质资源爱好者之家

普查中发现，越是偏远、落后的山区村庄，地方品种越多，资源多样性越丰富；在远离城市的乡镇村屯的房前屋后和长期在当地居住的老人的菜园中更容易获得古老的蔬菜种质资源，且资源具有口感好、耐储存等优良性状。这些资源得以保存，归功于喜爱作物种质资源的有心人。农村中存在着民间育种家、资源收集与开发的爱好者、热衷优异资源保存的有心人，我们应寻找这些有心人，应将这些有心人聚集在一起，建立作物种质资源爱好者之家，大家一起交流探讨研究作物种质资源工作。